ライブラリ新・基礎物理学＝0

新・基礎 物理学

永田一清・佐野元昭　共著

サイエンス社

編者のことば

本ライブラリの前身にあたる「ライブラリ工学基礎物理学：基礎力学，基礎電磁気学，基礎波動・光・熱学」が発刊されて，すでに十数年を経た．当時（1980年代後半）は，丁度戦後日本の高等教育の大拡張期が一段落を見た時期でもあった．1950年代には8％程度であった4年制大学の就学率は，1980年代には28％にまで達していた．その頃の大学教育は，この大学生の量的な拡大があまりにも急激に進んだために，その学生の質の変化に対応することができず，その方策を模索していた．理工系の大学初年次教育でもっとも重要な部分を占める物理学の基礎教育についても，それは例外ではなかった．

前ライブラリは，そのような当時の基礎物理教育に寄与するために，物理学のテキストとして新しいスタイルを提案した．すなわち，それまでの物理学のテキストのように，美しい理論体系をテキストの中で精緻に説明するのではなく，学生諸君自らが実際に手を動かして，例題などを解き，証明を導くことによって，より効果的に物理法則などの理解を深めさせることをねらったものであった．幸い私たちの試みは広く受け入れて頂けたようで，大変嬉しく思っている．

しかし，近年，少子化が進んで大学は入学し易くなり，さらに，“初等・中等教育の学習指導要領”の改変によって高等学校までの学習の習熟度が低下し，大学生のユニバーサル化が一挙に進むことになってしまった．そうなると，もはや前ライブラリで対応することは難しいように思われる．

この新しい「ライブラリ新・基礎物理学」シリーズでは，高等学校で物理を十分に学習してこなかった学生諸君でも十分に理解できるように，また，物理の得意な学生諸君には，物理学の面白さが理解できるように，各巻がそれぞれに工夫をこらして執筆されている．たとえば，学生諸君の負担をなるべく軽減するために内容は重要な項目だけに精選し，その代わり重要な概念や法則については，初心者にも十分に理解できるように，また物理の好きな学生にはより深く理解できるように，一つ一つをできるだけ平易に，丁寧に説明するように心がけられている．したがって，学生諸君はこのライブラリを繰り返し読むことによって，物理を学ぶ楽しさを味わうことができるであろう．

永田一清

はしがき

いわゆる「大学設置基準の大綱化」が行なわれて以来，従来の一般教育科目と専門科目からなる学部教育は，その区分が排除されて「学士課程教育」と呼ばれるようになった．それに伴って，多くの大学では，文理融合型や学部横断型などの新しいカリキュラムが配置されるようになり，これまで専門のための基礎科目と位置づけられてきた理工系学部の1年生，2年生向けの物理科目にも変化がみられる．すなわち，従来の「力学」，「電磁気学」，「熱学」という物理学の3本柱を重視したカリキュラムを学ぶ前に，もう少し物理学全般を総合的に捉える「物理学概論」的な科目を配置する傾向が出てきた．「新・基礎 物理学」は，そのような，大学1，2年次の物理カリキュラムの新しい動向に対応するために書かれた物理学概論のテキストであって，本ライブラリに第0巻として加えられることになった．

一般に，物理学概論のテキストといえば，物理学の各項目を網羅するため大部なものになりがちである．しかし，それらの中には，これから本書で物理学を学ぼうとする学生諸君にとっては，おそらく大学を卒業した後は一生利用する機会がないであろうと思われる項目も多く含まれている．この「新・基礎 物理学」では，そのような項目は極力排除し，扱う項目を厳選することにした．すなわち，すでに本ライブラリとして刊行されている「新・基礎 力学」，「新・基礎 電磁気学」，「新・基礎 波動・光・熱学」の3巻の中から，そのエッセンスだけを抽出して，将来，諸君が自然科学や工学の各分野を学ぶ上で必要と考えられる物理学の概念や法則を，紙数の許す限り平易に，かつ丁寧に説明するように心がけてみた．

本書は，第I部「力と運動」，第II部「波動と光」，第III部「熱力学」，第IV部「電磁気学」の4部から構成されている．本来ならば第V部として現代物理学が入るところかも知れないが，上に述べた本書の方針から，あえてこの部分は省くことにした．また，本テキストは，一応，通年の講義を想定しており，各章が1コマの講義に対応できるように，全体は27章に分けられている．しかし，各章は大学1年次の学生諸君にとっても理解し易いように，記述に配慮がなされているので，半期の講義としても使用できると考えている．

体裁等は，基本的にはすでに刊行されている本ライブラリの3冊をそのまま踏襲し，図版もそれらから多くを流用している．これらの図版はいずれもビジュアルに表現されているので，諸君が物理学を楽しく学ぶ上で役立ってくれるものと思っている．また，章の数が多いため，演習問題は各章末ではなく各部の後に置くことにし，巻末にそれらの詳しい解答を示しておいた．

本書の執筆に当たっては，まず，第1次原稿を，永田が第I部，第II部，第III部を，佐野が第IV部をそれぞれ担当して作成し，改めて2人でそれを詳細に検討し，修正を繰り返して，最終的に本書の形に至っている．その過程で，千葉工業大学の轟木義一氏には，第1次原稿を丁寧に査読して頂き，多くの貴重なご指摘を頂いた．ここに厚くお礼申し上げる．

最後に，本書の執筆にあたっては，サイエンス社の田島伸彦氏および足立豊氏のお2人には大変お世話になったことを記し，厚く感謝の意を表したい．

2010年10月

永田一清
佐野元昭

目　　次

第Ⅰ部

力と運動

第 1 章 運動の記述

運動は物体の位置が時々刻々変化する現象である．したがって，この運動を取り扱う力学では**位置**，**速度**，**加速度**という 3 つのベクトル量が最も基本的な量となる．

物体には大きさがあるため，そのままでは位置を一義的に定義することはできない．そこで，回転や変形を無視できる場合には，通常，物体はその全質量を重心の位置に集中させた仮想的な点，すなわち**質点**として扱われる．質点の位置は通常 (x, y, z) のように直交座標によって表されるが，しばしば，それらの 3 つの座標を成分とするベクトル量でも表される．このベクトルを**位置ベクトル**と呼ぶ．

運動している物体が，時間とともに位置を変えていく様子を数学的に記述するには，速度と加速度が用いられる．速度は位置ベクトルの時間変化率（時間微分係数）であり，加速度はその速度の時間変化率である．

本章では，力学の 3 つの基本量である位置ベクトル，速度，加速度の定義について述べ，ベクトル量の簡単な演算と時間微分について学ぶ．

1.1 位置と座標

直交座標

質点の位置を表すには通常直交座標が用いられる．すなわち，空間に原点 O をとり，図 1.1 のように，O を通って互いに直交する x，y，z 軸を選ぶと，質点の位置 P は 3 つの座標 (x, y, z) で表される．この場合，原点 O も各座標軸の方向も空間内で自由に選んでよい．質点の運動が 1 つの平面上に限られた 2 次元運動の場合には，その平面を xy 面に選べば，P は x，y 座標だけで表すことができる．とくに，質点が 1 本の直線上を運動する 1 次元運動の場合は，その直線を x 軸に選べば，P は x 座標だけで表される．これらの座標は，質点が空間内を移動するとその値が変化するので，時刻 t の関数であること明示して，

$$(x(t), y(t), z(t))$$

のように表すこともある．

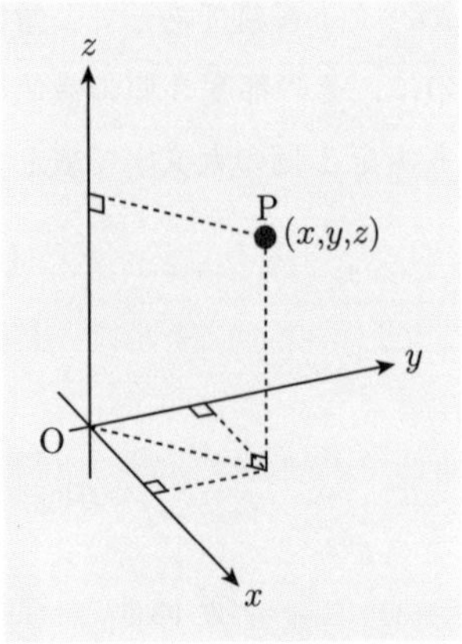

図 1.1 **直交座標**

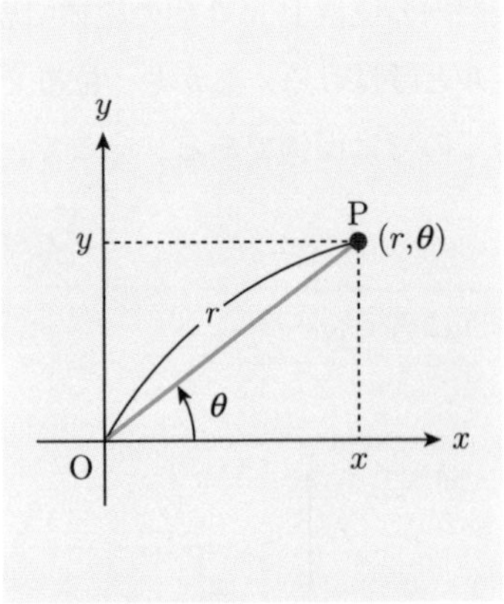

図 1.2 **2 次元極座標**

2 次元極座標

位置を表すには直交座標以外にもいろいろな座標が考えられる．そのなかでもよく用いられるものに 2 次元極座標（平面極座標）がある．円運動のように 1 つの平面内に限られた 2 次元運動を記述する場合は，この 2 次元極座標を用いるのが便利なことが多い．2 次元極座標では平面内の質点の位置 P を，図 1.2 のように，原点 O からの距離 r（**動径**）と，直線 OP と x 軸とのなす角を反時計回りに測った角 θ（**偏角**）で表す．したがって，位置 P の 2 次元極座標は (r, θ) である．図から明らかなように，位置 P の 2 次元直交座標 (x, y) と 2 次元極座標 (r, θ) の間には次の関係がある．

$$x = r\cos\theta, \qquad y = r\sin\theta \tag{1.1}$$

1.2 位置ベクトル

質点の空間内における位置 P を表すには，直交座標系であれば，3 つの座標 (x, y, z)，つまり 3 個の数値の組が用いられる．平面上であれば座標の数は 2 つである．このようにいくつかの座標の組で表される量を**ベクトル**（**ベクトル量**）といい，その座標の個数を**ベクトルの次元**という．これに対して，時間，長さ，質量などのように，単位が与えられればただ 1 個の数値で表される量は**スカラー**（**スカラー量**）と呼ばれる．

空間内の位置Pは3個の座標で表されるためベクトル量であって，**位置ベクトル**と呼ばれる．しかし，位置を指定するのに，その都度3個の数値の組を書くのでは面倒である．そこで，位置ベクトルを1個の太文字で表して

$$\boldsymbol{r} = (x, y, z) \tag{1.2}$$

のように書く．

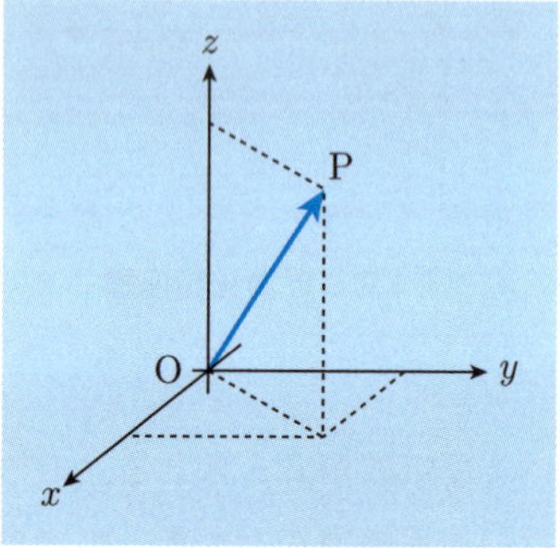

図 1.3 位置ベクトル

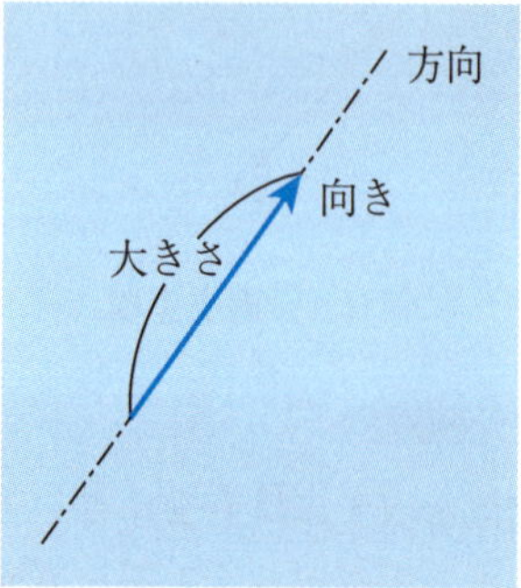

図 1.4 ベクトルの矢

ところで，位置Pを表すのに，座標を用いないで「原点Oからどの方向で，どちら向きに，いくらの距離」というようにして表現することもできる．したがって，位置ベクトル$\boldsymbol{r}$は図1.3のように，OからPへ向けて引いた矢によって表してもよい．この場合，矢の長さがOからPまでの距離を，矢の方向がOPの方向を，また矢印がOからPへ向かう向きを表す．

1.3 ベクトルの基本的性質

ここで，ベクトルのもつ基本的な性質について述べておこう．

ベクトルの大きさと単位ベクトル

ベクトルは，“$\boldsymbol{A}$” のように太文字で表す．また，ベクトルの大きさは細文字Aで表すか，または$|\boldsymbol{A}|$のように絶対値記号を用いて表す．

大きさが1（$A = 1$）であるベクトルは**単位ベクトル**と呼ばれ，$\boldsymbol{e}$と書くことが多い．任意のベクトル$\boldsymbol{A}$と同じ方向と向きをもつ単位ベクトル$\boldsymbol{e}$は

$$\boldsymbol{e} = \frac{\boldsymbol{A}}{A} \qquad \therefore \quad \boldsymbol{A} = A\boldsymbol{e} \tag{1.3}$$

となる．

零ベクトルと逆ベクトル

ベクトル $\boldsymbol{A}$ に実数 k を掛けたものを $k\boldsymbol{A}$ と表す．これは $\boldsymbol{A}$ と同じ方向をもち，大きさが A の $|k|$ 倍（すなわち $|kA|$）で，$k > 0$ なら $\boldsymbol{A}$ と同じ向きを，また $k < 0$ なら $\boldsymbol{A}$ とは逆の向きを向いたベクトルである．したがって，ベクトル $3\boldsymbol{A}$ は，$\boldsymbol{A}$ の3倍の大きさで，$\boldsymbol{A}$ とは同方向を向いたベクトルであり，$-(\boldsymbol{A}/3)$ は，$\boldsymbol{A}$ の3分の1の大きさで，$\boldsymbol{A}$ とは反対方向を向いたベクトルである．

とくに，$k = 0$ と $k = -1$ に対応するベクトル

$$0\boldsymbol{A} = \boldsymbol{0} \quad \text{および} \quad (-1)\boldsymbol{A} = -\boldsymbol{A}$$

はそれぞれ**零ベクトル**および $\boldsymbol{A}$ の**逆ベクトル**と呼ばれる．

2つのベクトルの相等

2つのベクトル $\boldsymbol{A}$，$\boldsymbol{B}$ が，ともに同じ大きさと，方向と向きをもつとき，$\boldsymbol{A}$ と $\boldsymbol{B}$ は相等しいと定義して，$\boldsymbol{A} = \boldsymbol{B}$ と表す．この性質のために，われわれはベクトルに影響を与えることなく，そのベクトルを作図上自由に平行移動させることができる．

ベクトルの和と差（加法と減法）

2つのベクトル量 $\boldsymbol{A}$，$\boldsymbol{B}$ が同じ単位をもっているとき，

$$\boldsymbol{C} = \boldsymbol{A} + \boldsymbol{B} \tag{1.4}$$

で表されるベクトル量 $\boldsymbol{C}$ をベクトル $\boldsymbol{A}$ と $\boldsymbol{B}$ の和と呼ぶ．このベクトルの和（ベクトルの加算）は便宜的に幾何学的方法を用いて定義される．ベクトル $\boldsymbol{B}$ をベクトル $\boldsymbol{A}$ に加算するには，図1.5(a)のように，はじめに $\boldsymbol{A}$ を描いておき，次に $\boldsymbol{A}$ の先端に始点をおいて $\boldsymbol{B}$ を描く．ベクトル和 $\boldsymbol{C}$ は $\boldsymbol{A}$ の

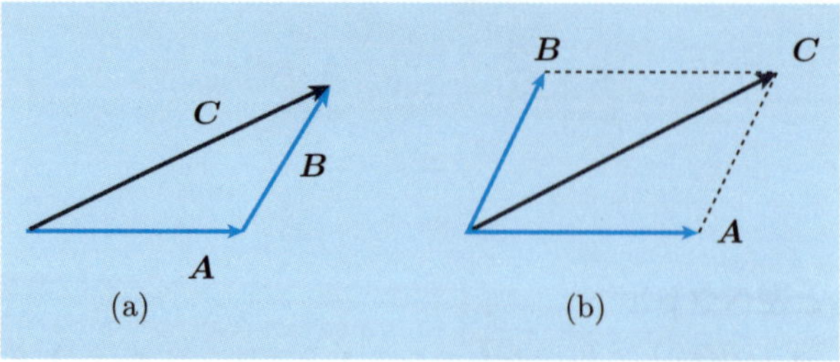

図 1.5 ベクトルの和：(a) 三角形法 (b) 平行四辺形法

始点から $\boldsymbol{B}$ の先端に至るベクトルである．この方法はベクトルの "**加法における三角形法**" と呼ばれる．

作図によって $\boldsymbol{A}$ と $\boldsymbol{B}$ の和を求めるもう1つの方法に "**加法における平行四辺形法**" がある．この作図法では図 1.5(b) のように，2つのベクトル $\boldsymbol{A}$ と $\boldsymbol{B}$ の矢の始点を一致させて置き，$\boldsymbol{A}$ と $\boldsymbol{B}$ を隣り合う2辺とする平行四辺形を描くと，その対角線となる矢がベクトル $\boldsymbol{C}$ となる．

図 1.5 の幾何学的作図から明らかなように，ベクトルの和は加算の順序によらない．したがって，ベクトルの加法には**交換則**

$$\boldsymbol{A}+\boldsymbol{B}=\boldsymbol{B}+\boldsymbol{A} \tag{1.5}$$

が成り立つ．また，3つ以上のベクトルを加算するときは，その和は，個々のベクトルをどのようにグループ化して足し合わせても変わらない．すなわち，ベクトルの加法には次の**結合則**が成り立つ．

$$\boldsymbol{A}+(\boldsymbol{B}+\boldsymbol{C})=(\boldsymbol{A}+\boldsymbol{B})+\boldsymbol{C} \tag{1.6}$$

2つのベクトル $\boldsymbol{A}$ と $\boldsymbol{B}$ の差は，ベクトル $\boldsymbol{A}$ に $\boldsymbol{B}$ の逆ベクトル $-\boldsymbol{B}$ を加えたものとして定義される．

$$\boldsymbol{A}-\boldsymbol{B}=\boldsymbol{A}+(-\boldsymbol{B}) \tag{1.7}$$

例題 1.1

2つのベクトル $\boldsymbol{A}$ と $\boldsymbol{B}$ の差ベクトル $\boldsymbol{A}-\boldsymbol{B}$ を作図せよ．

解答 $\boldsymbol{A}$ と $-\boldsymbol{B}$ を平行四辺形法で次のように作図する．

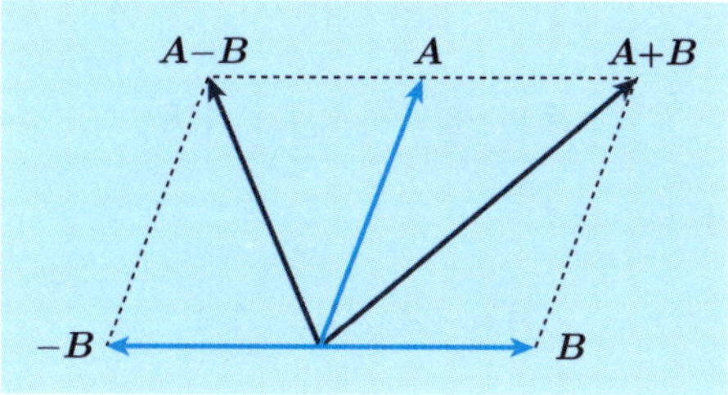

ベクトルの成分

ベクトルを矢（有向線分）によって表す方法は，定量的な記述には向いていない．そのような場合には，ベクトルを直交座標成分で表示するのが便利である．図 1.6 のように，空間に直交座標軸をとり，ベクトルの和の法則を使って，ベクトル $\boldsymbol{A}$ を

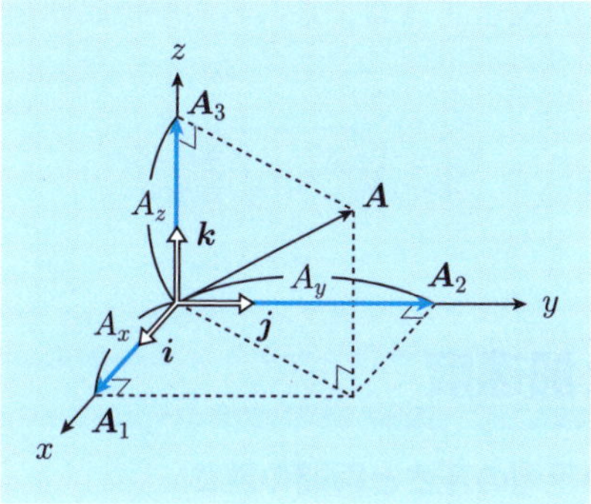

図 1.6　ベクトルの直交座標成分

$$\boldsymbol{A} = \boldsymbol{A}_1 + \boldsymbol{A}_2 + \boldsymbol{A}_3 \tag{1.8}$$

のように，x 軸，y 軸，z 軸のそれぞれに平行な 3 つのベクトル $\boldsymbol{A}_1$，$\boldsymbol{A}_2$，$\boldsymbol{A}_3$ に分解してみる．分解された 3 つのベクトルは，その大きさが，それぞれ $\boldsymbol{A}$ の各軸への正射影 A_x，A_y，A_z になっている．そこで，各軸に平行で，軸の正の向きを向いた単位ベクトル $\boldsymbol{i}$，$\boldsymbol{j}$，$\boldsymbol{k}$（**基本単位ベクトル**と呼ばれる）を導入すると，分解された 3 つのベクトルは

$$\boldsymbol{A}_1 = A_x\boldsymbol{i}, \qquad \boldsymbol{A}_2 = A_y\boldsymbol{j}, \qquad \boldsymbol{A}_3 = A_z\boldsymbol{k} \tag{1.9}$$

と書ける．したがって，これを (1.8) に代入して，$\boldsymbol{A}$ は

$$\boldsymbol{A} = A_x\boldsymbol{i} + A_y\boldsymbol{j} + A_z\boldsymbol{k} \tag{1.10}$$

と表される．(1.10) は，また

$$\boldsymbol{A} = (A_x,\ A_y,\ A_z) \tag{1.11}$$

のように表すこともある．ここで，A_x，A_y，A_z はそれぞれベクトル $\boldsymbol{A}$ の x 成分，y 成分，z 成分と呼ばれる．これからわかるように，これらの 3 つの座標成分は，前節で述べたところのベクトル量を表す 3 つの量に当たる．とくに $\boldsymbol{A}$ が位置ベクトル $\boldsymbol{r}$ の場合は，A_x，A_y，A_z は座標 x，y，z であって

$$\boldsymbol{r} = x\boldsymbol{i} + y\boldsymbol{j} + z\boldsymbol{k} \tag{1.12}$$

となる．

また, ベクトル $\boldsymbol{A}$ の大きさ A は，これらの座標成分を使うと 3 平方の定理から

$$A = \sqrt{A_x^2 + A_y^2 + A_z^2} \tag{1.13}$$

と表される．

1.4 速度と加速度

1 次元運動における平均の速さと瞬間の速さ

鉛直線に沿って落下する雨滴や，東海道新幹線を走る「のぞみ」号のように，物体（質点）がある決まった軌道（曲線）上を運動している場合を考えよう．これらの運動はいずれも **1 次元運動**と呼ばれ，物体の位置 P は，曲線上にとられた原点 O から曲線に沿って測った P までの距離（座標）s で表すことができる．

いま，時刻 t から $t + \varDelta t$ の間に，物体が $s(t)$ から $s(t + \varDelta t)$ まで移動したとすると，移動距離 $\varDelta s$ は

$$\varDelta s = s(t + \varDelta t) - s(t)$$

であるから，その間の物体の**平均の速さ** v_{AV} は

$$v_{\mathrm{AV}} = \frac{\Delta s}{\Delta t} = \frac{s(t+\Delta t) - s(t)}{\Delta t} \tag{1.14}$$

で与えられる．

図 1.7 のように，横軸に時間 t，縦軸に物体の位置 $s(t)$ をとると，運動は s–t 曲線で表すことができる．いま，曲線上に時刻 t および $t+\Delta t$ における 2 点 P，Q を選ぶと，平均の速さ (1.14) は直線 PQ の勾配にあたる．

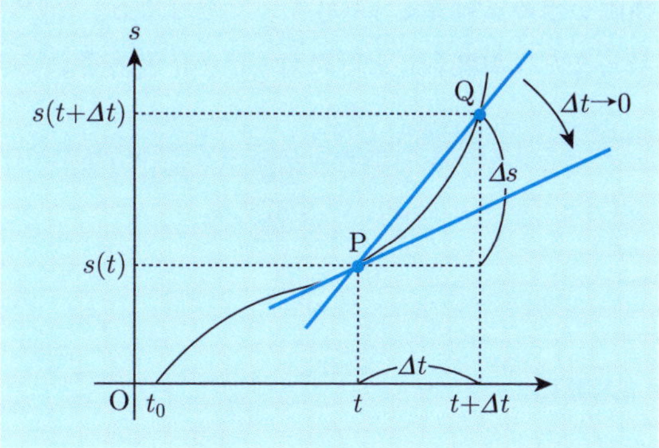

図 1.7　1 次元運動における平均の速さと瞬間の速さ

例題 1.2

東京駅を出発した新幹線「のぞみ」号が，2 時間 25 分で新大阪駅に到着したとする．この「のぞみ」号の平均時速を求めよ．ただし，東京—新大阪間の路線距離は 552.6 km である．

解答　(1.14) において

$$\Delta s = 552.6\,\mathrm{km}, \qquad \Delta t = 2.42\,\mathrm{h} \quad (\because \quad 25\,\text{分} = 0.42\,\text{時間})$$

を代入すると，

$$v_{\mathrm{AV}} = \frac{552.6\,\mathrm{km}}{2.42\,\mathrm{h}} = 228\,\mathrm{km/h}.$$

(1.14) で定義される平均の速さ v_{AV} が，時間間隔 Δt のとり方に依存しないとき，物体は**等速運動**しているという．しかし，上空から落下してくる雨滴や，東海道新幹線を走るのぞみ号の平均の速さは，時間間隔 Δt のとり方によって変化する．そこで，このような等速運動以外の運動についても，Δt によらない方法で質点（物体）の速さを定義する必要がある．

図1.7において，QをPに近づけてΔtを小さくしていくと，直線PQの勾配は変化し，$\Delta t \to 0$の極限では点Pおける曲線の接線の勾配に等しくなる．そこで，この接線の勾配を時刻tにおける**瞬間の速さ**（または単に速さ）と定義し，$v(t)$と書く．この速さの定義を数学的に表すと

$$v(t) = \lim_{\Delta t \to 0} \frac{\Delta s}{\Delta t} = \lim_{\Delta t \to 0} \frac{s(t+\Delta t) - s(t)}{\Delta t} \tag{1.15}$$

となる．この極限を求める計算を「$s(t)$をtで微分する」といい，極限は$s(t)$の時間微分係数（または導関数）と呼ばれ，ds/dtと表される．したがって，(1.15)は

$$v(t) = \frac{ds}{dt} \tag{1.16}$$

となる．

速度ベクトル（速度）

一般には，空間の中を運動している物体（質点）について，運動の状態を正確に記述するには，(1.16)で定義される速さ$v(t)$だけでなく，運動の方向や向きも与えなければならない．そこで，大きさが$v(t)$で，時刻tにおける運動の方向と向きをもつベクトル量として，**速度**（**速度ベクトル**）を定義し，$\boldsymbol{v}(t)$と表す．

この速度ベクトル$\boldsymbol{v}(t)$は1.2節で定義された位置ベクトル$\boldsymbol{r}(t)$の時間変

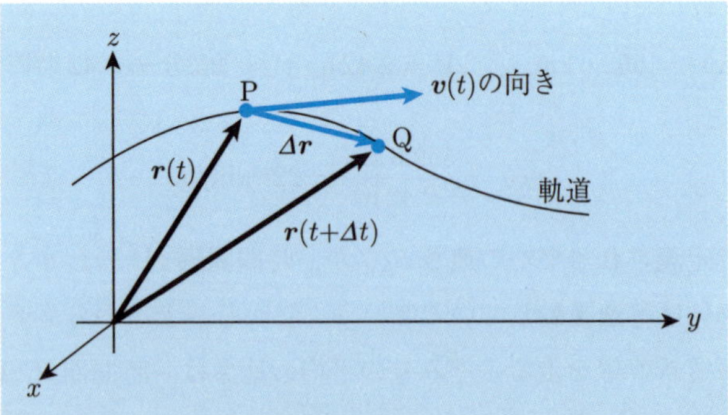

図1.8　質点の微小変位と速度

化率（時間微分係数）で表されることを示そう．いま，図 1.8 のように，ある軌道を描いて空間内を運動している質点を考えて，時刻 t に P の位置にあった質点が時刻 $t+\Delta t$ には Q へ移動したとする．このとき質点の位置の移動量は，P から Q へ向かうベクトルで表すことができる．このベクトル量 $\Delta \boldsymbol{r}$ は，**変位ベクトル**（または単に**変位**）と呼ばれ，2 点 Q，P の位置ベクトルの差で与えられる．

$$\Delta \boldsymbol{r} = \boldsymbol{r}(t+\Delta t) - \boldsymbol{r}(t) \tag{1.17}$$

そこで，この変位 $\Delta \boldsymbol{r}$ を時間 Δt で割ると，P，Q 間の質点の平均の速度が求められる．

$$\begin{aligned} \boldsymbol{v}_{\mathrm{AV}} &\equiv \boldsymbol{v}(t, \Delta t) \\ &= \frac{\Delta \boldsymbol{r}}{\Delta t} = \frac{\boldsymbol{r}(t+\Delta t) - \boldsymbol{r}(t)}{\Delta t} \end{aligned} \tag{1.18}$$

また，(1.18) の $\Delta t \to 0$ の極限をとると，

$$\boldsymbol{v}(t) = \lim_{\Delta t \to 0} \frac{\boldsymbol{r}(t+\Delta t) - \boldsymbol{r}(t)}{\Delta t} = \frac{d\boldsymbol{r}}{dt} \tag{1.19}$$

となり，時刻 t における質点の速度が得られる．(1.19) はベクトル量の時間微分の定義を与えていると見ることもできる．(1.19) を各直交座標成分に分けて書くと

$$\begin{aligned} v_x(t) &= \lim_{\Delta t \to 0} \frac{x(t+\Delta t) - x(t)}{\Delta t} = \frac{dx}{dt} \\ v_y(t) &= \lim_{\Delta t \to 0} \frac{y(t+\Delta t) - y(t)}{\Delta t} = \frac{dy}{dt} \\ v_z(t) &= \lim_{\Delta t \to 0} \frac{z(t+\Delta t) - z(t)}{\Delta t} = \frac{dz}{dt} \end{aligned} \tag{1.20}$$

となる．これからわかるように，速度の各成分は，それぞれ各座標の時間についての微分係数（導関数）に等しい．そこで，(1.19) と (1.20) をまとめて書くと，

$$\begin{aligned} \boldsymbol{v}(t) &= \frac{d\boldsymbol{r}(t)}{dt} = \frac{dx(t)}{dt}\boldsymbol{i} + \frac{dy(t)}{dt}\boldsymbol{j} + \frac{dz(t)}{dt}\boldsymbol{k} \\ &= v_x(t)\boldsymbol{i} + v_y(t)\boldsymbol{j} + v_z(t)\boldsymbol{k} \end{aligned} \tag{1.21}$$

となる．速度の大きさ（つまり速さ）は，(1.13) を用いると，

$$\begin{aligned} v(t) &= |\boldsymbol{v}(t)| \\ &= \sqrt{v_x^2 + v_y^2 + v_z^2} \\ &= \sqrt{\left(\frac{dx}{dt}\right)^2 + \left(\frac{dy}{dt}\right)^2 + \left(\frac{dz}{dt}\right)^2} \end{aligned} \tag{1.22}$$

となる．また，図 1.18 から，速度ベクトルの方向は質点の位置における軌道の接線の方向に，その向きは運動の向きに一致することがわかる．

加速度ベクトル（加速度）

質点の速度が時々刻々変化しているとき，質点は加速しているといい，速度の変化の程度を表す量，つまり "速度の時間変化率" を**加速度**（**加速度ベクトル**）という．したがって，速度 $\boldsymbol{v}(t)$ を位置ベクトル $\boldsymbol{r}(t)$ の時間微分係数から定義したのと同じ方法で，加速度 $\boldsymbol{a}(t)$ は速度 $\boldsymbol{v}(t)$ の時間微分係数から定義される．すなわち，(1.19)，(1.20)，(1.21) に対応して，$\boldsymbol{a}(t)$ についても

$$\begin{aligned} \boldsymbol{a}(t) &= \lim_{\Delta t \to 0} \frac{\boldsymbol{v}(t+\Delta t) - \boldsymbol{v}(t)}{\Delta t} \\ &= \frac{d\boldsymbol{v}}{dt} = \frac{d^2\boldsymbol{r}}{dt^2} \end{aligned} \tag{1.23}$$

$$\begin{aligned} a(t)_x &= \frac{dv_x(t)}{dt} = \frac{d^2x(t)}{dt^2} \\ a(t)_y &= \frac{dv_y(t)}{dt} = \frac{d^2y(t)}{dt^2} \\ a(t)_z &= \frac{dv_z(t)}{dt} = \frac{d^2z(t)}{dt^2} \end{aligned} \tag{1.24}$$

$$\boldsymbol{a}(t) = a_x(t)\boldsymbol{i} + a_y(t)\boldsymbol{j} + a_z(t)\boldsymbol{k} \tag{1.25}$$

が成り立つ．これからわかるように，加速度の直交座標成分は，それぞれ速度の各成分の時間に関する 1 階微分係数（導関数）であり，また，各座標の 2 階微分係数でもある．

例題 1.3

平面上で，原点 O を中心とする半径 R の円周上を，一定の速さで反時計回りに運動している質点 P がある．この P の運動について以下の問いに答えよ．ただし，時刻 t における偏角 θ は $\theta = \omega t + \alpha$ で表されるものとする．

(1)　時刻 t における P の x，y 座標を求めよ．

(2)　時刻 t における P の速度 $\boldsymbol{v}$ の x，y 成分を求めよ．

(3)　P の速さ v を求めよ．

(4)　時刻 t における P の加速度 $\boldsymbol{a}$ の x，y 成分を求めよ．

(5)　加速度ベクトルは常に原点 O を向き，その大きさは一定であることを示せ．

解答

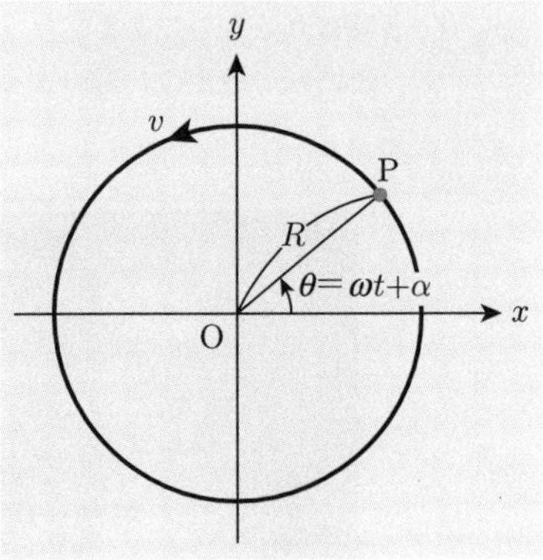

(1)　右図より

$$x = R\cos(\omega t + \alpha),$$
$$y = R\sin(\omega t + \alpha)$$

(2)　(1.20) より

$$v_x = \frac{dx}{dt} = -\omega R\sin(\omega t + \alpha),$$
$$v_y = \frac{dy}{dt} = \omega R\cos(\omega t + \alpha)$$

(3)　(1.22) より，v は

$$v = \sqrt{v_x^2 + v_y^2} = \sqrt{(\omega R)^2\sin^2(\omega t + \alpha) + (\omega R)^2\cos^2(\omega t + \alpha)^2} = \omega R$$

となり，時間 t にはよらない．

(4)　(1.24) より

$$a_x = \frac{dv_x}{dt} = \frac{d^2x}{dt^2} = -\omega^2 R\cos(\omega t + \alpha) = -\omega^2 x$$
$$a_y = \frac{dv_y}{dt} = \frac{d^2y}{dt^2} = -\omega^2 R\sin(\omega t + \alpha) = -\omega^2 y$$

(5)　(4) より，加速度 $\boldsymbol{a}$ は

$$\boldsymbol{a} = -\omega^2(x\boldsymbol{i} + y\boldsymbol{j}) = -\omega^2\boldsymbol{r}$$

となり，常に位置ベクトル $\boldsymbol{r}$ とは反対向きに円の中心の方を向いている．また，加速度の大きさは $a = |\boldsymbol{a}| = \omega^2 R$ となるから t によらず一定である．

第 2 章
運動の法則 − 運動の 3 法則

物体に力が作用すると，物体は運動の状態に変化が生じる．すなわち，物体は加速度をもつようになる．ニュートンは，この力とそれが引き起こす加速度との関係を明らかにして，1 つの微分方程式で表した．彼は著書「プリンキピア（自然哲学の数学的原理）」（図 2.1）の中で，これを含めて運動に関する 3 つの法則を提唱している．いわゆる **“ニュートンの運動の 3 法則”** と呼ばれるものである．

この章では，これらの 3 つのニュートンの運動法則について学ぶ．

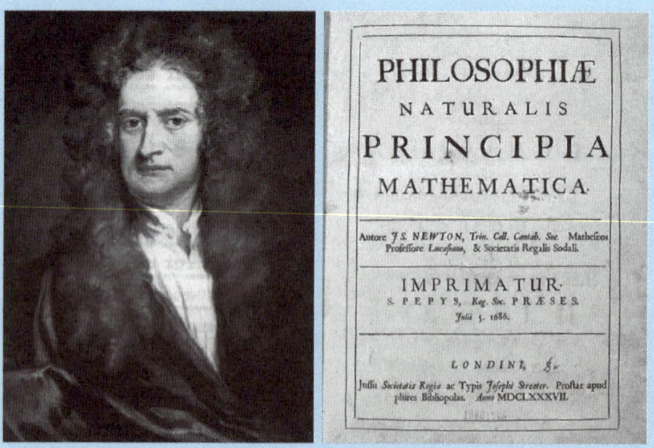

図 2.1 アイザック・ニュートン（**1642〜1727**）と「プリンキピア」

2.1 運動の第 1 法則（慣性の法則）

慣性の法則

水平なテーブルの上に置かれた 1 冊の本を考えよう．何も力が加えられなければ，本は元の位置に静止したままである．本を動かすには摩擦力に打ち勝つ水平な力を加えなければならない．また，一旦運動をはじめた本も，押し続けるか引っ張り続けなければやがて止まってしまう．このように，物体には力が働かなければ静止状態を保つという性質があるようにみえる．実際に 1600 年頃までの科学者は，物体が一定の速度で運動を続けるには，力が必要であると考えていた．

しかし，われわれは，滑らかな床の上や，スケートリンクの氷の上では，一旦滑り出した物体はなかなか止まらないことも経験で知っている．運動している物体がやがて停止するのは，物体の本来の性質ではなく，摩擦力のせいである．もし，広くて究極の滑らかさをもつ平面があれば，そこでは滑り出した物体は面の周縁に達するまで滑り続けるはずである．たとえば，水平で滑らかな床の上に置かれたドライアイスの小片は，ドライアイスの底面から気化する炭酸ガスのために，床とドライアイスとの間には摩擦がほとんど無い．そのため，ドライアイスの小片は軽くはじくだけで，ほぼ一直線に等速運動を続ける．

物体には本来このような性質があると考え，ニュートンは**運動の第 1 法則**として知られている次の法則を導いた．

> **ニュートンの運動の第 1 法則**：物体は，力が作用していないか，あるいは作用していてもそのベクトル和が 0 であれば，静止している物体は静止し続け，また，運動している物体は等速直線運動をし続ける．

このように，物体には本来その運動の状態を保ち続けようとする性質がある．物体がもつこの性質のことを**慣性**という．そのため，この第 1 法則は**慣性の法則***とも呼ばれる．

慣性座標系（慣性系）

第 1 法則で問題にしている“運動の状態”は，実は，それを観測する者のいる立場，つまり，運動を考える座標系によって変わってしまう．しかし，それでは物体の運動を論ずることはできなくなる．そこで，ニュートンは，第 1 法則にこの慣性の法則を据えることによって，運動を論ずる座標系をこの第 1 法則の成り立つ座標系だけに限定したのである．この座標系は**慣性座標**

---

*慣性の法則をはじめて原理として提唱したのはデカルトである．ニュートンはデカルトからこの慣性の原理を得て，彼の運動第 1 法則としたのである．

系（または**慣性系**）と呼ばれる．

しかし，厳密な意味での慣性座標系を選ぶことは難しく，むしろ不可能であると言ってよい．そこで通常は，星々から遠く離れていて，それらの星に対して等速度で相対運動している座標系を想定して，それを近似的な慣性座標系と考える．このようにして 1 つの慣性座標系（の候補）が選ばれると，それに対して等速度で相対運動しているすべての座標系は，第 1 法則からすべて慣性系と考えることができる．

われわれの身の周りに起こる運動を扱う場合には，通常，地球上に固定された座標系が近似的な慣性系として選ばれる．

2.2 運動の第 2 法則（運動方程式）

運動方程式

第 1 法則が成り立つ慣性座標系において，働く力の合力が 0 でない場合には物体に何が起こるか，について述べているのが，ニュートンの**運動の第 2 法則**である．すなわち，

> ニュートンの運動の第 2 法則：物体の加速度 $\boldsymbol{a}$ はそれに作用する合力 $\boldsymbol{F}$ に比例し，物体の質量 m に反比例する．

これは式で表すと

$$m\boldsymbol{a} = \boldsymbol{F} \tag{2.1}$$

となる．この方程式は**ニュートンの運動方程式**または単に**運動方程式**と呼ばれる．(2.1) は，第 1 章で定義した位置ベクトル $\boldsymbol{r}$ を用いて表すと

$$m\frac{d^2\boldsymbol{r}}{dt^2} = \boldsymbol{F} \tag{2.2}$$

となる．これは，あらかじめ物体の質量 m が定義されていれば，力 $\boldsymbol{F}$ は (2.2) によって定義されることを表している．すなわち，ニュートンはこの (2.2) を第 2 法則に据えることによって，条件付きで力を定義したのである．

(2.2) はベクトルの方程式であるから，3 つの成分に分けて

$$m\frac{d^2x}{dt^2} = F_x, \qquad m\frac{d^2y}{dt^2} = F_y, \qquad m\frac{d^2z}{dt^2} = F_z \tag{2.3}$$

と書くこともできる．

力の SI 単位は N（ニュートン）である．これは，(2.2) から質量 1 kg の小物体に $1\,\mathrm{m\cdot s^{-2}}$ の加速度を生じさせる力に当たる．

例題 2.1

地表近くにある質量 m の物体には鉛直下向きに，$F = mg$ の大きさの重力が働いている．ここに，g $(= 9.8\,\mathrm{m\cdot s^{-2}})$ は重力加速度である．1 kg の物体に働く重力の大きさは 1 kg 重と呼ばれ，力の単位として使われることがある．60 kg 重は何 N に相当するか．

解答　$60\,\mathrm{kg}\text{ 重} = 60\,\mathrm{kg} \times 9.8\,\mathrm{m\cdot s^{-2}} = 588\,\mathrm{N}$

運動量と第 2 法則

物体が運動しているとき，その質量 m と速度 $\boldsymbol{v}$ との積をその物体の**運動量**という．運動量はベクトル量であって $\boldsymbol{p}$ と表されることが多い．すなわち，

$$\boldsymbol{p} = m\boldsymbol{v} \tag{2.4}$$

と書かれ，これは運動の勢いを表す．いま，(2.4) の両辺を時間 t で微分すると，質量 m は定数であるから

$$\frac{d\boldsymbol{p}}{dt} = \frac{d}{dt}(m\boldsymbol{v}) = m\frac{d\boldsymbol{v}}{dt} = m\boldsymbol{a} = \boldsymbol{F}$$

となる．したがって，ニュートンの運動方程式 (2.1) は

$$\frac{d\boldsymbol{p}}{dt} = \boldsymbol{F} \tag{2.5}$$

と表すこともできる．(2.5) は，運動量 $\boldsymbol{p}$ を各瞬間における質量と速度との積と定義すれば，質量 m が定数でなく時間的に変化している場合でも，そのまま成立する．実は，ニュートンが第 2 法則として提唱したのは，(2.2) の形ではなく，(2.5) の形の方である．

運動量の変化と力積

運動方程式 (2.5) の両辺を，t で時刻 t_1 から t_2 まで積分すると

$$\int_{t_1}^{t_2} \frac{d\boldsymbol{p}}{dt}\,dt = \int_{t_1}^{t_2} \boldsymbol{F}\,dt \tag{2.6}$$

となる．ここで，左辺は積分を実行すると，

$$\int_{t_1}^{t_2} \frac{d\boldsymbol{p}}{dt} dt = \boldsymbol{p}(t_2) - \boldsymbol{p}(t_1) \equiv \Delta\boldsymbol{p}$$

となり，時刻 t_1 と t_2 の間の運動量の変化 $\Delta\boldsymbol{p}$ を与える．一方，右辺の積分は時刻 t_1 から t_2 までの間に物体に与えられた**力積**と呼ばれ，一般に記号 $\boldsymbol{I}$ で表される．すなわち，力積 $\boldsymbol{I}$ は次式で定義されるベクトル量である．

$$\boldsymbol{I} = \int_{t_1}^{t_2} \boldsymbol{F} dt = \Delta\boldsymbol{p} \tag{2.7}$$

(2.7) は

物体の運動量の変化 $\Delta\boldsymbol{p}$ は，その間に物体に作用した力 $\boldsymbol{F}$ の力積に等しい

と言い表すことができる．

例題 2.2

直線上を $20\,\mathrm{m\cdot s^{-1}}$ の速さで運動している質量 $40\,\mathrm{kg}$ の物体がある．この物体を2秒間で停止させるには平均何 N の力を加える必要があるか．

解答 運動の方向を正にとり，平均 $F\mathrm{N}$ の力を逆向きに加えたとすると，2秒間での運動量の変化 Δp，および力積 I は

$$\Delta p = 0 - (40\,\mathrm{kg})(20\,\mathrm{m\cdot s^{-1}}) = -800\,\mathrm{kg\cdot m\cdot s^{-1}} = -800\,\mathrm{N\cdot s}$$
$$I = -F[\mathrm{N}] \times 2(\mathrm{s}) = -2F\,[\mathrm{N\cdot s}]$$

である．これを (2.7) に代入すると，$F = 400\,\mathrm{N}$ が得られる．

2.3 運動の第3法則（作用反作用の法則）

作用と反作用

運動の第2法則によると，質量が定義されていると，物体に働く力は，その力によって生じた物体の加速度を測定すれば決まる．しかし，それでは質量を定義するにはどうすればよいかという問題が残る．

そこで，力とは何かをもう一度考えてみよう．力を加えるということは，最も単純に言えば押したり引っぱったりすることである．その場合，必ず力

を加える側と力を受ける側が存在する．すなわち，力は決して単独にあるものではなく，いつも対になって現れる．たとえば，図 2.2 のように，片方の物体 A を起源とする力 $\boldsymbol{F}_{\mathrm{BA}}$ がもう一方の物体 B に作用すると，逆に物体 B を起源とする力 $\boldsymbol{F}_{\mathrm{AB}}$ が物体 A に作用する．このように，物体間に対になって生ずる力を**相互作用**といい，一方を**作用**，他方を**反作用**と呼ぶ．

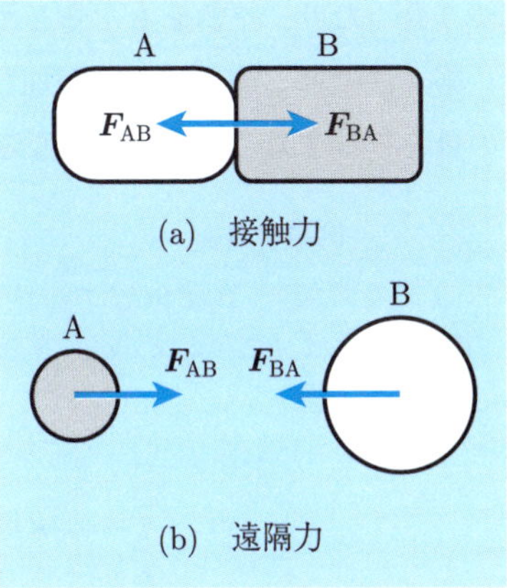

図 2.2　作用と反作用

ニュートンの運動の第 3 法則

作用と反作用は大きさが等しく互いに反対を向いた力である．また，それらは異なる物体に働く力であって，決して同じ物体に働くことはない．ニュートンはこの相互作用の性質を**運動の第 3 法則**に据えたのである．

> **ニュートンの運動の第 3 法則**：2 つの物体が相互作用しているとき，物体 A が物体 B に及ぼす力 $\boldsymbol{F}_{\mathrm{BA}}$ と物体が B が物体 A に及ぼす力 $\boldsymbol{F}_{\mathrm{AB}}$ は，同一作用線上にあり，互いに大きさが等しく反対向きの力である．

これを式で書けば

$$\boldsymbol{F}_{\mathrm{BA}} = -\boldsymbol{F}_{\mathrm{AB}} \tag{2.8}$$

となる．(2.8) は**作用反作用の法則**とも呼ばれる．

物体間に働く相互作用には図 2.2(a) のように，互いに接触して及ぼし合う場合（**接触力**）と，地球と月の間に働いている万有引力のように，互いに離れて及ぼし合う場合（**遠隔力**）がある（図 2.2(b)）．いずれの場合にも，(2.8) の作用反作用の法則は成り立つ．それだけでなく，(2.8) は 2 つの物体が静止していても運動していても，あるいは加速度をもっていても成り立っている．また，(2.8) の両辺は，それぞれ別の物体に作用するため，決して互いにつり合ったり，平衡をもたらしたりすることはない．

第 2 法則にこの第 3 法則が加わることによって，はじめて質量と力の 2 つの量を定義することが可能になる．次の例題でそれを考えてみよう．

例題 2.3

下図のように，質量 m_A，m_B の 2 つの小球 A，B が正面衝突してはね返される実験を行えば，たとえば，m_A を基準にしたときの m_B が決まることを示せ．

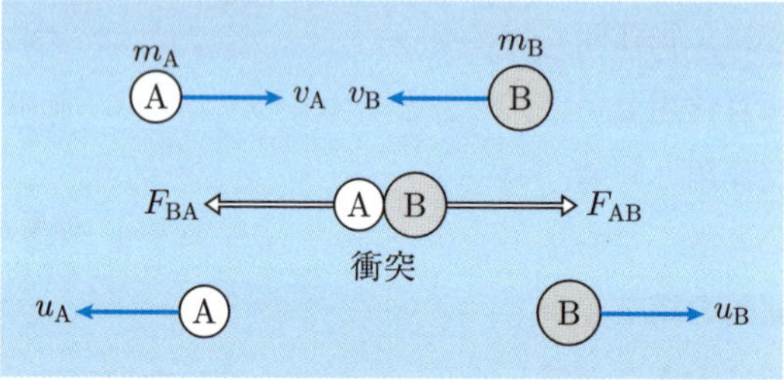

解答 衝突の際，A，B にはごく短い時間 ($t_1 < t < t_2$) に互いに大きな斥力 F_{BA}，F_{AB} が働く．この力は作用と反作用の関係にあるから，働いているすべての瞬間で，大きさが等しく，互いに逆を向いている．したがって，衝突において A，B に及ぼされる力積については

$$\int_{t_1}^{t_2} F_{BA}dt = -\int_{t_1}^{t_2} F_{AB}dt$$

が成り立つ．いま，A が衝突前に進む向きを正にとって，衝突前後の A，B の速度を，それぞれ v_A，v_B および u_A，u_B とすると，第 2 法則から

$$m_A(u_A - v_A) = \int_{t_1}^{t_2} F_{BA}dt, \qquad m_B(u_B - v_B) = \int_{t_1}^{t_2} F_{AB}dt = -\int_{t_1}^{t_2} F_{BA}$$

が得られる．この両式から F_{BA} の時間積分を消去すると，

$$m_A(u_A - v_A) = -m_B(u_B - v_B), \qquad \therefore \quad m_B = -\frac{u_A - v_A}{u_B - v_B}m_A$$

となる．ここで，v_A，v_B および u_A，u_B はいずれも実験によって測定される量である．したがって，m_A を質量の基準にとることにすれば，B を取り替えることによって，上の最後の式からすべての物体の質量を決めることができる．

第3章
力

前章では，力についての2つの重要な性質を学んだ．1つは，運動の第3法則である．力は物体間に働く相互作用であって，必ず対になって現れ，決して単独には存在しない．すなわち，物体Aが物体Bに力 $\boldsymbol{F}$ を及ぼせば，必ず物体Bは物体Aに力 $-\boldsymbol{F}$ を及ぼす．

一方，運動の第2法則によれば，力 $\boldsymbol{F}$ を受けた物体Bは，その力の起源が何かにはよらず，$\boldsymbol{F}$ に比例した加速度 $\boldsymbol{a} = \boldsymbol{F}/m$ で運動する．

しかし，力が及ぼされて物体に生じる変化は加速度だけではない．一般には物体は形が変わり，大きさも変わる．ある場合には温度までも変化する．

われわれの身の回りに起こる力学現象を観察すると，実にさまざまな力が関与していることがわかる．地上に落下してくる雨滴には重力が働いているし，空気による抵抗力も働く．ゴムひもを引き伸ばすと，ゴムひもには元に戻ろうとする復元力（弾性力と呼ばれる）が働く．テーブルの上に置かれている本が落下しないのは，テーブルから垂直抗力が及ぼされて本が落下するのを支えているからである．本章ではこのようないろいろな力の中から代表的ないくつかを選んで紹介しよう．

3.1　自然界の基本的な力と現象論的な力

基本的な力

自然界を構成している基本的な要素は，陽子，中性子，電子などの素粒子と呼ばれる粒子群である．これらの粒子間に働く力によって，物体が構成され，この宇宙ができ上がっている．これらの力を**自然界の基本的な力**と呼ぶ．このような基本的な力としては，次の4つの力が存在することがわかっている．すなわち，

(1)　質量をもっていることによって物体間に働く**万有引力**．

(2)　電荷を帯びている粒子間に働く**電磁気力**．

(3)　陽子と中性子を結びつけて原子核を作る**核力**（**強い力**）．

(4)　原子核から飛び出した中性子を崩壊させて陽子，電子，ニュートリノを発生させる原因となる**弱い力**．

である．

現象論的な力

日常生活で経験する身の回りの物体間にはさまざまな力が働いているが，重力を除けば，それらの力の原因は，最終的には原子核や電子の間に働く電磁気力である．すなわち，われわれの身の回りに存在するさまざまな形の巨視的な力は，物体を構成しているミクロな粒子間に働く電磁気力の合力である．しかし，そのような巨視的な力を，いちいちその原因である基本的な力（電磁気力）にまで遡って考えることは困難である上，現実的ではない．そこで，古典力学では，電磁気力などの基本的な力を考える代わりに，摩擦力，抗力，空気の抵抗力，ばねの弾力などの**現象論的な力**を導入する．

3.2　重力（重量）

重力

地上にある物体はすべて鉛直下方に向けて地球に引き付けられている．この力は**重力**（または**重量**）と呼ばれる．次節で詳しく述べるように，質量のある物体間には万有引力と呼ばれる引力が作用する．重力は地球が地上の物体に及ぼす万有引力であって，地球の中心を向いている．しかし，物体が地表上の狭い範囲にある場合に限れば，重力はすべて水平面に対して垂直下方を向いていると考えてよく，その大きさは一定で，

$$F = mg \tag{3.1}$$

と表される．ただし，g は重力加速度と呼ばれて，およそ

$$g = 9.81\,\mathrm{m}\cdot\mathrm{s}^{-2}$$

のような大きさをもつ．質量 1 kg の物体に働く重力は，1 **キログラム重**（kgw）といい，力の単位としても使われる．

例題 3.1

SI 単位系での力の単位は 1 **ニュートン**（記号 N）である．これは，質量 1 kg の物体（質点）に作用して，$1\,\mathrm{m}\cdot\mathrm{s}^{-2}$ の加速度を生じさせる力の大きさと定義されている．1 キログラム重は何 N に等しいか．

解答　$1\,\mathrm{kgw} = (1\,\mathrm{kg})(9.81\,\mathrm{m\cdot s^{-2}}) = 9.81\mathrm{kgm\cdot s^{-2}} \equiv 9.81\,\mathrm{N}$

自由落下運動

地上ではすべての物体は自由にしておくと，鉛直下方に向かって落下する．とくに物体が静止した状態から重力のみを受けて落下する場合の運動を**自由落下**という．自由落下は等加速度運動であって，その加速度の大きさは，上に述べた g であり，この加速度をもたらしている力は，重力 (3.1) である．

したがって，物体の自由落下運動の運動方程式は，運動の第 2 法則 (2.2) より，

$$m\frac{d^2x}{dt^2} = mg \tag{3.2}$$

と表される．ここで，位置 x は，x 軸を鉛直下方に向けてとったときの座標である．いま，静止しているときの物体の位置を原点にとり，時刻 $t = 0$ から落下をはじめたとして，運動方程式 (3.2) を解くと，時刻 t における物体の速度 $v(t)$ および落下距離 $x(t)$ は

$$v(t) = gt \tag{3.3}$$

$$x(t) = \frac{1}{2}gt^2 \tag{3.4}$$

と得られる．すなわち，自由落下では「物体の落下速度は時間に比例して増大し，落下距離は落下時間の平方に比例する」．*

(3.4) の関係を，はじめて実験によって発見したのはガリレイである．当時はまだ微小な時間を測る技術がなかったため，彼は，自由落下させる代わりに小球を斜面上で転がせて重力の効果を弱め，実験を行った．

---

*(3.3) が示すように，自由落下の速度は質量によらない．しかし，ガリレイが現れるまでは，「重い物体は軽い物体よりも速く落ちる」とする，古代ギリシャのアリストテレスの考えが約 2000 年の長い間信じられていた．ガリレイは思考実験からアリストテレスの理論が間違っていることを証明して，「すべての物体は，その重さに関係なく同じ速さで落ちる」と結論した．この彼の結論が正しいことは，1971 年 8 月 2 日に月面上で証明された．月面上に立ったアポロ 15 号の船長スコット大佐は，右手にハンマー，左手に隼の羽をもち同時に手を離した．ハンマーと羽はゆっくり落下して行き，同時に月面に落ちた．

3.3 万有引力

万有引力の法則

第4章で述べるように，ニュートンは，すべての物体間には，それぞれの物体の質量の積に比例し，両者の距離の2乗に反比例する引力が働くと考えれば，月の公転だけでなく，惑星の運動までも説明できることを発見した．この引力はすべての物体間に働くことから**万有引力**と呼ばれる（図3.1）．

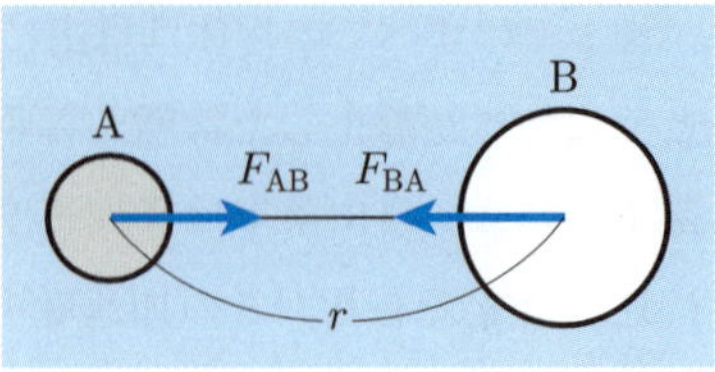

図3.1 万有引力

万有引力の法則：すべての物体間には，それぞれの質量 m と M の積に比例し，その間の距離 r の2乗に反比例する引力 F が働く．

これを式で表すと

$$F = -\frac{GmM}{r^2} \tag{3.5}$$

となる．ここで負号をつけたのは引力であることを示すためである．比例係数 G は万有引力定数あるいは**重力定数**と呼ばれ，最近の測定によると

$$G = (6.67259 \pm 0.00085) \times 10^{-11}\ \mathrm{m^3 \cdot kg^{-1} \cdot s^{-2}} \tag{3.6}$$

である．

重力質量と慣性質量

歴史的には，この**万有引力の法則** (3.5) で定義される質量を**重力質量**と呼び，第2章の運動の第2法則 (2.1) で定義される質量を**慣性質量**と呼んで区別をしていた．重力質量は重力の作用（天秤など）を用いて求められ，一方慣性質量の方は力が作用したときに物体が得る加速度から求められる．このように両者はまったく別の定義であるが，経験上は，同じ物体を基準にとると完全に一致しており区別できない．今日ではこの2つの質量は同じものであり区別されないことがわかっている．

3.4　垂直抗力と摩擦力

垂直抗力

図 3.2 のように，テーブルの上に置かれている本（質量 m）に働く力について考えてみよう．本には下向きの重力 $\boldsymbol{W}$（大きさ mg）が働いている．この重力のため，本は重力と等しい力 $\boldsymbol{N}'$ でテーブルを下向きに押し付け，一方，この $\boldsymbol{N}'$ の反作用として，テーブルは上向きに力 $\boldsymbol{N}$ で本を押し上げる．このように $\boldsymbol{N}$ と $\boldsymbol{N}'$ のように，2 つの物体の接触面を通して面に垂直に，互いに相手に作用する力を**垂直抗力**という．テーブルの上の本には，重力 $\boldsymbol{W}$ とテーブルからの垂直抗力 $\boldsymbol{N}$ の 2 つの力が働いていて，それらがつり合うために，本は落下しないでテーブルの上にあるのである．

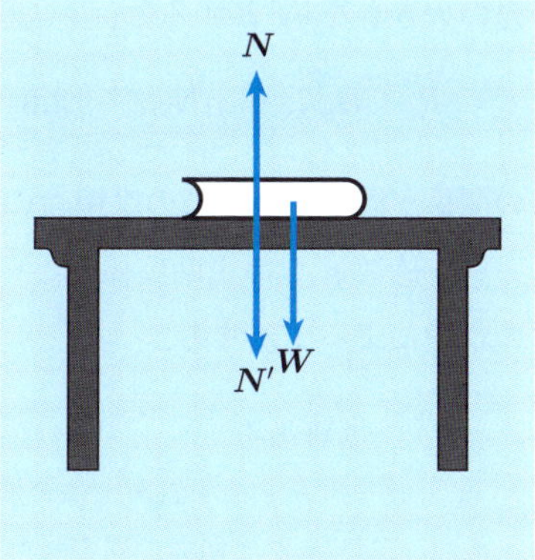

図 3.2　垂直抗力

垂直抗力は，次に述べる摩擦力と違って接触面の状態には依存することはない．

摩擦力

接触している 2 つの物体において，接触面を通して互いに接触面に平行に及ぼしあう力を**摩擦力**という．摩擦力には静止摩擦力と運動摩擦力がある．摩擦力は 2 つの物体の接触面の状態によって変わり，面が滑らかであればあるほど小さくなる．

静止摩擦力

図 3.3 に示すように，水平な床の上に置かれたブロックを考えてみよう．このブロックに左向きに水平な力 $\boldsymbol{F}$ を加えても，F がある大きさを超えなければブロックは動き出さない．これは，接触面を通して，床からブロックの運動を阻止する逆向きに力 $\boldsymbol{R}$ が働いているためである．この力 $\boldsymbol{R}$ を**静止摩擦力**

という．ブロックが静止しているかぎり，この静止摩擦力は加えた力とつり合っているため

$$\boldsymbol{R} = -\boldsymbol{F} \quad (3.7)$$

となる．経験によれば，この静止摩擦力の大きさ R には上限があって，接触面を通して垂直に働く抗力の大きさを N とすると，

$$R < R_{\max} = \mu N \quad (3.8)$$

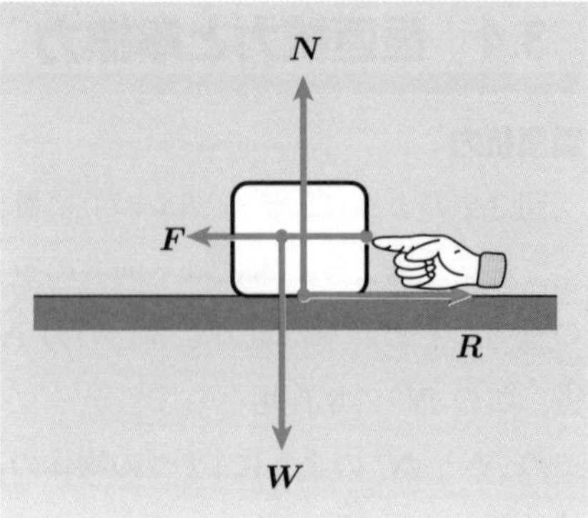

図 3.3　静止摩擦力

の関係が成り立つ．この摩擦力の最大値 $R_{\max}$ $(= \mu N)$ を最大静止摩擦力といい，係数 μ を静止摩擦係数という．μ の値は床とブロックの材質や接触面の状態によって決まる．

例題 3.2

水平面と角 θ をなす斜面上に質量 m のブロックが置かれていて，静止している（下図）．ブロックと斜面の間の静止摩擦係数が μ であるとき，ブロックが滑りださないための傾斜角 θ の条件を求めよ．

解答　ブロックに働く重力を，斜面に垂直な成分 $mg\cos\theta$ と斜面に平行な成分 $mg\sin\theta$ に分解すると，それらは，それぞれ斜面がブロックに及ぼす垂直抗力 N および摩擦力 R につり合っている．すなわち，

$$N = mg\cos\theta \quad (3.9)$$

$$R = mg\sin\theta \quad (3.10)$$

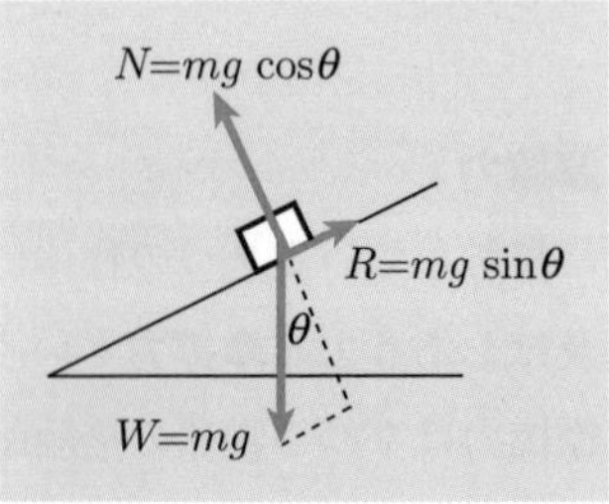

が成り立つ．しかし，傾斜角 θ を大きくしていくと，やがて重力の斜面に平行な成分が最大静止摩擦力 $R_{\max}$ $(= \mu N)$ より大きくなって，(3.10) のつり合いは成り立たなくなり，ブロックは滑り出す．このときの傾斜角 $\theta_{\max}$ については

$$mg\sin\theta_{\max} = R_{\max} = \mu N = \mu mg\cos\theta_{\max}$$

の関係が成り立つ．これより $\theta_{\max}$ は

$$\theta_{\max} = \tan^{-1}\mu$$

と求められる．これよりブロックが滑り出さないための傾斜角の条件は，

$$\theta < \theta_{\max} = \tan^{-1}\mu$$

となる．この $\theta_{\max}$ を**摩擦角**という．

運動摩擦力

ブロックに加える力の大きさ F が増していき，$R_{\max}$ を超えると，ブロックは動き出し，左の方向に加速される (図 3.4)．この場合も，ブロックには床から接触面を通して運動を妨げる向きに**運動摩擦力** $\boldsymbol{R}$ が働く．運動摩擦力の大きさ R は，

$$R = \mu' N \qquad (3.11)$$

のように床からの垂直抗力 N に比例する．この比例係数 μ' は**運動摩擦係数**と呼ばれ，床とブロックの接触面の状態だけによって決まる．また，運動摩擦力 R は最大静止摩擦力 $R_{\max}$ $(= \mu N)$ よりも小さい．そのため，比例係数についても

$$\mu' < \mu \qquad (3.12)$$

となり，運動摩擦係数の方が小さい．

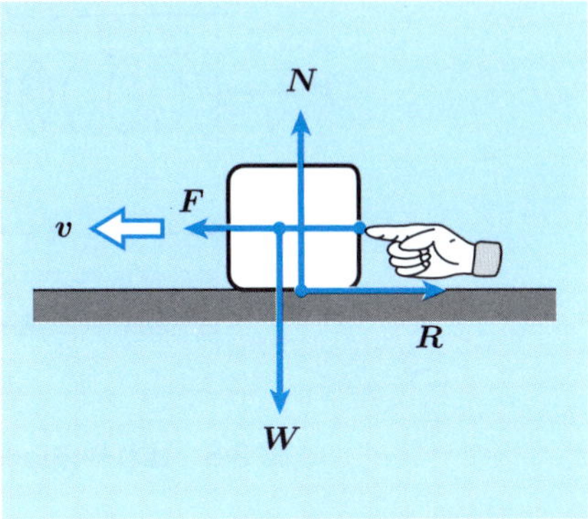

図 3.4　運動摩擦力

3.5 弾　　力

固体の弾性

固体に合力が 0 になるように外から力を加えると，運動の状態は変わらないが，固体は変形はする．しかし，このとき，その変形が小さければ，固体には元の状態（形）に戻ろうとする**復元力**が現れる．

例えば，図 3.5 のように，ばねや金属棒の一方の端を固定しておいて，もう一方の端に力を加えて引っ張ってみよう．ばねと棒では程度に差はあるが，いずれも引き伸ばされる．それと同時に，ばねや棒には元の長さに縮もうと

する復元力が生じる．この復元力のため，ばねや棒の伸びを保つには一定の力を加え続けなければならないことになる．外からの力を取り去ると，ばねも金属棒も元の長さに戻り，復元力は消える．一般に固体のもつこの性質のことを**弾性**といい，元の状態に戻そうとする復元力を固体の**弾力**という．

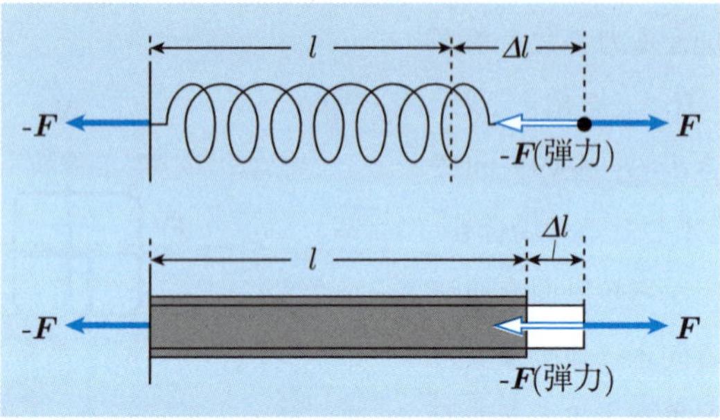

図 3.5 ばねや棒は伸ばすと弾力が生じる

固体の変形の大きさは，力が加わらない自然の状態を基準にとって測られる．例えば，ばねの変形の大きさとは，ばねの自然長からの伸びをいう．一般にこの変形が小さければ，固体に生じる復元力の大きさは変形の大きさに比例する．これは**フックの法則**と呼ばれる．

フックの法則：変形が小さければ，物体の復元力つまり弾力の大きさは変形の大きさに比例する．

これは，弾力を F，変形の大きさを x とすると

$$F = -kx \tag{3.13}$$

と表される．ここで，比例係数 k は**弾性係数**（ばねの場合は**ばね定数**）と呼ばれる．

第4章 いろいろな運動 – 運動の法則の応用

第2章で学んだように，物体の運動は第2法則である運動方程式 (2.2) に従う．この運動方程式をみると，運動は右辺に現れる力によって特徴付けられることがわかる．この章ではいくつかの簡単な運動について，原因である力に注目しながら，その振る舞いを調べてみよう．

4.1　重力のもとでの運動（放物運動）

運動方程式とその解

地表付近にある質量 m の物体には鉛直下向きに

$$F = mg$$

の大きさの重力が働く．いま，地上から，$t = 0$ に，初速 v_0 で小球を水平に対して角 θ の方向に投げ上げたとき，その後，小球がどのような運動をするかを調べてみよう．ただし，物体に働く力は重力だけであるとする．

図 4.1 のように，投げ上げた地点を原点 O にとって，O を通り鉛直上向きに y 軸を，初速度 $\boldsymbol{v}_0$ と y 軸が張る平面内で水平方向に x 軸をとると，小球の運動は xy 平面内の 2 次元運動である．したがって，運動方程式 (2.2) は

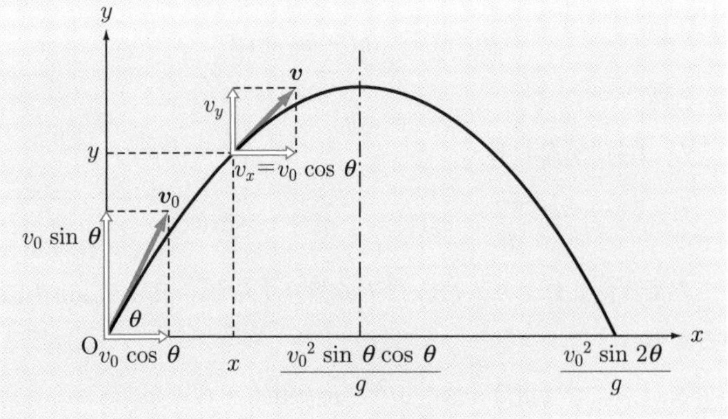

図 4.1　放物運動

x, y 成分に分けて書くと,

$$m\frac{d^2x}{dt^2} = 0, \qquad m\frac{d^2y}{dt^2} = -mg \tag{4.1}$$

となる. (4.1) の2つの微分方程式は, x 座標と y 座標のそれぞれ一方だけしか含んでいないため, 互いに独立な微分方程式である.

x 方向の微分方程式は, x の t での2階微分（つまり v_x の1階微分）が0であるから, v_x が一定, つまり等速運動を表している. したがって, 初期条件, $t=0$ で $x(0)=0$, $v_x(0)=v_0\cos\theta$ を満たす解は容易に求めることができて

$$v_x(t) = v_0\cos\theta, \qquad x(t) = v_0 t\cos\theta \tag{4.2}$$

となる.

一方, y 方向の微分方程式は,

$$\frac{d^2y}{dt^2} = \frac{dv_y}{dt} = -g \tag{4.3}$$

と書ける. これより, $v_y(t)$ は t で微分すると $-g$ になる関数であって,

$$v_y(t) = -gt + C$$

となることがわかる. ここで, C は任意定数であって, 初期条件 $v_y(0) = v_0\sin\theta$ から求められ, $C = v_0\sin\theta$ である. したがって, y 方向の小球の速度は

$$v_y(t) = -gt + v_0\sin\theta \tag{4.4}$$

と求められる.

次にこの (4.4), すなわち

$$\frac{dy}{dt} = v_y(t) = -gt + v_0\sin\theta \tag{4.5}$$

を解いてみよう. これより, $y(t)$ は t で微分すると $-gt + v_0\sin\theta$ になる関数であるから

$$y(t) = -\frac{1}{2}gt^2 + v_0 t\sin\theta + C'$$

となる. ここで, C' は任意定数であって, 初期条件 $y(0)=0$ より $C'=0$ で

ある．したがって，時刻 t における小球の y 座標は

$$y(t) = -\frac{1}{2}gt^2 + v_0 t \sin\theta \tag{4.6}$$

と求められる．

例題 4.1

時刻 $t = 0$ で小球を真上に速さ v_0 で投げ上げた．
(1) 最高点に到達するまでの時間を求めよ．
(2) 再び投げ上げた点に戻るまでの時間を求めよ．
(3) 投げ上げた点に戻ったときの小球の速さを求めよ．

解答 真上に投げ上げるのだから，$\theta = 90^\circ$ である．また，投げ上げたときの時刻を $t = 0$ とすると，時刻 t における小球の速さ $v(t)$ は，上向きを正にとって，(4.4) より

$$v(t) = -gt + v_0 \tag{4.7}$$

で与えられる．

(1) 最高点では，$v = 0$ であるから，そこに到達するまでの時間 t は，(4.7) より

$$v(t) = 0 = -gt + v_0 \qquad \therefore \quad t = \frac{v_0}{g} \tag{4.8}$$

(2) 最初の位置（$y = 0$）に戻るまでの時間を t とすると，(4.6) より

$$0 = -\frac{1}{2}gt^2 + v_0 t = \frac{(2v_0 - gt)t}{2}$$

となる．$t \neq 0$ なので，これより

$$t = \frac{2v_0}{g} \tag{4.9}$$

すなわち，上昇時間と落下時間は等しい．

(3) (4.7) で $t = 2v_0/g$ おくと

$$v = -v_0$$

となり，速さは最初と同じであるが，向きは逆である．

放物運動の軌道

(4.2) の第 2 式と (4.6) から t を消去すると，放物体（小球）の軌道の方程式，

$$y = -\frac{g}{2v_0^2 \cos^2\theta}x^2 + x\tan\theta \tag{4.10}$$

が求められる．これは

$$x = \frac{v_0^2 \sin\theta \cos\theta}{g} \tag{4.11}$$

を中心軸とする上に凸の放物線である（図 4.1）.

小球の落下点までの距離 l，すなわち落下点の x 座標は，(4.10) で $y = 0$ とおいて得られる x の 2 つの解のうち，0 でないほうの解として求められる.

$$l = \frac{2v_0^2 \sin\theta \cos\theta}{g} = \frac{v_0^2 \sin 2\theta}{g} \tag{4.12}$$

これから，同じ初速で投げる場合に一番遠くまで届くのは，$\sin 2\theta = 1$ の場合であって，それは $\theta = 45°$ の方向に投げたときであることがわかる．したがって，最大到達距離 $l_{\rm max}$ は

$$l_{\rm max} = \frac{v_0^2}{g} \tag{4.13}$$

である.

4.2 月の運動 — 月はなぜ地球に落ちないか

ニュートンの人工衛星の理論

ニュートンが万有引力を発見する糸口になったのは，地球のまわりを回っている月の運動であった．「リンゴが落ちるのに，なぜ月は落ちてこないのか？」若いニュートンは考え続けて，ついに見付けた答えは，「月は落ちてこないのではなく，たえず地球に向かって落ち続けており，その結果，円軌道を描いて地球のまわりを回り続けている」というものであった．この最初の人工衛星の理論とも言える「月の運動に関する理論」は，プリンキピアとは別の小冊子「世界の体系について」の中で述べられている．次の例題で，ニュートンに倣って月が円軌道を描くための条件を求めてみよう.

例題 4.2

月が半径 R の円軌道を描きながら，一定の速さ v で地球のまわりを回るためには，短い時間 Δt の間に月は，地球に向かってどれだけの距離を落ちなければならないか.

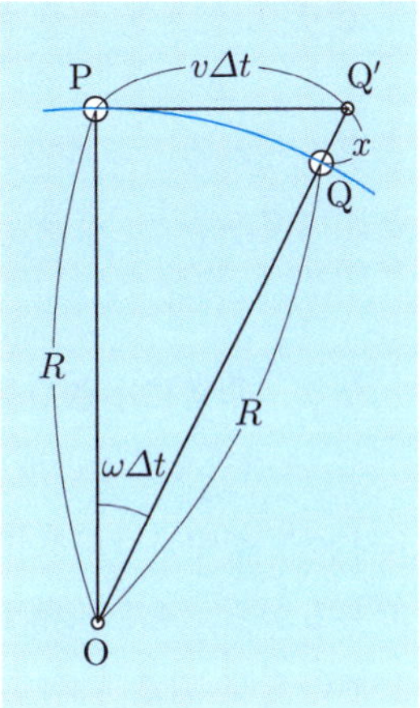

解答　図のように，ある時刻に円軌道上の点 P にあった月が，時刻 Δt の間には，進行方向に $v\Delta t$ だけ進み，$Q'Q = x$ だけ地球の中心 O に向かって落下して，その結果，ちょうど同じ円軌道上の点 Q の位置にきたとする．いま，図の直角三角形 OPQ' に対して三平方の定理を使うと，

$$(R + x)^2 = R^2 + (v\Delta t)^2$$

の関係が成り立つ．これは左辺の括弧を開くと，

$$R^2 + 2Rx + x^2 = R^2 + (v\Delta t)^2$$

となる．ここで，両辺の共通項を消去し，さらに両辺を $2R$ で割ると，

$$x + \frac{x^2}{2R} = \frac{v^2}{2R}(\Delta t)^2$$

となるが，Δt が十分小さければ，$x \ll R$ となり，左辺の第 2 項は省略できて，結局，月が地球に向かって落ちる距離 x は

$$x = \frac{1}{2}\left(\frac{v^2}{R}\right)(\Delta t)^2 \tag{4.14}$$

と得られる．

万有引力の距離の逆 2 乗則

例題 4.2 の最後の結果 (4.14) を，ガリレイの自由落下の式 (3.4) と比べてみると，月が地球に向かって落ちる加速度 a_M が

$$a_M = \frac{v^2}{R} = \left(\frac{v}{R}\right)^2 R = \omega^2 R \tag{4.15}$$

と得られる．ここで，$\omega(= v/R)$ は月が地球を回る回転の角速度であって，回転の周期 T がわかれば，

$$\omega = \frac{2\pi}{T} \tag{4.16}$$

から求められる．月は地球を 27.3 日で一巡するから，これを秒に換算すると，$T = 2.36 \times 10^6\,\mathrm{s}$ となり，これを (4.16) に代入すると，

$$\omega = 2.66 \times 10^{-6}\,\mathrm{s}^{-1} \tag{4.17}$$

が得られる．したがって，この ω の値と月の円軌道の半径 $R = 384.400\,\mathrm{km}$

を (4.15) に代入して，月の落下する加速度の大きさ a_M は

$$a_M = 2.74 \times 10^{-3}\,\mathrm{m \cdot s^{-2}} \tag{4.18}$$

と求められる．これは，地上における物体の落下の加速度 $g = 9.81\,\mathrm{m \cdot s^{-2}}$ と比べてみると，

$$\frac{a_M}{g} = \frac{2.74 \times 10^{-3}}{9.81} = \frac{1}{3640} \tag{4.19}$$

となり，非常に小さな値になる．

ニュートンは，この地球の引力による落下の加速度が，地球の中心からの距離によってどのように変化するかに興味をもった．地球の半径 R_G は $6,371\,\mathrm{km}$ であるから，もし，落下の加速度が地球の中心からの距離に反比例して変化しているならば，(4.19) の比の値は 1/60.33 にならなければならない．しかし，距離の 2 乗に反比例するならば，(4.19) の比はちょうど 1/3640 になる．このことから，ニュートンは

「地球の引力は，地球の中心からの距離の 2 乗に反比例して減少する」

と結論した．

4.3 束縛力の働く運動 I — 斜面上の滑降運動

斜面を滑り降りる物体や単振り子のおもりは，予め定まった特定の曲線上に束縛されて運動する．このように，物体がある決められた軌道に沿って運動するとき，この運動を**束縛運動**という．これに対して，物体が重力の作用だけを受けて行う放物運動のように，運動方程式を解いてはじめて軌道が求まる運動を**自由運動**という．

物体の運動が 1 つの曲線上に束縛されているためには，重力のように物体に運動を生じさせようとする**強制力**の他に，物体を軌道上に束縛するための力，つまり**束縛力**が必要になる．この節と次の節では，そのような束縛力の働いている運動の例を取り上げる．

物体を斜面上に束縛する垂直抗力

図 4.2 のように，傾斜角が θ の斜面上を質量 m の小ブロックが滑り降りる運動について考えてみよう．このとき物体には，鉛直下向きで大きさが mg

の重力と，斜面から及ぼされる面に垂直な垂直抗力 $\boldsymbol{N}$ および面に沿う摩擦力 $\boldsymbol{R}$ の 3 つの力が働いている．

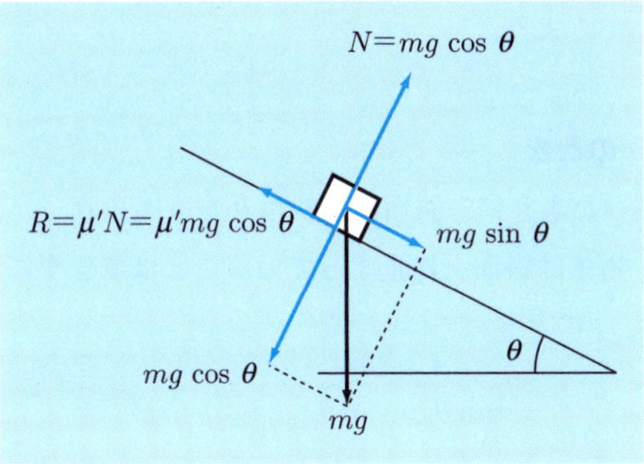

図 4.2　斜面上の滑降運動とブロックに働く 3 つの力

斜面がなければ，垂直抗力も摩擦力も無く，小ブロックに働くのは重力 mg だけであるから，前節で学んだように小ブロックは放物運動という 2 次元運動を行う．しかし，実際には斜面があるため，斜面に垂直な方向の運動は起こらない．すなわち，斜面に垂直な方向の力の成分は常につり合っている．このつり合いの条件は，図 4.2 から

$$N - mg\cos\theta = 0 \tag{4.20}$$

となる．したがって，この斜面上の滑降運動において，ブロックを斜面上に留まらせている束縛力は，斜面からの**垂直抗力** $\boldsymbol{N}$ であることがわかる．

斜面上の滑降運動

斜面上を滑り降りる小ブロックの運動は，斜面に沿った 1 次元運動である．そこで，斜面に沿って x 軸をとり，下る方向を正とすると，ブロックに働く合力の x 成分は，図 4.2 から

$$F_x = mg\sin\theta - R = mg\sin\theta - \mu' N = mg\sin\theta - \mu' mg\cos\theta \tag{4.21}$$

となる．ここで，μ' は運動摩擦係数である．したがって，運動方程式は

$$m\frac{d^2x}{dt^2} = mg(\sin\theta - \mu'\cos\theta) \tag{4.22}$$

と表せる．いま，この運動方程式を，右辺が正の場合と負（および0）の場合に分けて解いてみよう．

① $\tan\theta > \mu$ のとき

例題3.3で調べたように，斜面の傾斜角 θ が摩擦角 $\theta_{\max}$（$= \tan^{-1}\mu$）より大きければ，物体は斜面上に止まっていることはできずに滑り降りる．すなわち，$\theta > \theta_{\max}$ のときは，

$$\tan\theta > \tan\theta_{\max} = \mu > \mu' \tag{4.23}$$

となるので，(4.22) の右辺は正となり，小ブロックは一定の加速度

$$a = g(\sin\theta - \mu'\cos\theta) \tag{4.24}$$

で斜面を滑降し続ける．

そこで，時刻 $t = 0$ のとき，小ブロックが原点 $x = 0$ を速さ $v = v_0$ で通過したとして，(4.22) を解くと，時刻 t における小ブロックの速さ $v(t)$ および位置 $x(t)$ はそれぞれ

$$v(t) = v_0 + g(\sin\theta - \mu'\cos\theta)t \tag{4.25}$$

$$x(t) = v_0t + \frac{1}{2}g(\sin\theta - \mu'\cos\theta)t^2 \tag{4.26}$$

と得られる．

② $\tan\theta \leq \mu$ のとき

傾斜角 θ が摩擦力 $\theta_{\max}$ より小さいときは，

$$\tan\theta \leq \mu' < \mu = \tan\theta_{\max} \tag{4.27}$$

となる．したがって，斜面上に静止したブロックは静止したままである．しかし，一旦動き出すと，ブロックは運動方程式 (4.22) に従って滑降する．

とくに，$\tan\theta = \mu'$ の場合は，(4.22) の右辺が0となり，ブロックは等速

度運動をする．すなわち，与えられた初速 v_0 を保ったまま斜面を滑降する．

また，$\tan\theta < \mu'$ の場合は，(4.22) の右辺は負となり，ブロックは負の等加速度運動をする．この場合も速さ $v(t)$ については (4.25) が成り立つが，$\sin\theta - \mu'\cos\theta < 0$ であるため，$v(t)$ は時間 t に比例して減速し，やがて

$$t = \frac{v_0}{g(\mu'\cos\theta - \sin\theta)} \tag{4.28}$$

で 0 となって，そこで小ブロックは静止する．一旦静止すると，こんどは動摩擦力よりも少し大きな静止摩擦力が支配するため，小ブロックはいつまでも静止し続けることになる．

4.4　束縛力の働く運動 II — 単振り子

単振り子とひもの張力

図 4.3 のように，天井の点 O にひもの 1 端を固定し，他端に質量 m のおもりを付けて鉛直平面内で振らせてみよう．おもりは半径 l の円周上を，最下点（O の真下の点）を中心に往復運動をする．ただし，ひもの伸び縮みはなく，ひもはいつもピンと張られているものとする．この振り子を**単振り子**という．

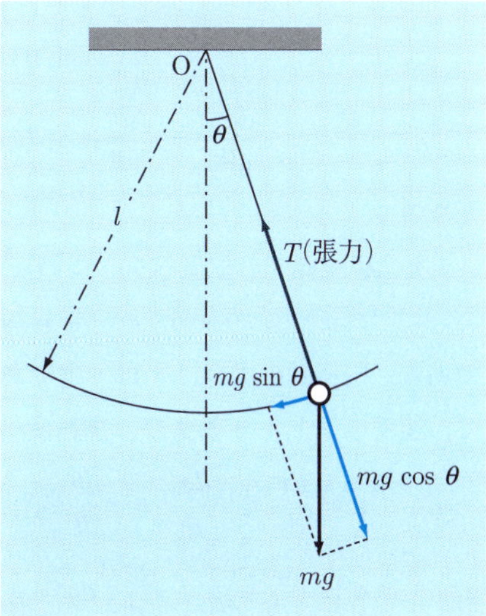

図 4.3　単振り子と張力

この場合も，ひもが無ければおもりは放物線を描いて運動するだろう．しかし，ピンと張られたひもによって，おもりは常に点 O に向けた張力を受けるため，O を中心とした半径 l の円周上に束縛されて運動する．したがって，単振り子の運動も束縛運動の例であって，このときの束縛力は軌道に垂直に働くひもの張力 T である．

2次元極座標と円運動

円運動を考える場合は，第1章で述べた2次元極座標を使うのが便利である．2次元極座標では，図4.4のように2つの基本単位ベクトルを，動径方向（r 方向）とそれに垂直な方向（θ 方向）にとり，それぞれ $\boldsymbol{e}_r$, $\boldsymbol{e}_\theta$ と表す．これらの基本ベクトルは物体の位置Pが変わると方向が変わるため，時間とともに変化する．

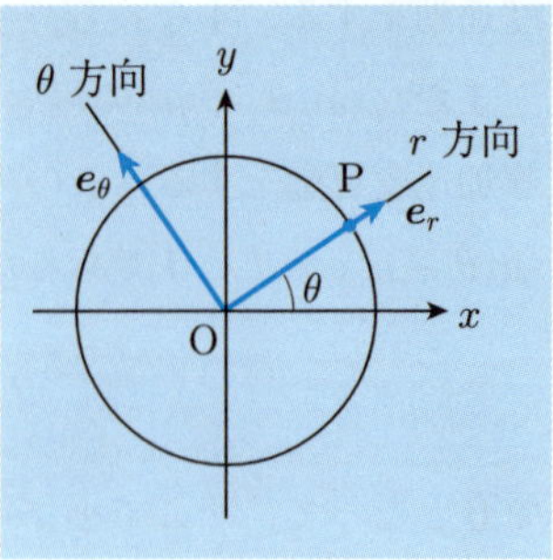

図4.4 **2次元極座標と円運動**

2つの極座標基本ベクトルは直交座標基本ベクトルを用いて表すと，

$$\boldsymbol{e}_r = \cos\theta\,\boldsymbol{i} + \sin\theta\,\boldsymbol{j}, \qquad \boldsymbol{e}_\theta = -\sin\theta\,\boldsymbol{i} + \cos\theta\,\boldsymbol{j} \tag{4.29}$$

となる．したがって，これらの基本ベクトルの時間微分は，

$$\frac{d\boldsymbol{e}_r}{dt} = \frac{d\theta}{dt}(-\sin\theta\,\boldsymbol{i} + \cos\theta\,\boldsymbol{j}) = \frac{d\theta}{dt}\boldsymbol{e}_\theta \tag{4.30}$$

$$\frac{d\boldsymbol{e}_\theta}{dt} = -\frac{d\theta}{dt}(\cos\theta\,\boldsymbol{i} + \sin\theta\,\boldsymbol{j}) = -\frac{d\theta}{dt}\boldsymbol{e}_r \tag{4.31}$$

となる．

2次元極座標での位置ベクトルの表示は

$$\boldsymbol{r} = r\boldsymbol{e}_r \tag{4.32}$$

である．円運動の場合は r は一定であるから，$dr/dt = 0$ である．したがって，速度ベクトル $\boldsymbol{v}$ および，加速度ベクトル $\boldsymbol{a}$ を極座標成分で表すと，

$$\boldsymbol{v} = \frac{d\boldsymbol{r}}{dt} = r\frac{d\boldsymbol{e}_r}{dt} = r\frac{d\theta}{dt}\boldsymbol{e}_\theta \tag{4.33}$$

$$\boldsymbol{a} = r\frac{d\theta}{dt}\frac{d\boldsymbol{e}_\theta}{dt} + r\frac{d^2\theta}{dt^2}\boldsymbol{e}_\theta = -r\left(\frac{d\theta}{dt}\right)^2\boldsymbol{e}_r + r\frac{d^2\theta}{dt^2}\boldsymbol{e}_\theta \tag{4.34}$$

となる．

とくに一定の角速度 ω で半径 r の円周上を回転する等速円運動の場合は，

$$\frac{d\theta}{dt} = \omega = \text{一定}, \qquad \frac{d^2\theta}{dt^2} = 0 \tag{4.35}$$

であるから，加速度 $\boldsymbol{a}$ は (4.34) より，

$$\boldsymbol{a} = -r\omega^2\boldsymbol{e}_r = -r\omega^2(\cos\theta\,\boldsymbol{i} + \sin\theta\,\boldsymbol{j}) \tag{4.36}$$

となる．これはすでに例題 1.3 で求めた結果と一致している．

単振り子の運動方程式

単振り子のおもりは，点 O を中心とする半径 l の円弧を描いて運動する．そこで，図 4.3 のように θ を選ぶと，加速度の接線方向の成分 a_t と法線方向の成分 a_n は，(4.34) から

$$a_t = \frac{dv}{dt} = l\frac{d^2\theta}{dt^2}, \qquad a_n = l\left(\frac{d\theta}{dt}\right)^2 = \frac{v^2}{l} \tag{4.37}$$

と表される．これらの加速度は，おもりに働く合力の接線成分と法線成分によって与えられるから，

$$ma_t = ml\frac{d^2\theta}{dt^2} = -mg\sin\theta \tag{4.38}$$

$$ma_n = ml\left(\frac{d\theta}{dt}\right)^2 = T - mg\cos\theta \tag{4.39}$$

となる．(4.38) は円弧上の運動を与える運動方程式である．

また，(4.39) から張力 T は，予め与えられているものではなく，おもりが円運動するために必要な加速度を与えるように決まっていることがわかる．この張力に見られる性質は，束縛力について一般に言える重要な特徴である．

微小振動

単振り子の運動を調べるには，θ についての 2 階微分方程式 (4.38) を解けばよいが，この微分方程式を解くことは一般には簡単ではない．そこで，ひもの長さ l に比べて振り子の振幅が小さく，θ の絶対値が 1 よりも十分に小さい場合について，(4.38) の解を，近似的な方法で求めてみよう．ただし，θ は弧度（rad）で測られるものとする．

θ の絶対値が 1 に比べて十分に小さいとして，

$$\sin\theta \approx \theta \tag{4.40}$$

とおくと，運動方程式 (4.38) は

$$\frac{d^2\theta}{dt^2} = -\frac{g}{l}\theta \tag{4.41}$$

となる．この形の運動方程式は，**単振動の運動方程式**と呼ばれて，その一般解は

$$\theta = \theta_0 \cos(\omega t + \delta) \quad (\theta_0,\ \delta\text{は任意定数}) \tag{4.42}$$

と表される．ここで，ω は**角振動数**と呼ばれ，

$$\omega = \sqrt{\frac{g}{l}} \tag{4.43}$$

で与えられる．(4.42) で表される運動は**単振動**と呼ばれる．したがって，単振り子の角 θ は，θ_0 と $-\theta_0$ の間を

$$T = \frac{2\pi}{\omega} = 2\pi\sqrt{\frac{l}{g}} \tag{4.44}$$

の周期でもって単振動する．(4.44) は，振幅 θ_0 が小さければ**単振り子の周期**は振幅によらないという，よく知られた**振り子の等時性**を表している．

4.5　ばねの弾力による単振動

単振動は，単振り子だけでなく，一般に力学現象としてよくみられる運動の 1 つである．つり合いの状態にある物体をその位置からずらしたとき，物体には元の位置に戻そうとする力が働く．この力は**復元力**と呼ばれ，その大きさはずれが小さければそのずれの大きさに比例すると考えられる．このような復元力が働くとき，物体は (4.42) で表される単振動を行う．ここでは，復元力がばねの弾力によってもたらされる場合の単振動の例を取り上げる．

ばねによる単振動

図 4.5 に示すように，一端を壁に固定されたばねの先に質量 m の物体を取り付け，摩擦の無い滑らかで水平な床の上に置いて運動させてみよう．

ばねが伸び縮みのない状態にあるとき，その長さを**ばねの自然長**という．ばねが自然長の状態にあれば復元力は生じないため，物体

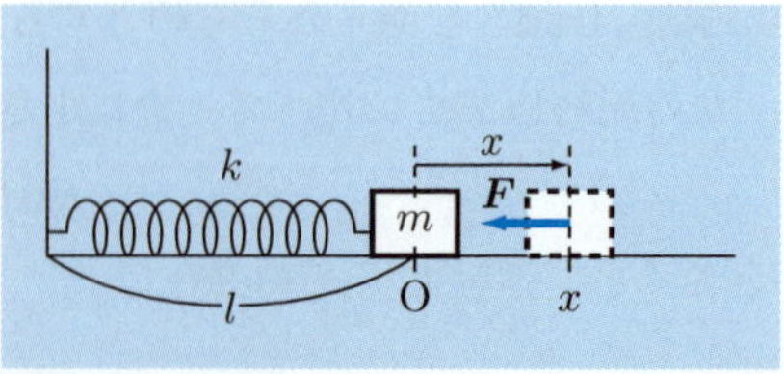

図 4.5　ばねの弾力による単振動

は床の上に静止させておくことができる．つまりこのとき物体は平衡状態にある．そこで図 4.5 のように，この平衡位置を原点にとり，そこからの物体の変位をばねの伸びる向きを正にとって x で表すことにしよう．物体を原点から x だけ変位させると，ばねは自然長に戻ろうとして物体に力を及ぼす．この復元力 F は第 3 章で学んだように**フックの法則**に従い，

$$F = -kx \tag{4.45}$$

で与えられる．ここで，k は**ばね定数**である．右辺の負号は物体に働く力が変位の向きと逆であることを表している．

物体を質点とみなし，ばねの質量を無視すると，物体の運動方程式は

$$m\frac{d^2x}{dt^2} = -kx \tag{4.46}$$

となる．これは

$$\omega = \sqrt{\frac{k}{m}} \tag{4.47}$$

とおくと

$$\frac{d^2x}{dt^2} = -\omega^2 x \tag{4.48}$$

となり，(4.41) と同じ形をしている．したがって，(4.48) の一般解は

$$x(t) = x_0 \cos(\omega t + \delta) \quad (A,\ \delta \text{は任意定数}) \tag{4.49}$$

である．これが運動方程式 (4.46) の解であることは，(4.49) を (4.46) に代入してみれば容易に確かめられる．ここで，任意定数 A，δ は運動の初期条件から決められる．また，x_0 を**振幅**といい，$\omega t + \delta$ を**位相**，δ を**初期位相**，ω を**角振動数**という．このばねによる**単振動の周期** T は

$$T = \frac{2\pi}{\omega} = 2\pi\sqrt{\frac{m}{k}} \tag{4.50}$$

である．*

*宇宙ステーションでは飛行士の健康管理のために体重測定が重要になるが，地上で用いられている体重計は無重力状態では使えないので工夫が必要である．実際に使われている体重計（ロシア製）は，スプリングの脚のついた板であって，その上に飛行士が乗り，スプリングを縮めておいてから放したときに起こる単振動の周期を測って，(4.50) から飛行士の質量（体重）m を測定している．

第５章 エネルギーとその保存則

前章では，運動方程式を用いて運動を解析する例を見てきたが，いずれも力が単純な形をしている場合に限られていた．少なくとも物体が運動の経路上の各点で受ける力は明確に定義されていた．しかし，たとえば，傾斜が場所によって変化している雪山の斜面をスキーヤーが滑降する場合などは，スキーヤーが斜面から時々刻々に受ける力を知ることはほとんど不可能である．この章では，そのような場合にも有効な**力学的エネルギーの保存則**について学ぶ．

この法則は運動方程式を時間で１回積分して導かれるため，時間に関する２階微分は含まない．すなわち，この保存則はニュートンの運動方程式を積分表現したものになっている．

5.1 仕　　事

一定の力がする仕事

物理学では，一定の力 $\boldsymbol{F}$ が物体に働いて，図 5.1 のように，物体が力 $\boldsymbol{F}$ と同じ方向に距離 s だけ移動したとき，力 $\boldsymbol{F}$ は，「力の大きさ F」と「移動距離 s」の積，すなわち

$$W = Fs \tag{5.1}$$

に等しい**仕事**を物体にしたという．また，図 5.2 のように，移動した方向と力 $\boldsymbol{F}$ の方向とが一致しない場合には，「力 $\boldsymbol{F}$ の移動方向の成分 $F\cos\theta$」と「移動距離 s」との積，つまり

$$W = Fs\cos\theta \tag{5.2}$$

でもって力 $\boldsymbol{F}$ が物体にした仕事と定義する．ここで，θ は力 $\boldsymbol{F}$ の方向と移

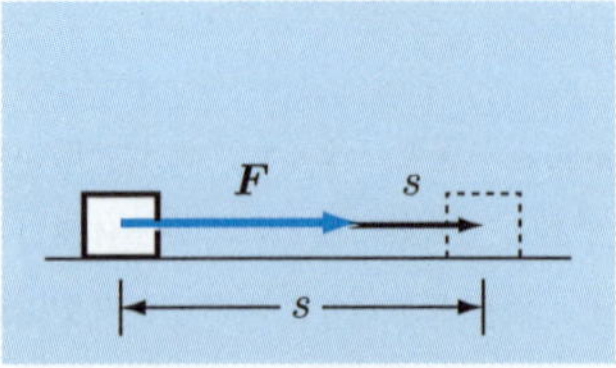

図 5.1　$\boldsymbol{W = Fs}$

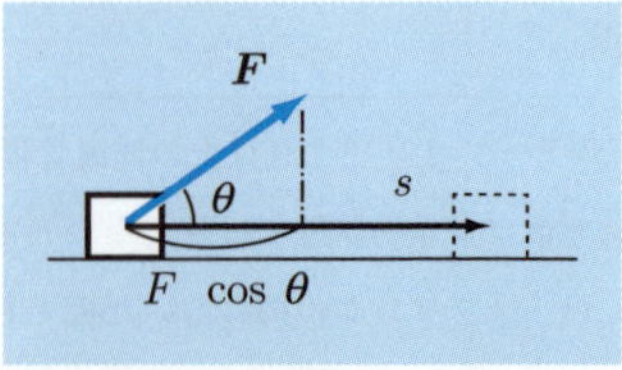

図 5.2　$\boldsymbol{W = Fs\cos\theta}$

動（変位 $\boldsymbol{s}$）のなす角である．

この定義からわかるように，力 $\boldsymbol{F}$ が物体に働いて仕事をするためには，(1) 物体が変位 $\boldsymbol{s}$ をすること，(2) $\boldsymbol{F}$ が $\boldsymbol{s}$ の方向に 0 でない成分をもつこと，の 2 つの条件が満たされなければならない．したがって，力が働いても物体がその方向に変位しなければ，力は何も仕事をしないことになる．このように，物理学でいう仕事は日常いうところの仕事とは意味が違っている．

仕事の単位は，力の単位（$\mathrm{N} = \mathrm{kg} \cdot \mathrm{m} \cdot \mathrm{s}^{-2}$）と長さの単位（m）の積であって，ジュール（J）と呼ぶ．

$$1\,\mathrm{J} = 1\,\mathrm{Nm} = 1\,\mathrm{kg} \cdot \mathrm{m}^2 \cdot \mathrm{s}^{-2} \tag{5.3}$$

例題 5.1

一定の摩擦力が働く水平面上で，質量 m の微小物体が下図のように 2 つの経路 C_1，C_2 通って点 O から A へ移動した．このとき摩擦力 F（N）が物体にした仕事はそれぞれいくらか．ただし，摩擦力の大きさは F（N）とする．

解答　摩擦力は物体の移動方向には常に反平行であるから，この摩擦力に抗して物体を移動させるには，経路に沿ってちょうど摩擦力と大きさの等しい力 F（N）を加える必要がある．したがって，加えた力がなした仕事 W は

$$W = F \times (\text{経路の全長})$$

と表される．経路 C_1，C_2 の全長はそれぞれ 10 m と 14 m であるから，それぞれの経路について力がなした仕事は

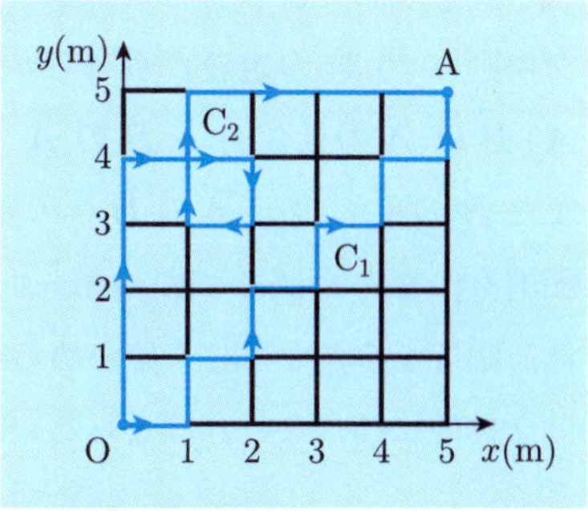

$$C_1：\ W = 10F\,(\mathrm{J}), \qquad C_2：\ W = 14F\,(\mathrm{J})$$

である．

ベクトルのスカラー積

2 つのベクトル $\boldsymbol{A}$ と $\boldsymbol{B}$ の積の定義には 2 通りあって，1 つは**スカラー積**と呼ばれ，言葉通り積はスカラーになる．これに対して積がベクトルになるものがあってそれは**ベクトル積**と呼ばれる．ベクトル積は次章で改めて定義するので，ここでは，ベクトルのスカラー積について，その定義と性質につ

いて簡単に説明しておく.

2つのベクトル $\boldsymbol{A}$, $\boldsymbol{B}$ の大きさをそれぞれ A, B とし, それらがなす角を θ ($<\pi$) とするとき, $AB\cos\theta$ というスカラー量を $\boldsymbol{A}$, $\boldsymbol{B}$ の**スカラー積**(または**内積**) と呼び, $\boldsymbol{A}\cdot\boldsymbol{B}$ で表す. すなわち

$$\boldsymbol{A}\cdot\boldsymbol{B} = AB\cos\theta \qquad (5.4)$$

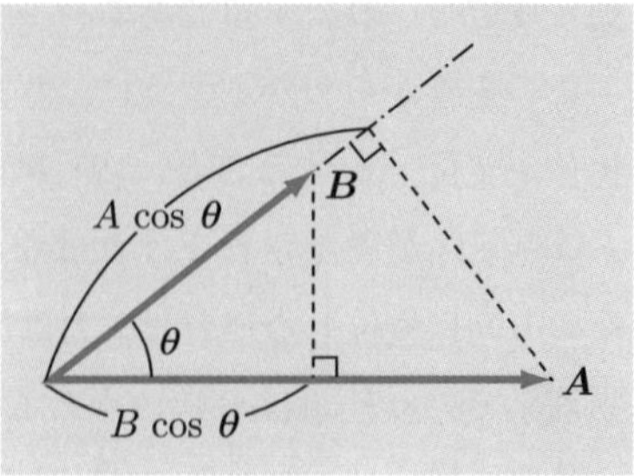

図 5.3 $\boldsymbol{A}\cdot\boldsymbol{B} = AB\cos\boldsymbol{\theta}$

である. スカラー積については, 通常のスカラー量の積の場合と同様に**交換則**と**分配則**が成り立つ.

$$\boldsymbol{A}\cdot\boldsymbol{B} = \boldsymbol{B}\cdot\boldsymbol{A} \quad \text{(交換則)} \qquad (5.5)$$

$$\boldsymbol{A}\cdot(\boldsymbol{B}+\boldsymbol{C}) = \boldsymbol{A}\cdot\boldsymbol{B} + \boldsymbol{A}\cdot\boldsymbol{C} \quad \text{(分配則)} \qquad (5.6)$$

交換則は (5.4) の定義から明らかである. すなわち, 図 5.3 に示すように, $\boldsymbol{A}\cdot\boldsymbol{B}$ は $\boldsymbol{A}$ の長さ A と $\boldsymbol{B}$ の $\boldsymbol{A}$ への射影 $B\cos\theta$ との積とみることもでき, また $\boldsymbol{B}$ の長さ B と $\boldsymbol{A}$ の $\boldsymbol{B}$ への射影 $A\cos\theta$ との積とみることもできる. 分配則も, たとえば3つのベクトル $\boldsymbol{A}$, $\boldsymbol{B}$, $\boldsymbol{C}$ が1つの平面内にある場合には, 図 5.4 のようにして確かめられる. また, 同一平面内にない場合も, 図は立体的に描かなければならないが, 同様にして容易に示すことができる.

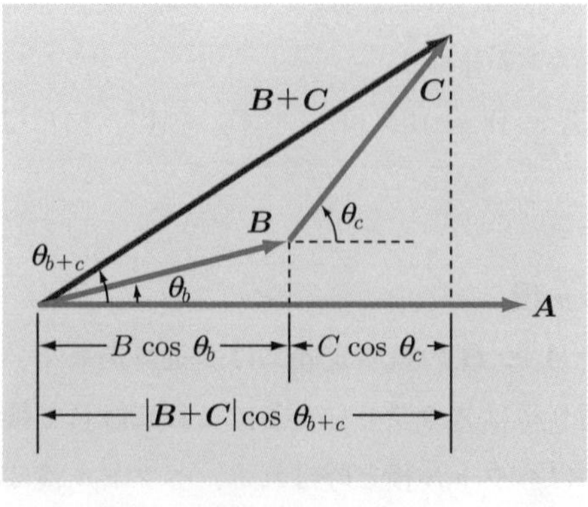

図 5.4 $\boldsymbol{A}\cdot(\boldsymbol{B}+\boldsymbol{C}) = \boldsymbol{A}\cdot\boldsymbol{B} + \boldsymbol{A}\cdot\boldsymbol{C}$

(5.4) から，$\boldsymbol{A}$ と $\boldsymbol{B}$ が直交しているときは $\cos\theta = 0$ であり，$\boldsymbol{A}\cdot\boldsymbol{B} = 0$ となる．

また $\boldsymbol{B}$ が $\boldsymbol{A}$ と等しいときは $\cos\theta = 1$ であるから，$\boldsymbol{A}\cdot\boldsymbol{A} = A^2$ となる．したがって，基本ベクトル相互のスカラー積に関しては

$$\begin{aligned} \boldsymbol{i}\cdot\boldsymbol{i} = \boldsymbol{j}\cdot\boldsymbol{j} = \boldsymbol{k}\cdot\boldsymbol{k} = 1 \\ \boldsymbol{i}\cdot\boldsymbol{j} = \boldsymbol{j}\cdot\boldsymbol{k} = \boldsymbol{k}\cdot\boldsymbol{i} = 0 \end{aligned} \tag{5.7}$$

の関係が成り立つ．ベクトル $\boldsymbol{A}$，$\boldsymbol{B}$ を

$$\begin{aligned} \boldsymbol{A} = A_x\boldsymbol{i} + A_y\boldsymbol{j} + A_z\boldsymbol{k} \\ \boldsymbol{B} = B_x\boldsymbol{i} + B_y\boldsymbol{j} + B_z\boldsymbol{k} \end{aligned} \tag{5.8}$$

のように成分で表し，(5.7) の関係を適用すると，スカラー積 $\boldsymbol{A}\cdot\boldsymbol{B}$ は

$$\boldsymbol{A}\cdot\boldsymbol{B} = A_xB_x + A_yB_y + A_zB_z \tag{5.9}$$

と表すことができる．

スカラー積を用いた仕事の表現

一定の力 $\boldsymbol{F}$ が働いて物体が移動すとき，物体の変位を $\boldsymbol{s}$ とすると，その間に力 $\boldsymbol{F}$ が物体にした仕事 W は，ベクトルのスカラー積を用いて

$$W = \boldsymbol{F}\cdot\boldsymbol{s} = Fs\cos\theta \tag{5.10}$$

と表される．$\boldsymbol{F}$ と $\boldsymbol{s}$ のなす角 θ が鋭角 $(0 \leq \theta < \pi/2)$ の場合は $\cos\theta > 0$ となり，力は物体に正の仕事をしたことになる．また，角 θ が鈍角 $(\pi/2 < \theta \leq \pi)$ の場合は，$\cos\theta < 0$ となるので，力 $\boldsymbol{F}$ が物体にした仕事は負である．$\boldsymbol{F}$ と $\boldsymbol{s}$ が垂直な場合は，$W = 0$ となり力 $\boldsymbol{F}$ は物体に仕事をしない．

5.2 仕事の一般的定義

前節で述べたように，“仕事” は，一定の力が加わって物体が直線的に移動する場合について定義されている．しかし，一般には，力は場所によって変わることもあれば，物体の移動も直線的であるとは限らない．そのような場合でも，物体の移動する経路を多数の微小線分（微小変位）に分割すると，それぞれの微小変位の間では加わる力は一定とみなしてよいから，この間に力

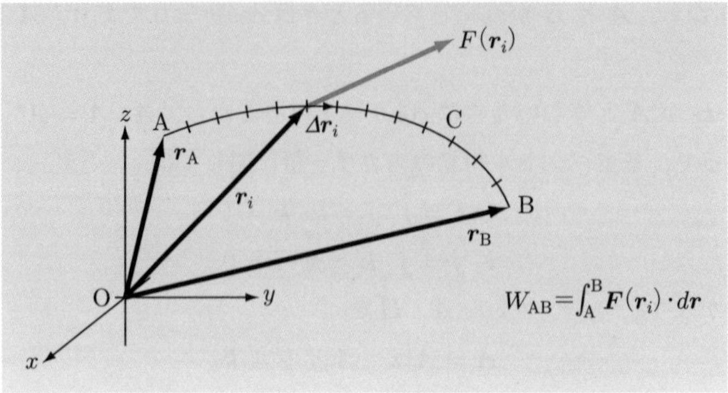

図 5.5　経路 C に沿って $\boldsymbol{F}(\boldsymbol{r})$ がする仕事

がする仕事は (5.2) あるいは (5.10) によって与えることができる．したがって，経路に沿ってなされた全仕事は，それらの各微小変位における仕事の和として求められる．

いま，図 5.5 のように，物体が，その位置 $\boldsymbol{r}$ によって変わる力 $\boldsymbol{F}(\boldsymbol{r})$ を受けながら，任意の経路 C に沿って A から B まで移動するとき，力が物体にする仕事を求めてみよう．まず，図のように経路 C を N 個に分割し，各区分点の位置を $\boldsymbol{r}_i$（$i = 1,\ 2,\ 3,\ \cdots,\ N$）として，A から B までの経路を微小変位 $\Delta\boldsymbol{r}_i = \boldsymbol{r}_{i+1} - \boldsymbol{r}_i$ の和で近似する．各微小変位の間に加わる力を一定とみなすと，その間に力がする仕事 ΔW_i は，(5.10) から

$$\Delta W_i = \boldsymbol{F}(\boldsymbol{r}_i) \cdot \Delta\boldsymbol{r}_i \tag{5.11}$$

となる．したがって，物体が A から B まで経路 C に沿って移動する間に力がする仕事 W_{AB} は，近似的に各微小変位における仕事 ΔW_i の和で与えられ

$$W_{\mathrm{AB}} \approx \sum_{i=0}^{N-1} \Delta W_i = \sum_{i=0}^{N-1} \boldsymbol{F}(\boldsymbol{r}_i) \cdot \Delta\boldsymbol{r}_i, \qquad \boldsymbol{r}_0 = \boldsymbol{r}_{\mathrm{A}}, \qquad \boldsymbol{r}_N = \boldsymbol{r}_{\mathrm{B}} \tag{5.12}$$

と書ける．分割の個数 N を大きくとれば各微小変位の長さは短くなり，この近似の精度は高くなる．したがって，求める仕事 W_{AB} は，(5.12) の $N \to \infty$ の極限をとって

$$W_{\mathrm{AB}} = \lim_{N\to\infty} \sum_{i=0}^{N-1} \boldsymbol{F}(\boldsymbol{r}_i) \cdot \Delta\boldsymbol{r}_i \tag{5.13}$$

となる．この式の右辺は積分記号を用いて

$$W_{\mathrm{AB}} = \int_{\mathrm{A(C)}}^{\mathrm{B}} \boldsymbol{F}(\boldsymbol{r}) \cdot d\boldsymbol{r} \tag{5.14}$$

と表される．ここで積分記号の添え字 (C) は経路を指定し，下限と上限は変位の始点と終点を表す．このような経路に沿って行う積分を力 $\boldsymbol{F}(\boldsymbol{r})$ の**線積分**という．この線積分は始点 A と終点 B だけでなく一般には積分の経路 C にも依存する．たとえば，例題 5.1 の場合のように，物体が摩擦力を受けながら 2 点 A，B 間を移動するとき，摩擦力が物体にする仕事は経路によって異なる．しかし，力によっては，それが物体にする仕事が始点と終点だけで決まり，途中の経路によらない場合がある．このような力をとくに**保存力**と呼ぶ．これに対して摩擦力のように，(5.14) の積分が経路による力を**非保存力**という．

例題 5.2

保存力 $\boldsymbol{F}$ の作用を受けながら，物体が図のように閉曲線 C に沿って一周するとき，保存力 $\boldsymbol{F}$ がこの物体にする仕事 W は

$$W = \oint_{\mathrm{C}} \boldsymbol{F} \cdot d\boldsymbol{r} = 0$$

であることを示せ．ここで，積分記号の ∘ は経路に沿っての 1 周積分であることを表す．

解答　図のように閉曲線上に 2 点 A，B をとり，物体が，D を経由する経路 $\mathrm{C_1}$ と E を経由する経路 $\mathrm{C_2}$ の 2 つの経路に沿って A から B へ移動させてみよう．力 $\boldsymbol{F}$ は保存力であるから，2 つの経路でそれぞれなされた仕事は等しくなる．

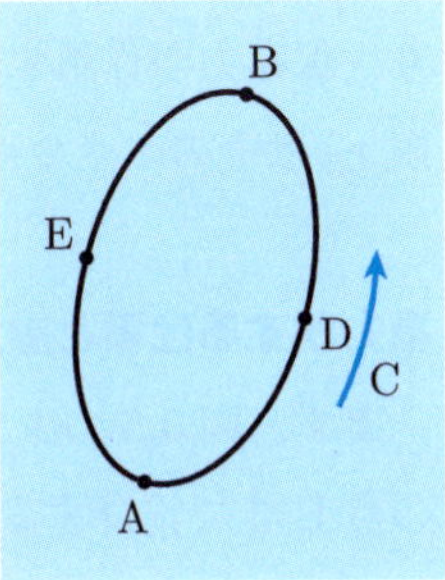

$$\int_{\mathrm{A(C_1)}}^{\mathrm{B}} \boldsymbol{F} \cdot d\boldsymbol{r} = \int_{\mathrm{A(C_2)}}^{\mathrm{B}} \boldsymbol{F} \cdot d\boldsymbol{r} = -\int_{\mathrm{B(C_2)}}^{\mathrm{A}} \boldsymbol{F} \cdot d\boldsymbol{r}$$

これより

$$\oint_{\mathrm{C}} \boldsymbol{F} \cdot dr = \int_{\mathrm{A(C_1)}}^{\mathrm{B}} \boldsymbol{F} \cdot d\boldsymbol{r} + \int_{\mathrm{B(C_2)}}^{\mathrm{A}} \boldsymbol{F} \cdot d\boldsymbol{r} = 0$$

となる．

5.3 保存力と位置エネルギー

位置エネルギー

前節でみたように，物体が場所 $\boldsymbol{r}$ に依存する力 $\boldsymbol{F}(\boldsymbol{r})$ を受けて点 P_1 から P_2 まで経路 C に沿って移動した場合に，$\boldsymbol{F}(\boldsymbol{r})$ が物体にした仕事は (5.14) で与えられる．これは，ベクトルのスカラー積を成分で表すと

$$W = \int_{\mathrm{P}_1(\mathrm{C})}^{\mathrm{P}_2} \boldsymbol{F}(\boldsymbol{r}) \cdot d\boldsymbol{r} = \int_{\mathrm{P}_1(\mathrm{C})}^{\mathrm{P}_2} (F_x dx + F_y dy + F_z dz) \tag{5.15}$$

となる．

力 $\boldsymbol{F}(\boldsymbol{r})$ が保存力の場合は (5.15) の線積分 W は，始点 P_1 と終点 P_2 だけで決まるから，W は P_1 と P_2 の 2 点の位置の関数である．すなわち

$$W = W(\mathrm{P}_1,\ \mathrm{P}_2) \tag{5.16}$$

である．ところで，いま 2 点の一方，たとえば P_2 を基準点として固定してしまうと，W は 1 点 P_1 の位置だけの関数となる．このことは，空間内に基準点 $\boldsymbol{r}_0$ をとるとき，$\boldsymbol{r}_0$ から空間内の任意の点 $\boldsymbol{r}$ までの保存力の線積分は，位置 $\boldsymbol{r}$ だけで決まるスカラー量であることを意味している．そこで，保存力 $\boldsymbol{F}(\boldsymbol{r})$ が働く空間の各点 $\boldsymbol{r}$ に対して

$$U(\boldsymbol{r}) = -\int_{\boldsymbol{r}_0}^{\boldsymbol{r}} F(\boldsymbol{r}') \cdot d\boldsymbol{r}' \tag{5.17}$$

で与えられるスカラー関数 $U(\boldsymbol{r})$ を考え，このスカラー関数を，点 $\boldsymbol{r}$ での力 $\boldsymbol{F}(\boldsymbol{r})$ による**位置エネルギー**と定義する．ただし，(5.17) では積分の上限 $\boldsymbol{r}$ と区別するために積分変数を $\boldsymbol{r}'$ としている．位置エネルギーはその名が表す通り，保存力が作用する空間での物体の位置に関するエネルギーであって，下限 $\boldsymbol{r}_0$ はそのエネルギーを測る基準点である．

重力がする仕事と重力による位置エネルギー

まず，図 5.6 のように，雪の斜面をスキーヤーが高さ h の点 A から高さ 0 の点 B まで滑降する場合に，重力がスキーヤーにする仕事 W_{AB} を求めてみよう．図のように鉛直上向きに y 軸を選び，水平方向に x 軸をとる．質量 m のスキーヤーに働く重力 $\boldsymbol{F}(\boldsymbol{r})$ は

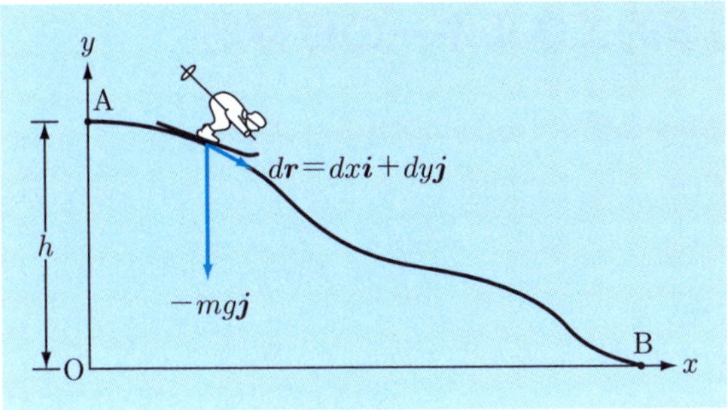

図 5.6 重力がする仕事

$$\boldsymbol{F}(\boldsymbol{r}) = -mg\,\boldsymbol{j}$$

であるから，スキーヤーが高さ h の点 A から高さ 0 の点 B まで xy 面内を経路 C に沿って滑降したときの，重力がスキーヤーにする仕事 $W_{\rm AB}$ は，(5.14) より

$$W_{\rm AB} = \int_{\rm A(C)}^{\rm B} \boldsymbol{F}(\boldsymbol{r}) \cdot d\boldsymbol{r} = \int_h^0 (-mg)dy = mgh \tag{5.18}$$

と求められる．これからわかるように，重力がする仕事は始点と終点の高さの差だけによって決まり，物体の移動する経路にはよらない．したがって，重力は保存力であることがわかる．

重力が保存力であれば，(5.17) より重力による位置エネルギーが求められる．とくに，重力のする仕事が始点と終点の高さの差だけによることから，高さ 0 の任意の点を基準にとると，高さ h の点の重力による位置エネルギー $U(h)$ は

$$U(h) = -\int_h^0 mgdy = mgh \tag{5.19}$$

となる．

5.4 力学的エネルギーの保存則

物体に働く力のする仕事と運動エネルギーの変化

物体が力 $\boldsymbol{F}(\boldsymbol{r})$ を受けて空間を運動する場合を考えよう．運動方程式

$$m\frac{d\boldsymbol{v}}{dt} = \boldsymbol{F}(\boldsymbol{r}) \tag{5.20}$$

の両辺に速度 $\boldsymbol{v}$ を掛けてスカラー積をつくると，

$$m\boldsymbol{v}\cdot\frac{d\boldsymbol{v}}{dt} = \boldsymbol{F}(\boldsymbol{r})\cdot\boldsymbol{v} \tag{5.21}$$

が得られる．ここで，左辺を

$$m\boldsymbol{v}\cdot\frac{d\boldsymbol{v}}{dt} = \frac{m}{2}\left(\frac{d\boldsymbol{v}}{dt}\cdot\boldsymbol{v} + \boldsymbol{v}\cdot\frac{d\boldsymbol{v}}{dt}\right) = \frac{m}{2}\frac{d}{dt}(\boldsymbol{v}\cdot\boldsymbol{v}) = \frac{m}{2}\frac{d}{dt}v^2 \tag{5.22}$$

のように変形すると，(5.21) は

$$\frac{d}{dt}\left(\frac{1}{2}mv^2\right) = \boldsymbol{F}(\boldsymbol{r})\cdot\boldsymbol{v} \tag{5.23}$$

となる．そこでこの両辺に dt を掛けて，時間について t_1 から t_2 まで積分すると

$$\frac{1}{2}mv_2^2 - \frac{1}{2}mv_1^2 = \int_{\boldsymbol{r}_1}^{\boldsymbol{r}_2} \boldsymbol{F}(\boldsymbol{r})\cdot d\boldsymbol{r} \tag{5.24}$$

が得られる．ただし，時刻 t_1 における物体の位置を $\boldsymbol{r}_1$，速度を $\boldsymbol{v}_1$ とし，時刻 t_2 における位置を $\boldsymbol{r}_2$，速度を $\boldsymbol{v}_2$ としている．

(5.24) の左辺に現れる $(1/2)mv^2$ はエネルギーの形態の1つであって，**運動エネルギー**と呼ばれる．一方，(5.24) の右辺は，この間に力 $\boldsymbol{F}(\boldsymbol{r})$ が物体になした仕事を表している．したがって，(5.24) は，物体に仕事がなされると，物体にはその仕事に等しい運動エネルギーが付与されることを表している．

力学的エネルギーの保存則

力 $\boldsymbol{F}(\boldsymbol{r})$ が保存力の場合は，(5.24) の右辺の積分は経路によらないため，

$$\begin{aligned}\int_{\boldsymbol{r}_1}^{\boldsymbol{r}_2} \boldsymbol{F}(\boldsymbol{r})\cdot d\boldsymbol{r} &= \int_{r_1}^{r_0} \boldsymbol{F}(\boldsymbol{r})\cdot d\boldsymbol{r} + \int_{r_0}^{r_2} \boldsymbol{F}(\boldsymbol{r})\cdot d\boldsymbol{r} \\ &= U(\boldsymbol{r}_1) - U(\boldsymbol{r}_2)\end{aligned} \tag{5.25}$$

となり，2 点 $\boldsymbol{r}_1$, $\boldsymbol{r}_2$ の位置エネルギーの差で表される．したがって，(5.24) は

$$\frac{1}{2}mv_2^2 - \frac{1}{2}mv_1^2 = U(\boldsymbol{r}_1) - U(\boldsymbol{r}_2) \tag{5.26}$$

と書ける．これを書き直すと

$$\frac{1}{2}mv_2^2 + U(\boldsymbol{r}_2) = \frac{1}{2}mv_1^2 + U(\boldsymbol{r}_1) \tag{5.27}$$

となるが，$\boldsymbol{r}_1$ と $\boldsymbol{r}_2$ は任意にとれるから，これは結局，

$$\frac{1}{2}mv^2 + U(\boldsymbol{r}) = \text{一定} \tag{5.28}$$

と表される．左辺の運動エネルギーと位置エネルギーの和は**力学的エネルギー**と呼ばれる．したがって，(5.28) は，物体に働いている力が保存力だけである場合には，物体の力学的エネルギーは保存されることを表している．(5.28) は**力学的エネルギーの保存則**と呼ばれる．

5.5 仕　事　率

物体になされる仕事については，現実には，仕事の量だけでなく，それがどれだけの速さで行われるかが重要になることが多い．物体に働く力が単位時間にする仕事を，力学では**仕事率**，電磁気学では**電力**と呼ぶ．

物体に力が働いて，時刻 t と $t+\Delta t$ の間に ΔW の仕事をした場合，この間の平均の仕事率 P_{AV} は

$$P_{\mathrm{AV}} = \frac{\Delta W}{\Delta t} \tag{5.29}$$

で定義される．したがって，時刻 t における瞬間の仕事率 $P(t)$ は，(5.29) で $\Delta t \to 0$ の極限をとって

$$P(t) = \lim_{\Delta t \to 0} \frac{\Delta W}{\Delta t} = \lim_{\Delta t \to 0} \frac{\boldsymbol{F}\cdot\Delta\boldsymbol{r}}{\Delta t} = \boldsymbol{F}\cdot\frac{d\boldsymbol{r}}{dt} = \boldsymbol{F}\cdot\boldsymbol{v} \tag{5.30}$$

となり，物体に働く力と物体の速度のスカラー積になる．

仕事率の単位は**ワット**（記号 W）で，$1\,\mathrm{W} = 1\,\mathrm{J}\cdot\mathrm{s}^{-1}$ である．仕事率は**パワー**とも呼ばれる．

第6章
運動量と角運動量

運動方程式を直接解く代わりに，それを時間で1回積分しておくと，実際に物体の運動を解析する上で有用な関係式が得られる．しかし，この運動方程式を時間積分して変形するには通常3通りの仕方がある．その1つは前章で「力学的エネルギーの保存則」を導いたときのように，運動方程式の両辺に速度ベクトルを掛けてスカラー積をつくり，それぞれを時間積分する方法である．この章では，残りの2通りの運動方程式の変形を紹介し，「運動量と力積の関係」および「角運動量と力のモーメントの関係」を導く．

6.1 運動量の変化と力積

第2章で述べたように，運動方程式は運動量を使って表すと

$$\frac{d\boldsymbol{p}}{dt} = \boldsymbol{F}(t) \tag{6.1}$$

と書ける．この方程式の両辺を，t について時刻 t_1 から t_2 まで積分してみると，

$$\int_{t_1}^{t_2} \frac{d\boldsymbol{p}}{dt}\,dt = \int_{t_1}^{t_2} \boldsymbol{F}(t)dt \tag{6.2}$$

となる．左辺の積分を実行すると

$$\int_{t_1}^{t_2} \frac{d\boldsymbol{p}}{dt}\,dt = \boldsymbol{p}(t_2) - \boldsymbol{p}(t_1) \tag{6.3}$$

となり，2つの時刻の間の運動量の変化 $\Delta\boldsymbol{p} = \boldsymbol{p}(t_2) - \boldsymbol{p}(t_1)$ が得られる．したがって，(6.2) は

$$\boldsymbol{p}(t_2) - \boldsymbol{p}(t_1) = \int_{t_1}^{t_2} \boldsymbol{F}(t)dt \tag{6.4}$$

となる．ここで，右辺の積分を時刻 t_1 から t_2 までの間に物体に与えられた**力積**と呼び，記号 $\boldsymbol{I}$ で表す．

(6.4) は

力の作用を受けた物体の運動量の変化 $\Delta \boldsymbol{p} = \boldsymbol{p}(t_2) - \boldsymbol{p}(t_1)$ は，その間に物体に与えられた力積に等しい

ことを表している．

6.2 ベクトルのベクトル積（外積）

2つのベクトルの積の定義には，積がスカラーになるスカラー積と，積がベクトルになるベクトル積の2通りがある．2つのベクトル $\boldsymbol{A}$，$\boldsymbol{B}$ の組があるとき，それを特徴付けるものは，それぞれのベクトルの大きさ A，B と，2つのベクトルのなす角 θ，それに2つのベクトルで決まる平面がある．したがって，$\boldsymbol{A}$ と $\boldsymbol{B}$ の積を定義する場合，その大きさについては $AB\cos\theta$ と $AB\sin\theta$ の2通りの選択が可能である．

スカラー積は第5章で述べたように，$AB\cos\theta$ の大きさをもち，2つのベクトルが決める平面には無関係なスカラーとして定義される．これに対して，ベクトル積は，$AB\sin\theta$ の大きさをもち，2つのベクトルが決める平面に垂直なベクトルとして定義される．

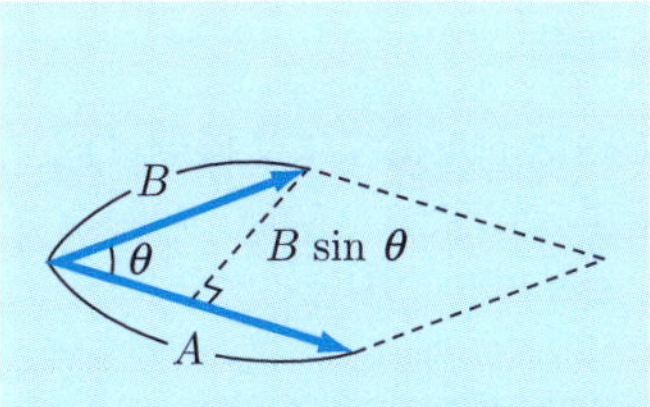

図 6.1 ベクトル積の大きさと平行四辺形の面積

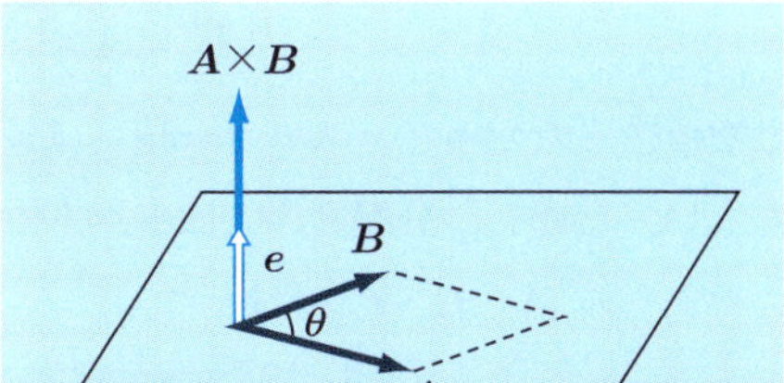

図 6.2 ベクトル積（外積）

すなわち，ベクトル積は2つのベクトルでできる平行四辺形の面積（図6.1）に等しい大きさをもち，図6.2のように，$\boldsymbol{A}$ と $\boldsymbol{B}$ を含む平面の法線方向のベクトルであって，$\boldsymbol{A} \times \boldsymbol{B}$ と表される．ただし，平面には表と裏があり，法線の向きは2通りある．そこで，ベクトル積 $\boldsymbol{A} \times \boldsymbol{B}$ の向きは，$\boldsymbol{A}$ から $\boldsymbol{B}$ へ向かって右ねじを 180° 以内の角度で回したときに，右ねじが進む向きにとる

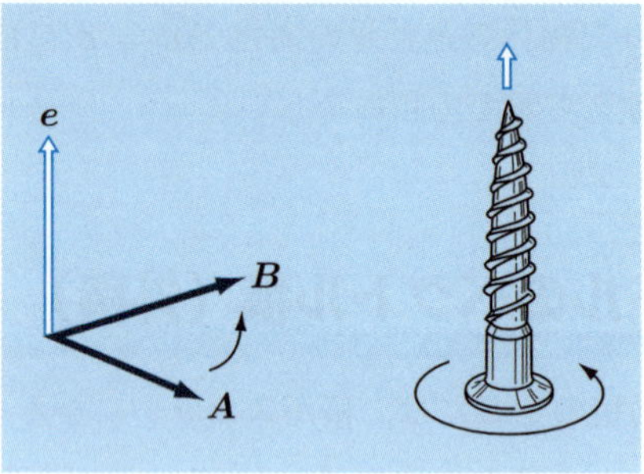

図 6.3　ベクトル積の向きは右ねじの進む向き

ように決められている（図 6.3）．

そこで，この右ねじが進む方向の単位ベクトルを $\boldsymbol{e}$ で表すと，$\boldsymbol{A}$ と $\boldsymbol{B}$ のベクトル積は，

$$\boldsymbol{A} \times \boldsymbol{B} = (AB \sin\theta)\boldsymbol{e} \tag{6.5}$$

と書ける．

ベクトル積は，定義から明らかなように掛ける順序を入れ替えると符号が変わってしまう．すなわち

$$\boldsymbol{B} \times \boldsymbol{A} = -\boldsymbol{A} \times \boldsymbol{B} \tag{6.6}$$

となる．したがって，スカラー積とは違ってベクトル積では**交換則**は成り立たない．しかし，**分配則**の方はベクトル積の場合にも成り立ち，任意の3つのベクトル $\boldsymbol{A}$，$\boldsymbol{B}$，$\boldsymbol{C}$ に対して，

$$\boldsymbol{A} \times (\boldsymbol{B} + \boldsymbol{C}) = \boldsymbol{A} \times \boldsymbol{B} + \boldsymbol{A} \times \boldsymbol{C} \tag{6.7}$$

の関係が成り立つ．

次に，互いに直交する基本ベクトル $\boldsymbol{i}$，$\boldsymbol{j}$，$\boldsymbol{k}$ の間のベクトル積を，上の定義 (6.5) から導いてみよう．x 方向から y 方向に向かって右ねじを回すとき，ねじの進む方向は $+z$ 方向であり，y 方向から z 方向に右ねじを回すと，ねじは $+x$ 方向へ進む．したがって，

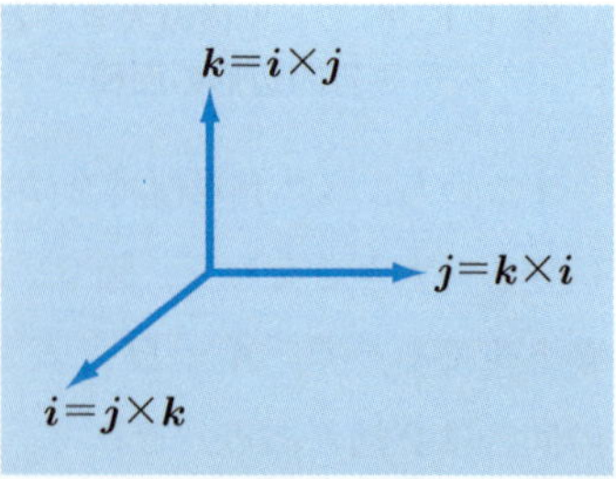

図 6.4　基本ベクトルのベクトル積

$$\boldsymbol{i}\times\boldsymbol{j}=\boldsymbol{k},\quad \boldsymbol{j}\times\boldsymbol{k}=\boldsymbol{i},\quad \boldsymbol{k}\times\boldsymbol{i}=\boldsymbol{j}$$
$$\boldsymbol{i}\times\boldsymbol{i}=\boldsymbol{0},\quad \boldsymbol{j}\times\boldsymbol{j}=\boldsymbol{0},\quad \boldsymbol{k}\times\boldsymbol{k}=\boldsymbol{0} \tag{6.8}$$

となる．

例題 6.1

ベクトル $\boldsymbol{A}$ と $\boldsymbol{B}$ のベクトル積をベクトルの成分を用いて表せ．

解答 (6.6)，(6.7)，(6.8) を用いると，

$$\begin{aligned}\boldsymbol{A}\times\boldsymbol{B} &= (A_x\boldsymbol{i}+A_y\boldsymbol{j}+A_z\boldsymbol{k})\times(B_x\boldsymbol{i}+B_y\boldsymbol{j}+B_z\boldsymbol{k})\\ &= A_x\{B_y(\boldsymbol{i}\times\boldsymbol{j})+B_z(\boldsymbol{i}\times\boldsymbol{k})\}+A_y\{B_z(\boldsymbol{j}\times\boldsymbol{k})+(B_x(\boldsymbol{j}\times\boldsymbol{i})\}\\ &\quad +A_z\{B_x(\boldsymbol{k}\times\boldsymbol{i})+B_y(\boldsymbol{k}\times\boldsymbol{j})\}\\ &= A_x(B_y\boldsymbol{k}-B_z\boldsymbol{j})+A_y(B_z\boldsymbol{i}-B_x\boldsymbol{k})+A_z(B_x\boldsymbol{j}-B_y\boldsymbol{i})\\ &= (A_yB_z-A_zB_y)\boldsymbol{i}+(A_zB_x-A_xB_z)\boldsymbol{j}+(A_xB_y-A_yB_x)\boldsymbol{k}\end{aligned} \tag{6.9}$$

と表される．これは行列式の記法を使って次のように書き換えることもできる．

$$\begin{aligned}\boldsymbol{A}\times\boldsymbol{B} &= \begin{vmatrix}A_y & A_z\\ B_y & B_z\end{vmatrix}\boldsymbol{i}+\begin{vmatrix}A_z & A_x\\ B_z & B_x\end{vmatrix}\boldsymbol{j}+\begin{vmatrix}A_x & A_y\\ B_x & B_y\end{vmatrix}\boldsymbol{k}\\ &= \begin{vmatrix}\boldsymbol{i} & \boldsymbol{j} & \boldsymbol{k}\\ A_x & A_y & A_z\\ B_x & B_y & B_z\end{vmatrix}\end{aligned} \tag{6.10}$$

6.3 力のモーメント

ベクトル量のモーメント

原点 O から点 P へ向かう位置ベクトル $\boldsymbol{r}$ と，点 P におけるベクトル量 $\boldsymbol{A}(\boldsymbol{r})$ とのベクトル積

$$\boldsymbol{N}=\boldsymbol{r}\times\boldsymbol{A}(\boldsymbol{r}) \tag{6.11}$$

を，原点 O のまわりの $\boldsymbol{A}(\boldsymbol{r})$ のモーメントという．

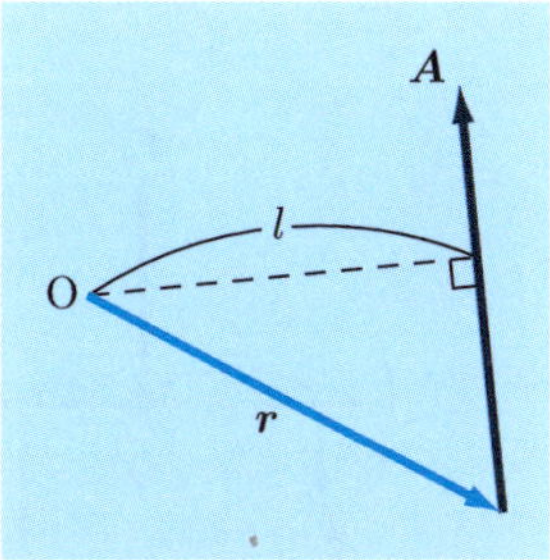

図 6.5　ベクトル $\boldsymbol{A}$ のモーメント

モーメント $\boldsymbol{N}$ は位置ベクトル $\boldsymbol{r}$ からベクトル $\boldsymbol{A}$ に向かって右ねじを回すときにねじの進む方向を向くベクトルである．また，図 6.5 の

ように，原点 O から $\boldsymbol{A}$ またはその延長線上に下した垂線の長さを l とすると，モーメントの大きさは

$$N = lA \tag{6.12}$$

となる．また，l を**モーメントの腕の長さ**という．とくに，$\boldsymbol{A}$ が力 $\boldsymbol{F}$ のとき

$$\boldsymbol{N} = \boldsymbol{r} \times \boldsymbol{F} \tag{6.13}$$

を**力のモーメント**という．

力のモーメントと“てこの原理”

(6.13) で定義される力のモーメントは**トルク**とも呼ばれ，物体を原点 O のまわりに回転させる能力を表す量である．

回転力を量的に表す方法は「**てこの原理**」として，すでに古代ギリシャ時代から知られていた．すなわち，図 6.6 のように，細くて軽い棒を支点 O で支え，その両腕の O から距離 l_1，l_2 の位置に，互いに平行な力 $\boldsymbol{F}_1$ および $\boldsymbol{F}_2$ を加えるとき

$$F_1 l_1 = F_2 l_2 \tag{6.14}$$

であれば棒はつり合う．このとき，棒には支点 O にも力 $\boldsymbol{F}_3$ が働いており，棒に働くこれらの 3 つの力はつり合っている．すなわち，

$$\boldsymbol{F}_1 + \boldsymbol{F}_2 = -\boldsymbol{F}_3 \tag{6.15}$$

が成り立っている．しかし，(6.15) が成り立っても，棒は支点 O を通って，

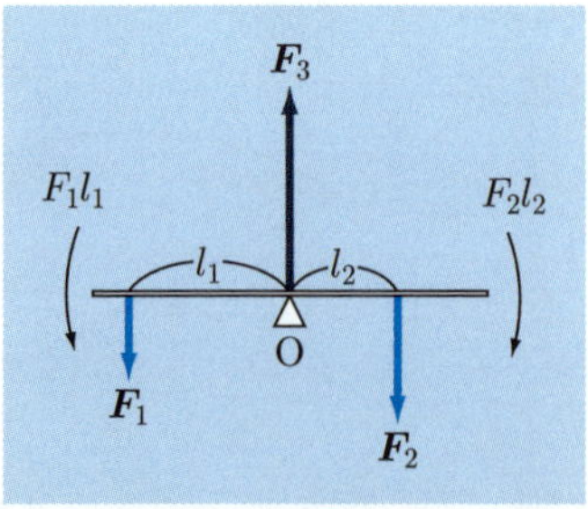

図 6.6　てこの原理

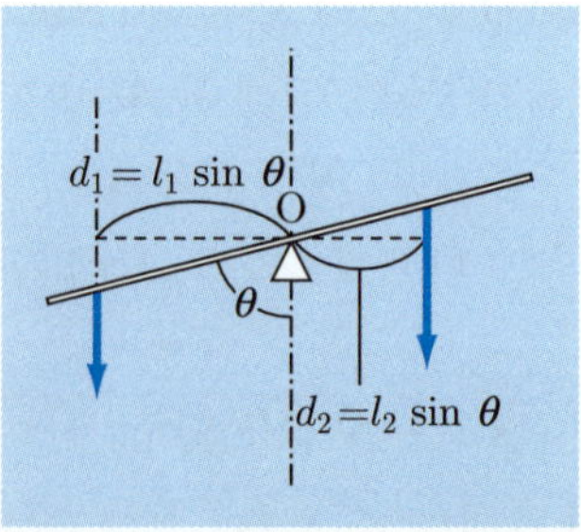

図 6.7　回転能力＝ $\boldsymbol{F}\boldsymbol{l}\sin\boldsymbol{\theta}$

棒と3つの力を含む平面に垂直な軸のまわりを回転できる．このとき棒がつり合って回転しないための条件が，てこの原理(6.14)である．したがって，F_1l_1 と F_2l_2 は棒をそれぞれ反時計回りと時計回りに回転させ回転力を表すことがわかる．

てこの原理は，力 $\boldsymbol{F}_1$ と $\boldsymbol{F}_2$ は反平行であれば，必ずしも棒に垂直である必要はない．図6.7のように棒が力の作用線と角度 θ をなしているとき，支点Oからそれぞれ各力の作用線に下した垂線の長さを d_1，d_2 とすると，棒のつり合う条件は

$$F_1d_1 = F_2d_2, \quad \text{つまり} \quad F_1l_1\sin\theta = F_2l_2\sin\theta \tag{6.16}$$

となる．

6.4 角運動量

運動量のモーメント

力のモーメントと並んで，もう1つの重要なベクトル量のモーメントに，運動量のモーメントつまり**角運動量**がある．時刻 t における物体（質点）の位置ベクトルを $\boldsymbol{r}$，運動量を $\boldsymbol{p}$ とするとき，原点Oに対する物体の角運動量は

$$\boldsymbol{L} = \boldsymbol{r} \times \boldsymbol{p} = \boldsymbol{r} \times (m\boldsymbol{v}) \tag{6.17}$$

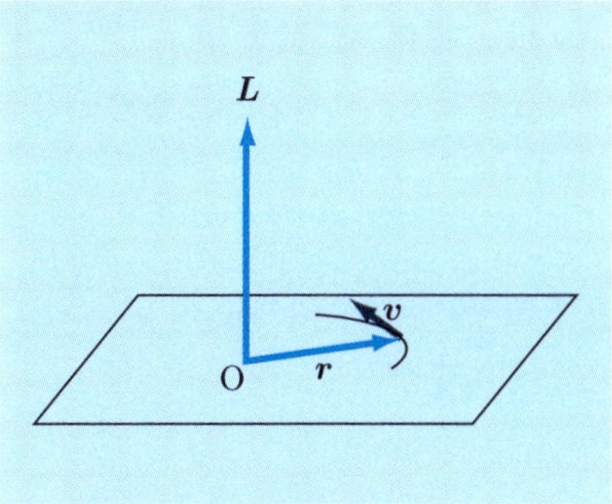

図6.8 角運動量ベクトル

で定義される．この定義から明らかなように，角運動量 $\boldsymbol{L}$ は位置ベクトル $\boldsymbol{r}$ と運動量 $\boldsymbol{p}$（あるいは速度 $\boldsymbol{v}$）の両方に垂直なベクトルで，$\boldsymbol{r}$ から $\boldsymbol{p}$ へ向かって右ねじを180°以内で回すとき，ねじが進む向きのベクトルである．

面積速度

図6.9に示すように，物体（質点）が平面内で運動しているとき，その位置ベクトル $\boldsymbol{r}(t)$ は，微小時間 Δt の間に図の青い色の扇形の部分を通りすぎ

る．このとき，Δt が小さければこの扇形の面積 ΔS は三角形 OPQ の面積で近似でき，

$$\Delta S \approx \frac{1}{2} r(v\Delta t)\sin\theta = \frac{1}{2}\left|\boldsymbol{r} \times \boldsymbol{v}\Delta t\right| \tag{6.18}$$

と表される．したがって，この ΔS の単位時間あたりの平均変化率は

$$\frac{\Delta S}{\Delta t} \approx \frac{1}{2}\left|\boldsymbol{r} \times \boldsymbol{v}\right| \tag{6.19}$$

となる．そこで面積に方向と向きをもたせ，それを $\boldsymbol{r} \times \boldsymbol{v}$ と一致させるように選んで，(6.19) の $\Delta t \to 0$ の極限をとると，

$$\frac{d\boldsymbol{S}}{dt} = \frac{1}{2}\boldsymbol{r} \times \boldsymbol{v} \tag{6.20}$$

というベクトル量を考えることができる．この $d\boldsymbol{S}/dt$ を，原点 O に対する物体の**面積速度**と呼ぶ．

いま，物体の質量を m として，(6.20) の両辺に $2m$ を掛けると，右辺は $\boldsymbol{r} \times \boldsymbol{p}$ になる．これは角運動量 $\boldsymbol{L}$ に他ならないから，角運動量と面積速度の間には，

$$\boldsymbol{L} = 2m\frac{d\boldsymbol{S}}{dt} \tag{6.21}$$

という関係がある．

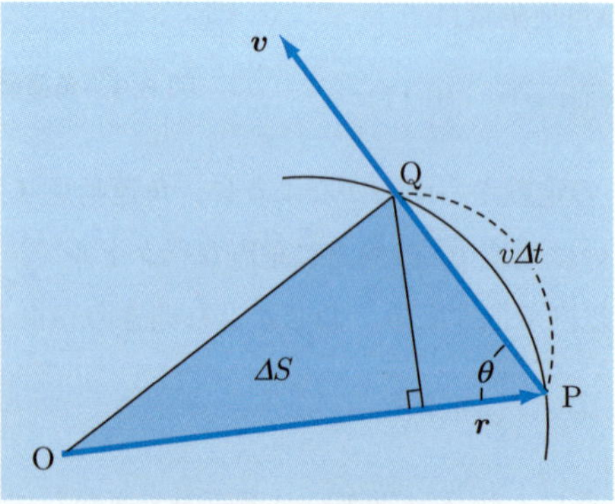

図 6.9　面積速度

6.5　角運動量の時間変化と力のモーメント

運動方程式の第 3 の積分形

これまですでに，運動方程式を 2 通りの方法で 1 回時間積分することによって，運動量の変化と力積の関係や力学的エネルギーの保存則を導いてきた．ここでは運動方程式の時間積分による第 3 の変形を行って，角運動量の時間変化と力のモーメントの関係を導こう．

運動方程式 (6.1) の両辺に左側から位置ベクトル $\boldsymbol{r}(t)$ を掛けてベクトル積をつくると

$$\boldsymbol{r} \times \frac{d\boldsymbol{p}}{dt} = \boldsymbol{r} \times \boldsymbol{F} = \boldsymbol{N} \tag{6.22}$$

となる．ところで，角運動量 $\boldsymbol{L}$ を時間微分してみると

$$\frac{d\boldsymbol{L}}{dt} = \frac{d}{dt}(\boldsymbol{r} \times \boldsymbol{p}) = \frac{d\boldsymbol{r}}{dt} \times \boldsymbol{p} + \boldsymbol{r} \times \frac{d\boldsymbol{p}}{dt} = \boldsymbol{r} \times \frac{d\boldsymbol{p}}{dt} \tag{6.23}$$

となる．ただし，ここでは

$$\frac{d\boldsymbol{r}}{dt} \times \boldsymbol{p} = \boldsymbol{v} \times (m\boldsymbol{v}) = 0 \tag{6.24}$$

の関係が使われている．そこで，(6.22) の左辺に (6.23) を代入すると，

$$\frac{d\boldsymbol{L}}{dt} = \boldsymbol{r} \times \boldsymbol{F} = \boldsymbol{N} \tag{6.25}$$

が得られる．これは，

> 物体のある時刻の角運動量の時間変化の割合は，その時刻に物体に作用する力のモーメントに等しい

ことを表しており，回転運動に関する基本的な関係式である．

角運動量の保存則と中心力

物体（質点）に働く力 $\boldsymbol{F}$ の作用線が，図 6.10 のように常に 1 点 O を通る場合，そのような力 $\boldsymbol{F}$ を**中心力**といい，この定点 O を**力の中心**と呼ぶ．中心力は位置ベクトル $\boldsymbol{r}$ を使って

$$\boldsymbol{F}(\boldsymbol{r}) = f(\boldsymbol{r})\frac{\boldsymbol{r}}{r}, \qquad r = |\boldsymbol{r}| \tag{6.26}$$

のように表される．$f(\boldsymbol{r})$ は一般に位置ベクトル $\boldsymbol{r}$ のスカラー関数であってもよいが，とくに O からの距離 r だけの関数となる場合が重要である．この場合は力のポテンシャル

$$U(r) = -\int_0^r f(r')dr' \tag{6.27}$$

が存在し，力学的エネルギー保存則が成立する．

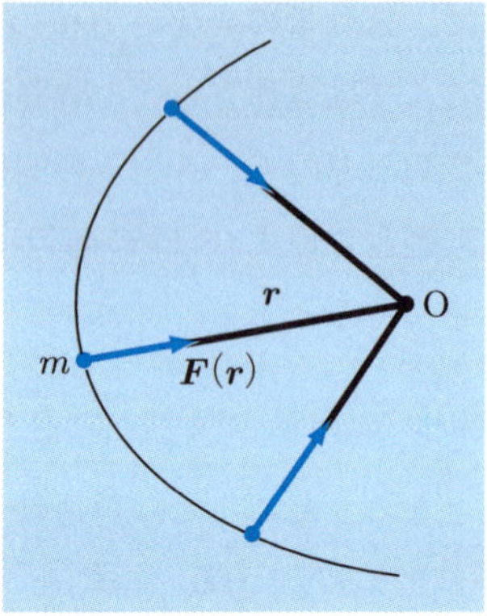

図 6.10 中心力

中心力 (6.26) の場合は，原点 O に対してもつ力のモーメント $\boldsymbol{N}$ が

$$\begin{aligned}\boldsymbol{N} &= \boldsymbol{r} \times \boldsymbol{F} \\ &= \boldsymbol{r} \times f(\boldsymbol{r})\frac{\boldsymbol{r}}{r} = 0\end{aligned} \tag{6.28}$$

となる．したがって，(6.25) より

$$\frac{d\boldsymbol{L}}{dt} = 0 \qquad \therefore \quad \boldsymbol{L} = \text{一定} \tag{6.29}$$

となる．この関係は**角運動量の保存則**と呼ばれる．すなわち，中心力のもとで運動する物体の，力の中心に対する角運動量は保存される．また，(6.21) が示すように角運動量は面積速度に比例するから，作用する力が中心力だけである場合の物体の力の中心に対する面積速度は一定になる．

6.6 惑星の運動—ケプラーの法則

現在受け入れられている太陽系のモデルは，オランダの天文学者チコ・ブラーエが肉眼で見える 777 個の星について行った精密な天体観測と，その大量のデータを解析したケプラーによってその基礎がつくられた．ケプラーの解析結果は**ケプラーの法則**と呼ばれ，次の 3 つの法則にまとめられる．

ケプラーの第 1 法則（軌道の法則）：

すべての惑星は太陽を 1 つの焦点とする楕円軌道を運動する．

ケプラーの第 2 法則（面積の法則）：

太陽と惑星を結ぶ線分が一定時間に掃く面積は等しい．

ケプラーの第 3 法則（周期の法則）：

惑星の軌道周期の 2 乗は楕円軌道の長半径の長さの 3 乗に比例する．

ニュートンは惑星と太陽の間に (3.5) で表される万有引力が働くと仮定して，このケプラーの 3 法則を証明した．

ケプラーの第 1 法則（軌道の法則）

第 1 法則は，惑星の公転軌道は楕円形であって，太陽は楕円の 2 つある焦点の一方の位置にあることを主張している．図 6.11 のように，楕円は長半径 a と短半径 b で決まるが，通常は

$$b = a\sqrt{1 - e^2} \tag{6.30}$$

で定義される**離心率** e を用いて，a と e で表される．惑星の軌道は，水星を除けば離心率が非常に小さく，ほぼ円に近い．惑星が太陽に最も接近した軌道上の点を**近日点**といい，そのときの太陽から惑星までの距離は $a(1-e)$ である．また太陽から最も遠ざかった点を**遠日点**という．

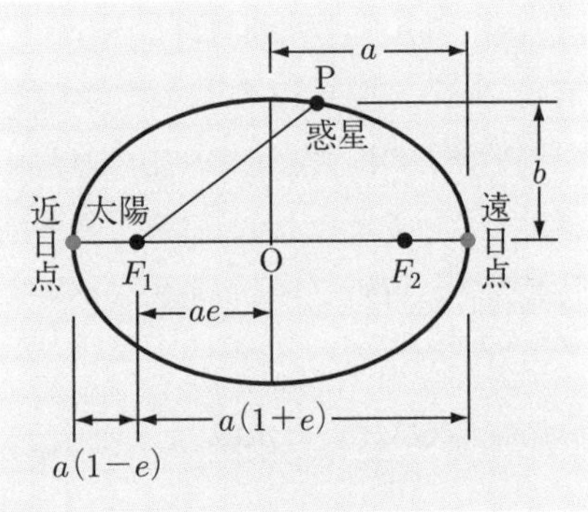

図 6.11 惑星の楕円軌道

ケプラーの第 2 法則（面積の法則）

太陽と惑星との間に働いているのは，第 3 章で学んだ万有引力である．すなわち太陽の質量を M，惑星の質量を m，太陽と惑星間の距離を r とすると，惑星は太陽から

$$F = -G\frac{mM}{r^2} \tag{6.31}$$

で表される引力を受けている．この引力が向かう力の中心は正しくは，太陽と惑星の質量中心になるが，$M \gg m$ であるため，近似的に太陽を力の中心とみなすことができる．前節でみたように，物体に作用する力が中心力であれば，物体の力の中心に対する角運動量は保存される．したがって，太陽を回る各惑星の角運動量は保存され，惑星の太陽に対する面積速度は一定になる．これが第2法則の主張である．

ケプラーの第3法則（周期の法則）

第3法則を確かめるには，惑星の軌道を太陽を中心とした円軌道とみなすのが有効である．図6.12のように，いま，惑星が半径 r の円軌道上を一定の速さ v で運動しているとしよう．このとき惑星を円軌道上に留めておく向心力は惑星に働く万有引力に等しいので，

$$\frac{GMm}{r^2} = \frac{mv^2}{r} \tag{6.32}$$

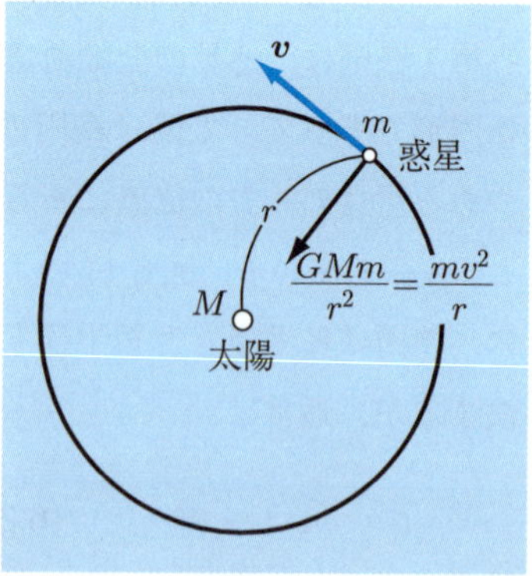

図 6.12 太陽のまわりの円軌道上を運動する惑星

となる．ここで，惑星の速さ v は，周期 T と半径 r を用いて

$$v = \frac{2\pi r}{T} \tag{6.33}$$

と表せるため，(6.33) の v を (6.32) に代入すると

$$T^2 = \left(\frac{4\pi^2}{GM}\right) r^3 = Kr^3 \tag{6.34}$$

が得られる．ここで比例係数 K には惑星の質量 m が含まれていない．したがって，(6.34) は太陽を回るすべての惑星に対して成り立ち，第3法則が導かれる．

第 7 章
質点系の力学 — 2 体問題

前章までは，孤立した小物体（質点）に力が作用した場合に小物体が行う運動を扱ってきた．しかし，第 2 章で学んだように力は相互作用であって，いつも作用と反作用が対になって現れる．したがって，ある物体 A が別の物体 B から力 $\boldsymbol{F}$ を受けて運動すると，B もまた A から力 $-\boldsymbol{F}$ を受けて運動する．前章で，惑星の運動を考えるにあたって太陽を不動としたのは，太陽の質量が惑星に比べてきわめて大きいために，近似的に許されたからである．

これまで，小さくて，大きさを考えなくてもよいことを強調するために，「小物体」あるいは「小球」という表現を用いてきたが，この章では統一的にそれらを「質点」と呼び，互いに相互作用し合う複数の質点の集団を**質点系**と呼ぶことにする．2 つの質点間の相互作用はそれらの相対的位置関係に依存するため，3 個以上の質点からなる系については，特殊な場合を除いてはその運動を厳密に解くことはできない．

この章では，主として，2 個の質点が相互作用しながら運動するいわゆる **2 体問題**を中心に考えることにしよう．

7.1　質量中心（重心）

質量中心

あとで見るように，複数の質点からなる系や空間的に大きさのある剛体のような力学系は，あたかもそのすべての質量が**質量中心**（**重心**）と呼ばれる特別な 1 点に集中しているかのように運動する．すなわち，系に働く力の和（合力）が $\boldsymbol{F}$ であって，系の全質量が M であれば，質量中心は加速度 $\boldsymbol{a} = \boldsymbol{F}/M$ で加速度運動をする．このことは，これまでも大きさのある物体の運動の場合，暗黙のうちに仮定されていたことである．

2 つの質点の質量中心

まず，軽く変形しない棒でつながれた 2 つの質点を考えよう．このような 2 質点系は，重力のもとで，棒上のある 1 点を支えるとつり合わせることができる．このとき棒を支える点（**支点**）が，この 2 質点系の質量中心（重心）

である．各質点に働く重力は互いに平行であるから，それらがつり合うためには，前章で見たように，支点に対するそれぞれの力のモーメントの和が零ベクトルであればよい．すなわち，支点と各質点（質量 m_1，m_2）との距離を l_1，l_2 をすると，てこの原理 (6.14) から

$$m_1 l_1 = m_2 l_2 \tag{7.1}$$

の関係が成り立たなければならない（図 6.6 を参照）．

いま，質量 m_1 と m_2 の 2 つの質点の位置ベクトルをそれぞれ $\boldsymbol{r}_1$，$\boldsymbol{r}_2$ とし，質量中心 G の位置ベクトルを $\boldsymbol{r}_\mathrm{G}$ とすると，(7.1) より

$$\boldsymbol{r}_\mathrm{G} = \frac{m_1 \boldsymbol{r}_1 + m_2 \boldsymbol{r}_2}{m_1 + m_2} \tag{7.2}$$

と書き表される．したがって，質量中心 G は 2 つの質点の位置 $\boldsymbol{r}_1$ と $\boldsymbol{r}_2$ を結ぶ線分を $m_2 : m_1$ に内分する点であることがわかる．

例題 7.1

2 つの質点の質量中心（重心）G を与える (7.2) を導け．

解答 鉛直下方を向く単位ベクトルを $\boldsymbol{j}$ とすると，2 つの質点に働く重力はそれぞれ $m_1 g\boldsymbol{j}$，$m_2 g\boldsymbol{j}$ と表せる．G のまわりの，これらの力のモーメントの和が零ベクトルとなることから

$$m_1 g\, \boldsymbol{j} \times (\boldsymbol{r}_1 - \boldsymbol{r}_\mathrm{G}) + m_2 g\, \boldsymbol{j} \times (\boldsymbol{r}_2 - \boldsymbol{r}_\mathrm{G}) = \boldsymbol{0}$$

となる．ここで，$(\boldsymbol{r}_1 - \boldsymbol{r}_\mathrm{G})$，$(\boldsymbol{r}_2 - \boldsymbol{r}_\mathrm{G})$ は $\boldsymbol{j}$ とは平行ではないので，これは

$$m_1(\boldsymbol{r}_1 - \boldsymbol{r}_\mathrm{G}) + m_2(\boldsymbol{r}_2 - \boldsymbol{r}_\mathrm{G}) = \boldsymbol{0}$$

となる．これを整理すると，(7.2) が得られる．

n 個の質点系の質量中心

(7.2) は

$$(m_1 + m_2)\boldsymbol{r}_\mathrm{G} = m_1 \boldsymbol{r}_1 + m_2 \boldsymbol{r}_2 \tag{7.3}$$

と書ける．これは，一般に n 個の質点からなる系の質量中心 $\boldsymbol{r}_\mathrm{G}$ について，容易に拡張できて，

$$\left(\sum_{i=1}^{n} m_i\right)\boldsymbol{r}_\mathrm{G} \equiv M\boldsymbol{r}_\mathrm{G} = \sum_{i=1}^{n} m_i\boldsymbol{r}_i \tag{7.4}$$

となる．すなわち，n 個の質点系の質量中心 $\boldsymbol{r}_\mathrm{G}$ は

$$\boldsymbol{r}_\mathrm{G} = \frac{1}{M}\sum_{i=1}^{n} m_i\boldsymbol{r}_i, \qquad M \equiv \sum_{i=1}^{n} m_i \tag{7.5}$$

である．

剛体の質量中心

石や鉄のように，力を加えても容易に変形しない物体（固体）を力学では**剛体**という．そのような剛体も，微小な部分に分割して考え，その各々を質点とみなすと質点系として扱うことができる．しかし，この場合は質点間の相対的な位置関係が変化しない特別な質点系である．

いま，剛体を分割して，多数（N 個）の微小な体積要素からなる質点系とみなし，その質量中心を求めてみよう．k 番目の体積要素の位置を $\boldsymbol{r}_k$，体積を ΔV_k とし，$\boldsymbol{r}_k$ における密度を $\rho(\boldsymbol{r}_k)$ とすると，各体積要素の質量 m_k は

$$m_k = \rho(\boldsymbol{r}_k)\Delta V_k \tag{7.6}$$

と表される．したがって，この質点系の質量中心 $\boldsymbol{r}_\mathrm{G}$ は，(7.5) から

$$\boldsymbol{r}_\mathrm{G} = \frac{\displaystyle\sum_{k=1}^{N} \boldsymbol{r}_k\rho(\boldsymbol{r}_k)\Delta V_k}{\displaystyle\sum_{k=1}^{N} \rho(\boldsymbol{r}_k)\Delta V_k} \tag{7.7}$$

となる．もとの剛体の質量中心は，(7.7) において，分割を進めて体積要素の数 N を大きくし，各体積要素の体積を小さくしていった極限をとればよい．そのような極限操作を行うと，(7.7) の分母，分子はそれぞれ体積積分で表される．したがって，剛体の質量中心 $\boldsymbol{r}_\mathrm{G}$ は

$$\boldsymbol{r}_\mathrm{G} = \frac{\displaystyle\lim_{N\to\infty}\sum_{k=1}^{N} \boldsymbol{r}_k\rho(\boldsymbol{r}_k)\Delta V_k}{\displaystyle\lim_{N\to\infty}\sum_{k=1}^{N} \rho(\boldsymbol{r}_k)\Delta V_k} = \frac{\displaystyle\int_V \boldsymbol{r}\rho(\boldsymbol{r})dV}{\displaystyle\int_V \rho(\boldsymbol{r})dV} \tag{7.8}$$

と求められる．とくに，剛体が均質な場合は，密度 ρ が一定であるので，

$$\boldsymbol{r}_{\mathrm{G}} = \frac{\int_V \boldsymbol{r}\,dV}{\int_V dV} = \frac{\int_V \boldsymbol{r}\,dV}{V} \tag{7.9}$$

となる．ここで，V は剛体の体積である．

7.2 2 体 問 題

2 質点系の運動

前章で惑星の運動を考えたとき，各惑星は固定された太陽のまわりを回転するとした．しかし，実際には太陽の質量は有限であり，その運動も考慮しなければならない．この運動は，他の惑星の影響は無視すると，万有引力で引き合う 1 個の惑星と太陽の運動と考えることができる．一般に，このような相互作用する 2 個の質点の運動を考えることを **2 体問題**という．

いま，相互作用し合う 2 個の質点 1（質量 m_1）と 2（質量 m_2）を考え，質点 2 が 1 に及ぼす力を $\boldsymbol{F}_{12}$，1 が 2 に及ぼす力を $\boldsymbol{F}_{21}$ とし，質点の位置ベクトルをそれぞれ $\boldsymbol{r}_1$，$\boldsymbol{r}_2$ とすると，各質点の運動方程式は，

$$m_1 \frac{d^2 \boldsymbol{r}_1}{dt^2} = \boldsymbol{F}_{12} \tag{7.10}$$

$$m_2 \frac{d^2 \boldsymbol{r}_2}{dt^2} = \boldsymbol{F}_{21} = -\boldsymbol{F}_{12} \tag{7.11}$$

となる．この 2 つの式についてそれぞれの両辺の和をとると，2 個の質点の質量中心の座標 $\boldsymbol{r}_{\mathrm{G}}$ に対する運動方程式が導かれる．

$$M \frac{d^2 \boldsymbol{r}_{\mathrm{G}}}{dt^2} = \boldsymbol{0} \tag{7.12}$$

ここで，

$$M = m_1 + m_2, \qquad \boldsymbol{r}_{\mathrm{G}} = \frac{m_1 \boldsymbol{r}_1 + m_2 \boldsymbol{r}_2}{m_1 + m_2} \tag{7.13}$$

である．(7.12) は

外力が作用しなければ，2 質点系の質量中心は等速直線運動をする

ことを表している．

また，(7.10) に m_2 を掛け，(7.11) に m_1 を掛けてそれぞれの両辺の差をとると，2 個の質点の相対座標 $\boldsymbol{r} = \boldsymbol{r}_1 - \boldsymbol{r}_2$ に対する運動方程式

$$\mu \frac{d^2\boldsymbol{r}}{dt^2} = \boldsymbol{F}_{12} \tag{7.14}$$

が得られる．ここで，μ は 2 個の質点系の**換算質量**と呼ばれ，

$$\mu = \frac{m_1 m_2}{m_1 + m_2} \tag{7.15}$$

で定義される．(7.14) は

> 2 質点系において，質点 2 に対する質点 1 の相対運動は，質量 μ の質点 1 が力 $\boldsymbol{F}_{12}$ を受けて行う運動と同じである

ことを表している．このように，2 体問題は質量中心の運動および一方の質点を固定した 1 体問題に帰着させることができる．

例題 7.2

質量 M_1 と質量 M_2 の 2 つの星が，万有引力を及ぼし合いながら，互いに相手の星のまわりを周期 T で円運動している．2 つの星の間の距離はいくらか．

解答　2 つの星の間の距離を r とすると，r は一定であるから，運動方程式は

$$-\mu r\omega^2 = -\frac{GM_1M_2}{r^2} \qquad \left(\mu = \frac{M_1M_2}{M_1 + M_2}\right)$$

と書ける．ここで，G は万有引力定数である．この式に $\omega = 2\pi/T$ を代入して，r について解くと

$$r = \left\{\frac{GT^2(M_1 + M_2)}{4\pi^2}\right\}^{1/3}$$

となる．

2 質点系の運動エネルギー

上で見たように，質量 m_1 と m_2 の 2 個の質点系の運動は，質量中心 G にある質量 M（$= m_1 + m_2$）の質点の運動と，それぞれの質点の G に対する相対運動とに分けられる．したがって，2 質点系の全運動エネルギー K も，G にある質量 M の質点の運動エネルギーと 2 個の質点の G に対する相対運動のエネルギーとの和に分解することができる．

いま，2個の質点の地上に固定した座標系（実験室系）における速度を $\boldsymbol{v}_1$，$\boldsymbol{v}_2$ とし，質量中心とともに速度 $\boldsymbol{v}_G$ で移動する座標系（重心系）での速度を $\boldsymbol{v}'_1$，$\boldsymbol{v}'_2$ とすると，この2質点系の全運動エネルギー K は，

$$K = \frac{1}{2}m_1 v_1^2 + \frac{1}{2}m_2 v_2^2 = \frac{1}{2}M v_G^2 + \left\{\frac{1}{2}m_1 v_1'^2 + \frac{1}{2}m_2 v_2'^2\right\} \tag{7.16}$$

と表される．また，質点1の2に対する相対速度を $\boldsymbol{v}$ とおくと

$$\boldsymbol{v} = \frac{d\boldsymbol{r}}{dt} = \frac{d(\boldsymbol{r}_1 - \boldsymbol{r}_2)}{dt} \tag{7.17}$$

であるから，

$$K = \frac{1}{2}M v_G^2 + \frac{1}{2}\mu v^2 = \frac{1}{2}M v_G^2 + \frac{1}{2}\mu\left|\frac{d(\boldsymbol{r}_1 - \boldsymbol{r}_2)}{dt}\right|^2 \tag{7.18}$$

と表される．

例題 7.3

(7.18) を導け．

解答 質点1，2の重心系での位置ベクトルを，$\boldsymbol{r}'_1$，$\boldsymbol{r}'_2$ とすると，質量中心の定義から

$$m_1\boldsymbol{r}'_1 + m_2\boldsymbol{r}'_2 = \boldsymbol{0}, \qquad \therefore \quad m_1\boldsymbol{v}'_1 + m_2\boldsymbol{v}'_2 = \boldsymbol{0} \tag{7.19}$$

となる．したがって，系の運動エネルギーは

$$\begin{aligned} K &= \frac{1}{2}m_1 v_1^2 + \frac{1}{2}m_2 v_2^2 = \frac{1}{2}m_1(\boldsymbol{v}_G + \boldsymbol{v}'_1)^2 + \frac{1}{2}m_2(\boldsymbol{v}_G + \boldsymbol{v}'_2)^2 \\ &= \frac{1}{2}M v_G^2 + \left\{\frac{1}{2}m_1 v_1'^2 + \frac{1}{2}m_2 v_2'^2\right\} + \boldsymbol{v}_G \cdot (m_1\boldsymbol{v}'_1 + m_2\boldsymbol{v}'_2) \end{aligned}$$

と書ける．ここで，右辺の最後の項は括弧の中は0となる．また，第2項は，(7.17) と (7.19) の第2式を用いて $\boldsymbol{v}'_1$，$\boldsymbol{v}'_2$ を相対速度 $\boldsymbol{v}$ で表すと

$$\frac{1}{2}m_1 v_1'^2 + \frac{1}{2}m_2 v_2'^2 = \frac{1}{2}m_1\left(\frac{m_2}{m_1 + m_2}\boldsymbol{v}\right)^2 + \frac{1}{2}m_2\left|-\frac{m_1}{m_1 + m_2}\boldsymbol{v}\right|^2 = \frac{1}{2}\mu v^2$$

となり，(7.18) が導かれる．

運動量の保存と角運動量の保存

2質点系の全運動量を $\boldsymbol{P}$，全角運動量を $\boldsymbol{L}$ とすると，外力が働いていない場合は

$$\frac{d\boldsymbol{P}}{dt} = \frac{d\boldsymbol{p}_1}{dt} + \frac{d\boldsymbol{p}_2}{dt} = \boldsymbol{F}_{12} + \boldsymbol{F}_{21} = \boldsymbol{0} \tag{7.20}$$

$$\begin{aligned}\frac{d\boldsymbol{L}}{dt} &= \frac{d}{dt}\boldsymbol{r}_1 \times \boldsymbol{p}_1 + \frac{d}{dt}\boldsymbol{r}_2 \times \boldsymbol{p}_2 \\ &= \boldsymbol{r}_1 \times \frac{d\boldsymbol{p}_1}{dt} + \boldsymbol{r}_2 \times \frac{d\boldsymbol{p}_2}{dt} + m_1\frac{d\boldsymbol{r}_1}{dt} \times \frac{d\boldsymbol{r}_1}{dt} + m_2\frac{d\boldsymbol{r}_2}{dt} \times \frac{d\boldsymbol{r}_2}{dt} \\ &= \boldsymbol{r}_1 \times \boldsymbol{F}_{12} + \boldsymbol{r}_2 \times \boldsymbol{F}_{21} = (\boldsymbol{r}_1 - \boldsymbol{r}_2) \times \boldsymbol{F}_{12} = \boldsymbol{0}\end{aligned} \tag{7.21}$$

となる．ここに，$\boldsymbol{p}_1$，$\boldsymbol{p}_2$ は各質点の運動量である．第 2 式の右辺が零ベクトルになるのは $\boldsymbol{F}_{12}$ と $(\boldsymbol{r}_1 - \boldsymbol{r}_2)$ が平行であるためである．したがって，外力が働いていない場合の 2 質点系の全運動量 $\boldsymbol{P}$ および全角運動量 $\boldsymbol{L}$ は保存する．

これを拡張して，一般に，

外力が働いていない場合，質点系の全運動量と全角運動量は保存する

ということができる．

7.3 衝　　突

2 体問題の例としてこの節では 2 つの質点の衝突を考えよう．ただし，実際には大きさのない質点同士の衝突というものは考え難いので，ここでは 2 個の硬い小球が衝突する場合を想定する．衝突ではその瞬間（ごく短い時間）にだけ，両者の間に非常に大きな斥力が働く．衝突は 2 体問題の中でも特別なケースであるが，日常生活の中ではよく見られる現象である．

撃力の力積

2 つの小球が衝突するとき，小球間には衝突の瞬間（ごく短時間の間）に強い斥力が現れる．このように非常に短い時間に働く力を**撃力**という．撃力は短時間の間に非常に激しく変動するため，衝突する 2 個の小球の運動を，運動方程式を解いて求めることはできない．しかし，撃力は 2 つの小球間に衝突の瞬間にのみ働く，作用・反作用力である．したがって，衝突の問題は，力そのものよりは (6.4) で定義された**力積**を用いるのが便利である．

いま，小球 1 と小球 2 が衝突する場合を考えよう．それぞれの小球の衝突前と後の運動量を $\boldsymbol{p}_1$，$\boldsymbol{p}_2$ および $\boldsymbol{p}'_1$，$\boldsymbol{p}'_2$ とし，各球に働く撃力の力積を $\boldsymbol{I}_{12}$，$\boldsymbol{I}_{21}$（$= -\boldsymbol{I}_{12}$）とすると，(6.4) から

$$\begin{aligned} \Delta\boldsymbol{p}_1 &\equiv \boldsymbol{p}'_1 - \boldsymbol{p}_1 = \boldsymbol{I}_{12} \\ \Delta\boldsymbol{p}_2 &\equiv \boldsymbol{p}'_2 - \boldsymbol{p}_2 = \boldsymbol{I}_{21} = -\boldsymbol{I}_{12} \end{aligned} \tag{7.22}$$

となる．したがって，

$$\Delta\boldsymbol{p}_1 + \Delta\boldsymbol{p}_2 = 0 \tag{7.23}$$

すなわち，

$$\boldsymbol{p}_2 + \boldsymbol{p}_1 = \boldsymbol{p}'_2 + \boldsymbol{p}'_1 \tag{7.24}$$

となり，

衝突の前後では 2 つの小球の運動量の和は保存される

ことがわかる．

運動エネルギーの損失と反発係数

次に衝突における運動エネルギーの損失について調べてみよう．前節でみたように，2 質点系の全運動エネルギーは (7.18) で表される．ここで，第 1 項は質量中心（に全質量が集まった質点）の運動に伴う運動エネルギーであって，外力がなければ保存される．これに対し，第 2 項は衝突する 2 小球の相対速度 $\boldsymbol{v}$ の 2 乗

$$v^2 = |\boldsymbol{v}_1 - \boldsymbol{v}_2|^2 \tag{7.25}$$

に比例しているため，衝突の前後でこれが保存するという保証はない．すなわち，衝突の前後で相対速度の大きさが変われば，運動エネルギーの和は保存されないことがわかる．そこで，衝突の前後で全運動エネルギー (7.18) が保存される衝突を**弾性衝突**と呼び，衝突の際に運動エネルギーの一部が失われる衝突はすべて**非弾性衝突**と呼ぶ．その際の失われるエネルギーは熱などに変わる．

はじめに，弾性衝突について考えよう．簡単のために，質量 m_1 の小球 1

と質量 m_2 の小球 2 が同一直線上を運動して正面弾性衝突するものとする．いま，小球 1 と 2 の衝突前の速度を v_1，v_2，衝突後の速度を u_1，u_2 とすると，運動エネルギーの和が一定に保たれるので，

$$\frac{1}{2}m_1v_1^2 + \frac{1}{2}m_2v_2^2 = \frac{1}{2}m_1u_1^2 + \frac{1}{2}m_2u_2^2 \qquad (7.26)$$

の関係が成り立つ．ただし，速度の符号は v_1 の向きを正にとることにする．(7.26) を移項して，整理すると

$$\frac{1}{2}m_1(v_1^2 - u_1^2) = \frac{1}{2}m_2(u_2^2 - v_2^2) \qquad (7.27)$$

となる．さらにこの両辺をそれぞれ因数分解すると

$$m_1(v_1 + u_1)(v_1 - u_1) = m_2(u_2 + v_2)(u_2 - v_2) \qquad (7.28)$$

が得られる．一方，衝突の前後で運動量の和が保存されることから

$$m_1v_1 + m_2v_2 = m_1u_1 + m_2u_2 \qquad \therefore \quad m_1(v_1 - u_1) = m_2(u_2 - v_2) \quad (7.29)$$

が成り立つ．この関係を (7.28) に使うと，

$$\frac{u_1 - u_2}{v_1 - v_2} = -1 \qquad (7.30)$$

が導かれる．ここで，左辺の分母と分子は，それぞれ衝突の前と後の小球 2 に対する小球 1 の相対速度である．したがって，これより

> 正面弾性衝突の場合は，衝突の前後で相対速度は符号は変わるが，その大きさは一定に保たれる

ことがわかる．

非弾性衝突の場合は，(7.27)，(7.28) の等号を不等号（>）に置き換えればよい．その結果，(7.30) は

$$0 \geq \frac{u_1 - u_2}{v_1 - v_2} > -1 \qquad (7.31)$$

となる．したがって，(7.30) と (7.31) を 1 つにまとめると，一般に衝突の前後での相対速度の変化は

$$\frac{u_1 - u_2}{v_1 - v_2} = -e \quad (0 \leq e \leq 1) \qquad (7.32)$$

のように表すことができる．これは**ニュートンの衝突の法則**と呼ばれ，衝突の問題を解く場合に，運動量の保存則を補う関係式としてよく使われる．

(7.32) で定義される e は**反発係数**（または**はね返り係数**）と呼ばれる．弾性衝突の場合は $e = 1$ であって，弾性衝突以外のすべての衝突，つまり非弾性衝突では $0 \leq e < 1$ となる．とくに $e = 0$ の場合は，衝突後の相対速度が 0 となるので，2 つの小球はくっ付いたまま一体となって運動する．したがって，運動エネルギーは質量中心の運動エネルギーに等しくなる．このような衝突をとくに**完全非弾性衝突**と呼ぶ．

例題 7.4

図のように，x 軸上を速さ v_1，v_2 で運動していた質量 m_1，m_2 の小球 1 と 2 が正面衝突した．この 2 球間の反発係数を e とするとき，衝突後のそれぞれの速度 u_1，u_2 を求めよ．

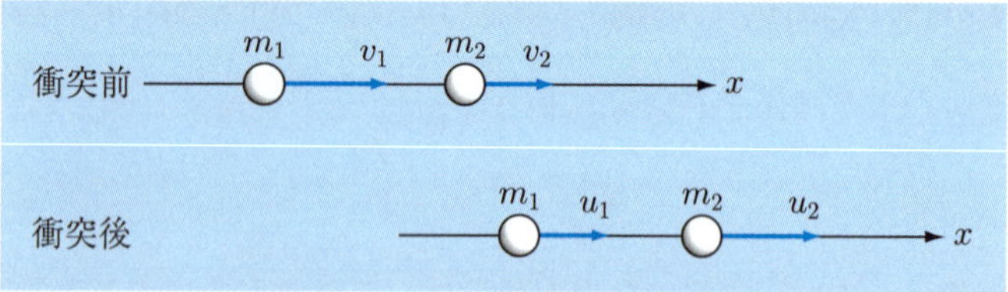

解答　運動量保存則とニュートンの衝突の法則から

$$m_1u_1 + m_2u_2 = m_1v_1 + m_2v_2$$

$$u_1 - u_2 = -e(v_1 - v_2)$$

が成り立つ．u_1，u_2 を求めるには，この 2 つの式を連立させて解けばよい．この連立方程式は容易に解くことができ，u_1，u_2 は

$$\begin{aligned} u_1 &= \frac{1}{m_1 + m_2}\{m_1v_1 + m_2v_2 - em_2(v_1 - v_2)\} \\ &= \frac{1}{m_1 + m_2}\{p - em_2(v_1 - v_2)\} \\ u_2 &= \frac{1}{m_1 + m_2}\{p + em_1(v_1 - v_2)\} \end{aligned}$$

と得られる．ここで p は 2 つの小球の運動量の和（すなわち全運動量）である．

第 8 章 剛体の回転運動

これまでは，扱う物体の空間的な広がり，つまり大きさについては一切配慮しないできた．すなわち，小球のような物体はその質量中心に全質量が集中した質点とみなされ，物体の運動は質点の運動として表されてきた．しかし，物体はすべて大きさをもっている．そのような大きさのある物体のなかで，とくに力や熱に対して変形をしないものを前章でも述べたように**剛体**と呼ぶ．剛体の自由運動は，その質量中心の行う並進運動と，質量中心のまわりで起こる回転運動とに分けて考えることができる（図 8.1）．

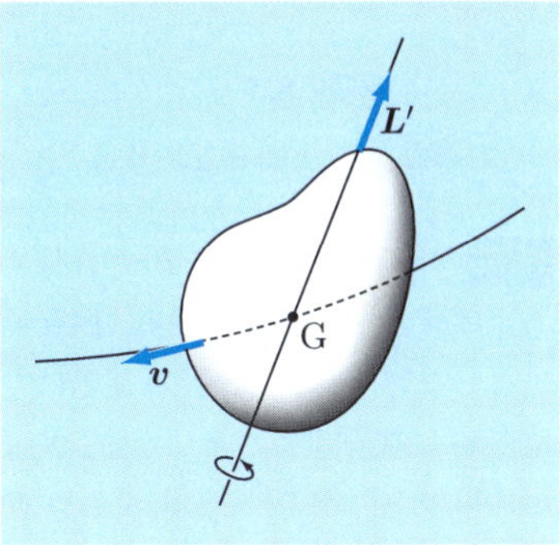

図 8.1 剛体の運動

8.1 剛体の運動方程式

剛体に働く力

剛体に力が作用する場合，力の作用する点を**作用点**といい，その点を通って力の方向に引いた直線を**作用線**という（図 8.2）．剛体は空間的に広がりをもつため，加えられた力の効果は，力の大きさと方向や向きだけでなく，そ

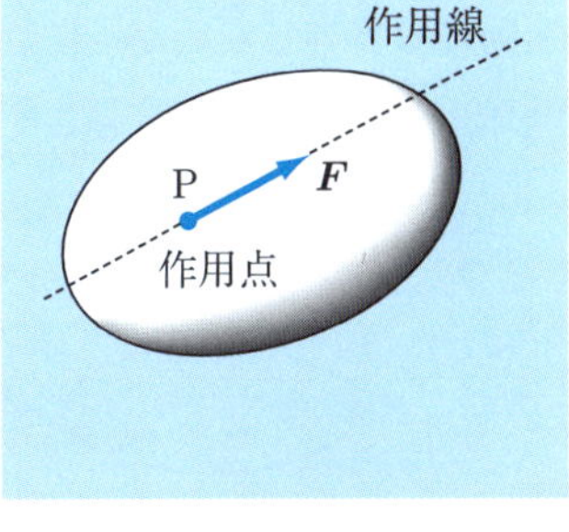

図 8.2 力の作用点と作用線

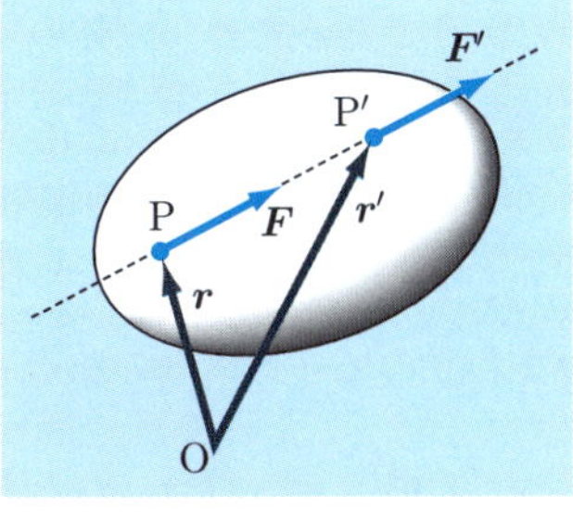

図 8.3 力の移動性

の作用点の位置によって変わる．その際，力の移動について次の法則が成り立つ．

力の移動の法則：剛体に働く力は，その作用点を作用線上の任意の点に移動させても，剛体に及ぼす効果は変わらない（図 8.3）．

例題 8.1

力の移動の法則を証明せよ．

解答　自由な剛体に力 $\boldsymbol{F}$ が作用すると，剛体には並進運動と同時に任意の点 O（たとえば質量中心）のまわりに回転運動が起こる．その場合，並進運動は力の作用点にはよらない．しかし，回転運動は力のモーメントによって生じるため，力の作用する位置 $\boldsymbol{r}$ に依存することになる．いま，図 8.3 のように，点 P に作用する力 $\boldsymbol{F}$ を，その作用線上の点 P′ に作用する力 $\boldsymbol{F}'$（$= \boldsymbol{F}$）に移してみる．それぞれの O のまわりの力のモーメントを $\boldsymbol{N}$，$\boldsymbol{N}'$ とすると，

$$\boldsymbol{N} = \boldsymbol{r} \times \boldsymbol{F}, \qquad \boldsymbol{N}' = \boldsymbol{r}' \times \boldsymbol{F}'$$

となる．ここに，$\boldsymbol{r}$，$\boldsymbol{r}'$ はそれぞれ点 P，P′ の位置ベクトルである．また，P，P′ はともに $\boldsymbol{F}$ の作用線上にあるので，$\boldsymbol{r}' - \boldsymbol{r}$ は $\boldsymbol{F}$ と平行なベクトルである．したがって，

$$\boldsymbol{N}' - \boldsymbol{N} = (\boldsymbol{r}' - \boldsymbol{r}) \times \boldsymbol{F} = 0$$

となり，$\boldsymbol{F}$ と $\boldsymbol{F}'$ の O のまわりの力のモーメントは等しくなる．すなわち，$\boldsymbol{F}$ と $\boldsymbol{F}'$ は剛体に対して等しい効果を与える．

偶力

剛体に働く 2 つの力 $\boldsymbol{F}_1$，$\boldsymbol{F}_2$ があって，それらの大きさと方向が等しく，向きが逆で，作用線が異なるとき，この 1 対の力を**偶力**という．偶力は，その合力が 0 であるため，剛体の質量中心の運動には寄与しないが，任意の点 O に関する正味の力のモーメントをもち，剛体に回転運動を引き起こすことができる．いま，$\boldsymbol{F}_1$，$\boldsymbol{F}_2$ の作用点をそれぞれ $\boldsymbol{r}_1$，$\boldsymbol{r}_2$ とすると，この 2 つの力の点 O のまわりのモーメントの和 $\boldsymbol{N}$ は

$$\boldsymbol{N} = \boldsymbol{r}_1 \times \boldsymbol{F}_1 + \boldsymbol{r}_2 \times \boldsymbol{F}_2 = (\boldsymbol{r}_1 - \boldsymbol{r}_2) \times \boldsymbol{F}_1 \tag{8.1}$$

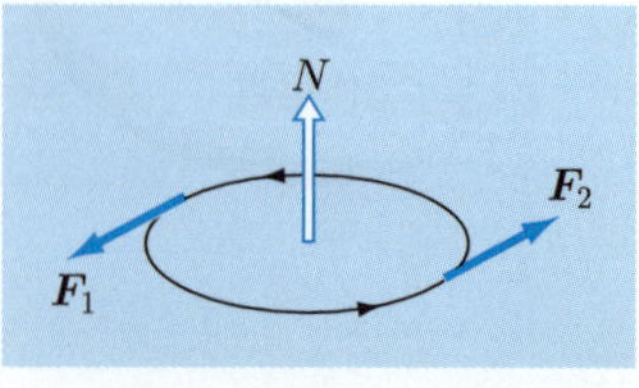

図 8.4　偶力のモーメント

となり，O の位置にはよらない．このモーメントの和 $\boldsymbol{N}$ を**偶力のモーメント**という．また，力の移動の法則を用いれば，偶力のモーメントの大きさ N は $\boldsymbol{F}_1$，$\boldsymbol{F}_2$ の作用線の間隔を l とすると，

$$N = lF_1 = lF_2 \tag{8.2}$$

となり，力の大きさと 2 本の作用線の間隔との積になる．また，偶力のモーメントの方向は 2 本の作用線を含む平面に垂直であって，向きは図 8.4 のように，右ねじの頭を偶力によって回したとき，ねじの進む向きと一致する．

例題 8.2

一般に剛体に作用する力 $\boldsymbol{F}$ は，質量中心に働く力 $\boldsymbol{F}$ と 1 組の偶力 $\boldsymbol{F}$，$-\boldsymbol{F}$ とに分けられることを示せ．

解答　いま，右図に示すように，剛体の任意の 1 点 P に力 $\boldsymbol{F}$ が加えられている場合を考える．このとき質量中心 G に，$\boldsymbol{F}$ と大きさ，方向，向きの等しい力 $\boldsymbol{F}'$ を加え，同時にそれと逆向きの力 $-\boldsymbol{F}'$ を加えてみる．$\boldsymbol{F}'$ と $-\boldsymbol{F}'$ は相殺するので，これらの力を加えても剛体の運動には影響を与えない．すなわち，剛体に力 $\boldsymbol{F}$ が働くことと，3 つの力 $\boldsymbol{F}$，$\boldsymbol{F}'$，$-\boldsymbol{F}'$ が働くことは，剛体の運動に与える効果は同じである．また，$\boldsymbol{F}$ と $-\boldsymbol{F}'$ は 1 組の偶力になっている．したがって，点 P に作用する力 $\boldsymbol{F}$ は，質量中心に働く力 $\boldsymbol{F}'$ $(= \boldsymbol{F})$ と 1 組の偶力 ($\boldsymbol{F}$ と $-\boldsymbol{F}'$) に分けることができる．

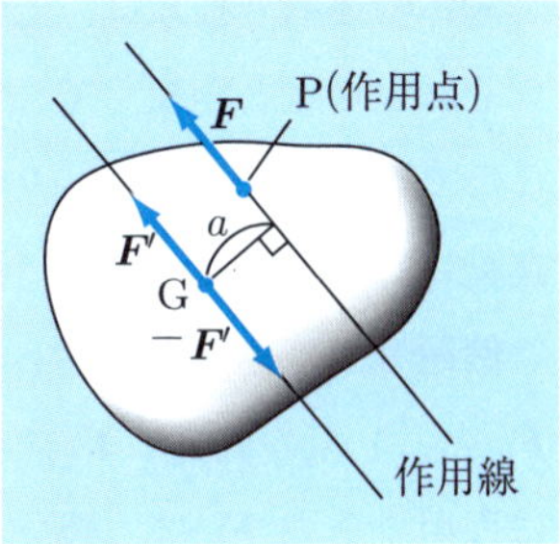

剛体の運動の自由度

剛体の自由運動は，質量中心の並進運動と質量中心のまわりを回る回転運動を重ね合わせた運動である．したがって，剛体の運動を記述するには，質量中心の位置を指定する 3 つの座標 (x, y, z) の他に，回転運動を記述するための 3 つの角度変数 (θ, ψ, ϕ) が必要である．とくに 3 つの角度変数は**オイラー角**と呼ばれ，図 8.5 に示すように，極座標の θ と ψ の 2 つは回転軸の方向を指定する角度であり，残りの ϕ は軸のまわりの回転角を表す．

一般に，系の運動を記述するのに必要な座標変数の数を系の**運動の自由度**

という．たとえば，質点の自由度は位置の座標の 3 であるから，n 個の質点系の自由度は $3n$ である．また，剛体の運動の記述には 3 個の位置座標と 3 個の角度変数が必要であり，剛体の自由度は 6 となる．

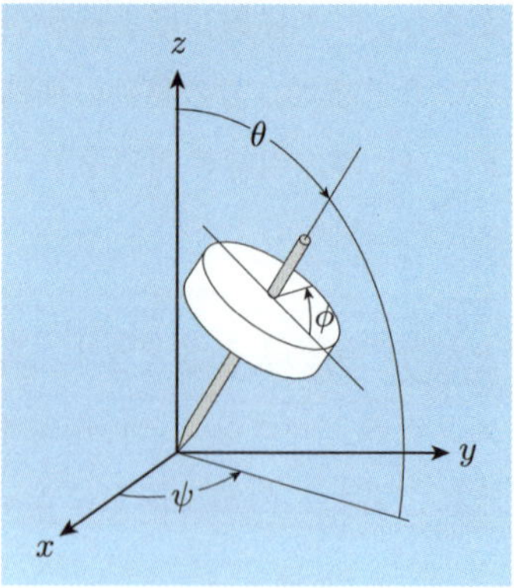

図 8.5 剛体の回転の自由度

剛体の運動方程式

この章のはじめで述べたように，剛体の自由運動は，質量中心の並進運動と，質量中心のまわりの回転運動とに分けることができる．これは，剛体の運動方程式が，並進運動を記述する方程式と回転運動を記述する方程式とからなっているためである．

剛体の運動方程式は，一般には剛体を多数の小部分（**体積要素**）に分け，それぞれを質点とみなして，質点の運動方程式から出発して導かれる．しかし，ここでは詳しい計算は省いて，例題 8.2 の結果から，剛体の並進運動と回転運動に対する運動方程式を導いてみよう．

例題 8.2 でみたように，剛体に作用する力 $\boldsymbol{F}_k$ は，質量中心に作用する力 $\boldsymbol{F}_k$ と，1 組の偶力（$\boldsymbol{F}_k$，$-\boldsymbol{F}_k$）に置き換えることができる．この質量中心に作用する力 $\boldsymbol{F}_k$ は，剛体の並進運動に寄与するが，質量中心に対する力のモーメントが 0 であるため回転運動には寄与することはできない．これに対して偶力の方は剛体の並進運動には寄与しないが，質量中心についての力のモーメントが 0 ではないため，剛体をそのまわりに回転させる．

そこで，剛体の質量を M，質量中心の位置ベクトルを $\boldsymbol{r}_\mathrm{G}$ とすると，剛体の並進運動は質量中心に作用する力だけで決まるから，**剛体の並進運動の方程式**は

$$M\frac{d^2\boldsymbol{r}_\mathrm{G}}{dt^2} = \sum_k \boldsymbol{F}_k = \boldsymbol{F} \tag{8.3}$$

と書ける．ここで，$\boldsymbol{F}$ は剛体に働く力の合力である．これは，質量中心に剛体の全質量が集中した質点の運動方程式であって，これまで小球を質点とみ

なすことが許されてきたのはこの式のためである．

一方，剛体の質量中心のまわりの角運動量を $\boldsymbol{L}$ とすると，$\boldsymbol{L}$ の時間変化の速さは，剛体に働く各力の質量中心に対するモーメントの和 $\boldsymbol{N}$ に等しくなる．したがって，$\boldsymbol{r}_{\mathrm{G}}$ を原点にとって力 $\boldsymbol{F}_k$ の作用点の位置ベクトルを $\boldsymbol{r}'_k$ で表すと，**剛体の回転運動の方程式**は

$$\frac{d\boldsymbol{L}}{dt} = \sum_k \boldsymbol{r}'_k \times \boldsymbol{F}_k = \boldsymbol{N} \tag{8.4}$$

と書ける．

剛体の自由度は 6 であるから，剛体の運動を記述するには一般に 6 個の方程式が必要になる．(8.3) と (8.4) はそれぞれが 3 つの成分に分けられるので，6 つの方程式はこれでそろったことになる．

8.2 剛体のつり合い

剛体に働く力のつり合い

剛体にいくつかの力が働いているのに，それらの力の作用が打ち消し合って，並進運動の加速度も，回転運動の角加速度もともに 0 の状態にあるとき，剛体は**平衡状態**にあるといい，それらの力はつり合っているという．したがって，平衡状態では，静止した剛体はいつまでも静止し続けることになる．剛体がこのような平衡状態にあるための条件は，前節の (8.3) と (8.4) の 2 つの式の左辺を 0 とすることによって導かれ，

$$\sum_k \boldsymbol{F}_k = 0 \tag{8.5}$$

$$\sum_k \boldsymbol{r}'_k \times \boldsymbol{F}_k = 0 \tag{8.6}$$

となる．(8.6) で，$\boldsymbol{r}'_k$ は $\boldsymbol{F}_k$ の作用点の重心系（質量中心 $\boldsymbol{r}_{\mathrm{G}}$ を原点とする座標系）での位置ベクトルである．そこで，これを慣性系での位置ベクトル $\boldsymbol{r}_k = \boldsymbol{r}'_k + \boldsymbol{r}_{\mathrm{G}}$ に置き換えると，(8.6) の左辺は

$$\sum_k \boldsymbol{r}'_k \times \boldsymbol{F}_k = \sum_k (\boldsymbol{r}_k - \boldsymbol{r}_{\mathrm{G}}) \times \boldsymbol{F}_k = \sum_k \boldsymbol{r}_k \times \boldsymbol{F}_k - \boldsymbol{r}_{\mathrm{G}} \times \sum_k \boldsymbol{F}_k$$

となる．この式の右辺の最後の項は 0 となるので．(8.6) は

$$\sum_k \boldsymbol{r}_k \times \boldsymbol{F}_k = \sum_k \boldsymbol{N}_k = 0 \tag{8.7}$$

と表すこともできる．

したがって，剛体が平衡状態にある条件，つまり剛体に作用する力がつり合うためには，(8.5) と (8.7) の両方が満たされることが必要であり，剛体に作用する力の合力が 0 であって，それらの力の，任意の点のまわりのモーメントの総和が 0 でなければならない．たとえば，剛体に 2 つの力が働いていて，その 2 つの力が同一の作用線をもち，大きさが等しく，向きが逆であればそれらの力はつり合い，剛体は平衡状態にあることができる（図 8.6(a)）．しかし，2 つの力のベクトル和が 0 であっても，それらの作用線が一致しなければ，原点をどこにとっても，その点のまわりの力のモーメントは 0 にならないため，剛体の (8.7) の条件が満たすことはできない（図 8.6(b)）．

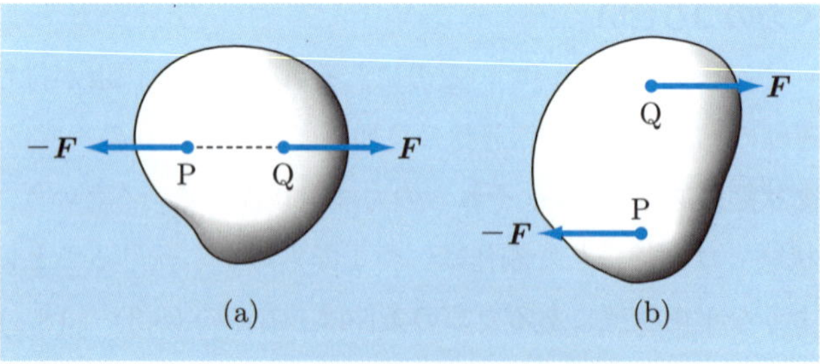

図 8.6　剛体に働く 2 つの力

8.3　固定軸のまわりの剛体の回転

この章のはじめで学んだように，剛体の運動には 6 つの自由度があるため，一般の運動は，運動方程式 (8.3)，(8.4) の 6 つの成分について解かなければならない．しかし, 実際には束縛力が働くことによって，自由度が小さくなっていることが多い．この節では，剛体に対して固定した軸（直線）があって，剛体はそのまわりの回転しか許されない場合の運動を調べてみよう．

剛体の角速度と角加速度

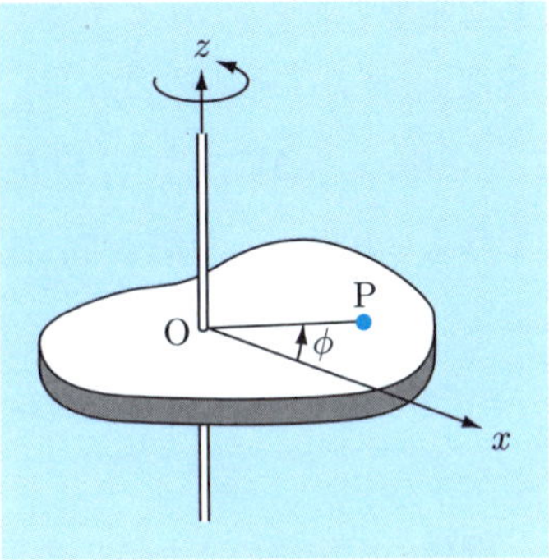

図 8.7　固定軸のまわりの回転

剛体が1つの直線のまわりを自由に回転でき，この回転以外の運動が許されないとき，この直線を**固定軸**という．このとき剛体の位置は軸のまわりの回転角 ϕ だけによって表されるため，この回転運動の自由度は1である（図 8.7）．したがって，この運動は，回転角 ϕ を直線上の質点の位置座標とみなせば，直線運動をする質点の1次元運動に対応させることができる．

すなわち，質点の速度 v $(= dx/dt)$，加速度 a $(= d^2x/dt^2)$ に対応して，剛体の回転の**角速度** ω および**角加速度** α は，

$$\omega = \frac{d\phi}{dt} \tag{8.8}$$

$$\alpha = \frac{d\omega}{dt} = \frac{d^2\phi}{dt^2} \tag{8.9}$$

で与えられる．

固定軸のまわりの角運動量と慣性モーメント

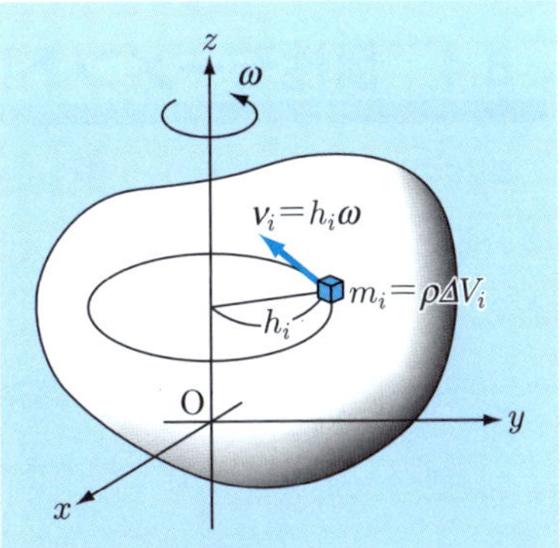

図 8.8　剛体の固定軸のまわりの角運動量

固定軸のまわりを角速度 ω で回転している剛体の角運動量を求めてみよう．剛体は均質で，その体積密度を ρ とする．

まず，剛体を体積要素に分けると，各体積要素は軸に垂直な平面内を，この平面と軸の交点を中心とする円運動を行う．この円運動はすべての体積要素について共通の角速度 ω で一斉に行われる．そこで，各体積要素の体積を ΔV_i とし，それから固定軸に下ろ

した垂線の長さを h_i とすると，回転運動する剛体の各体積要素の質量 m_i，速度 v_i および運動量 Δp_i は，それぞれ

$$m_i = \rho \Delta V_i, \qquad v_i = h_i \omega, \qquad \Delta p_i = m_i v_i = (\rho \Delta V_i) h_i \omega \tag{8.10}$$

で与えられる．したがって，体積要素 ΔV_i の固定軸のまわりの角運動量 ΔL_i は

$$\Delta L_i = h_i \Delta p_i = h_i \{(\rho \Delta V_i) h_i \omega\} = (\rho h_i^2) \omega \Delta V_i \tag{8.11}$$

となる．

剛体の固定軸のまわりの角運動量 L は，各体積要素について軸のまわりの角運動量 (8.11) の和をとればよく，

$$L = \sum_i (\rho h_i^2) \omega \Delta V_i \tag{8.12}$$

で与えられる．これは，ΔV_i を十分に小さくした極限をとれば，和は積分に置き換えられて，

$$L = \left(\int_V \rho h^2 dV \right) \omega = \frac{M\omega}{V} \int_V h^2 dV \equiv I\omega \tag{8.13}$$

となる．ここで，M，V は剛体の質量と体積である．また

$$I = \int_V \rho h^2 dV = \frac{M}{V} \int_V h^2 dV \tag{8.14}$$

は剛体の固定軸のまわりの慣性モーメントと呼ばれる．

8.4　慣性モーメントに関する 2 つの定理

剛体の固定軸のまわりの慣性モーメント (8.14) は，固定軸の位置や方向が変わると一般に値も変わるが，それらの間には次に示す 2 つの重要な性質がある．

平行軸の定理：任意の軸のまわりの慣性モーメント I は，質量中心 G を通るこの軸に平行な軸のまわりの慣性モーメントを I_G とすると，

$$I = I_G + Md^2 \tag{8.15}$$

で与えられる．ただし，M は剛体の質量で，d は 2 本の軸の間隔である．

平板の直交軸の定理：平板状の剛体において，面内に直交する x，y 軸をとり，面に垂直に z 軸をとって，3 つの軸のまわりの慣性モーメントをそれぞれ I_x，I_y，I_y とすると，それらの 3 つの慣性モーメントの間には

$$I_z = I_x + I_y \tag{8.16}$$

の関係が成り立つ．

例題 8.3

慣性モーメントに関する平行軸の定理 (8.15) を証明せよ．

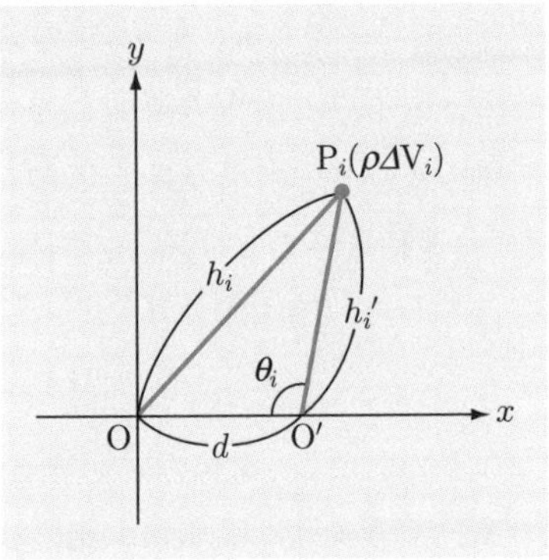

解答 固定軸を z 軸にとり，これに平行で質量中心を通る軸を z' 軸とする．また，これらの軸に垂直で，剛体の体積要素 ΔV_i（位置 P_i）が円運動する平面を考える．右図のように，平面と 2 本の軸との交点を O，O′ とし，P_i と O および O′ との距離を，それぞれ h_i，h_i' とすると，この体積要素の z 軸のまわりの慣性モーメント ΔI_i は定義から

$$\begin{aligned}\Delta I_i &= h_i^2(\rho\Delta V_i)\\ &= (d^2 + h_i'^2 + 2dh_i'\cos\theta_i)\rho\Delta V_i\end{aligned}$$

となる．したがって，剛体の慣性モーメント I はこれを積分して

$$I = d^2\int_V \rho dV + \int_V \rho h'^2 dV + 2d\int_V \rho h'\cos\theta dV$$

と求められるが，右辺の第 3 項は質量中心の定義から 0 となる．結局 I は

$$\begin{aligned}I &= d^2\int_V \rho dV + \int_V \rho h'^2 dV\\ &= Md^2 + I_{\mathrm{G}}\end{aligned}$$

と書き表される．

8.5　剛体の簡単な運動

滑車の運動 ― アトウッドの器械

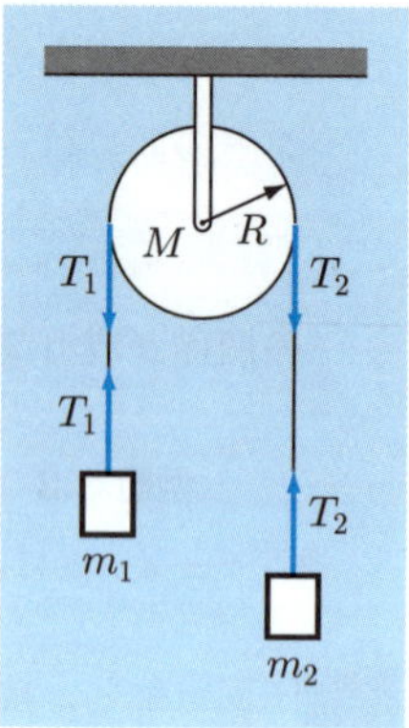

図 8.9　アドウッドの器械

図 8.9 のように，半径 R の滑車に滑らないひもをかけ，ひもの両端におもりを吊るした装置は**アトウッドの器械**と呼ばれる．これは両端につけたおもりの質量の差を小さくしていくと，おもりの落下速度をいくらでも小さくすることが可能であり，重力加速度を測定する目的でイギリスの物理学者アトウッドによって考案された．ここでは，この滑車の両側に質量 m_1 ，m_2（$m_1 > m_2$）のおもりを吊るしたときの，おもりと滑車の運動を調べてみよう．

軸のまわりの滑車の質量を M，慣性モーメントを I，角運動量を L とすると，円板の慣性モーメントは $I = (1/2)MR^2$ で与えられるから，(8.13) より

$$L = I\omega = \frac{1}{2}MR^2\omega \tag{8.17}$$

となる．ただし，滑車の回転角速度 ω は反時計回りの向きを正にとっている．いま，図のように滑車の両側のひもの張力を T_1，T_2 としてみよう．滑車の回転に対する運動の方程式は，(8.4) と (8.13) から

$$\frac{dL}{dt} = I\frac{d\omega}{dt} = \frac{1}{2}MR^2\frac{d\omega}{dt} = T_1R - T_2R \tag{8.18}$$

となる．

一方，2 つのおもりに対する運動方程式は

$$m_1\frac{dv}{dt} = m_1g - T_1 \tag{8.19}$$

$$m_2\frac{dv}{dt} = -m_2g + T_2 \tag{8.20}$$

となる．ここで，v はひも（したがって，各おもり）の速度であって，ひもは滑らないから

$$v = R\omega \tag{8.21}$$

である．

いま，(8.19) と (8.20) に R をかけて，両辺をそれぞれ足し合わせると，

$$(m_1R+m_2R)\frac{dv}{dt}=(m_1R-m_2R)g-R(T_1-T_2)$$

が得られる．これに (8.18) を代入して張力 T_1，T_2 を消去すると，

$$\left\{(m_1+m_2)+\frac{1}{2}M\right\}\frac{dv}{dt}=(m_1-m_2)g$$

となり，

$$\frac{dv}{dt}=\frac{2(m_1-m_2)g}{2(m_1+m_2)+M}=\text{一定} \tag{8.22}$$

となる．これより，おもり（およびひも）の運動は等加速度運動であって，滑車の質量 M が無視できないと加速がつきにくくなることがわかる．

剛体振り子

柱時計の振り子のように，剛体を水平な軸のまわりに自由に回転できるように支えて，その軸のまわりに鉛直平面内で振動させるものを**剛体振り子**（または**実体振り子**あるいは**物理振り子**）という．この剛体振り子の運動を調べてみよう．

図 8.10(a) のように，水平軸を通る支点を O，剛体（質量 M）の質量中心を G とし，O と G を結ぶ線分 OG が鉛直線となす角を θ，OG の長さを d とする．剛体に作用する重力の合力の作用点は G であるから，水平軸 O の

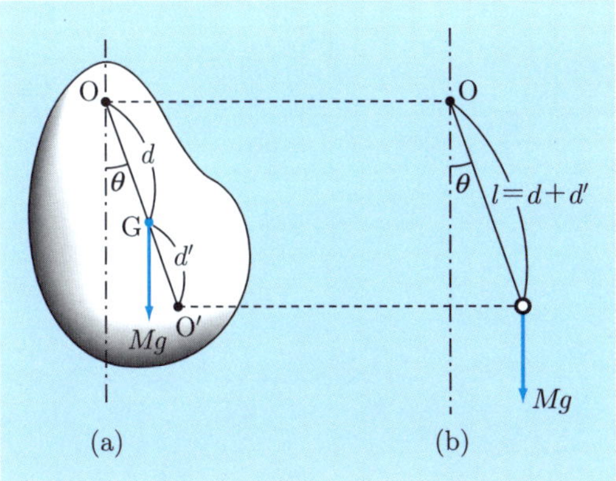

図 8.10　剛体振り子 (a) と相当単振り子 (b)

まわりの重力のモーメント N は，反時計回りを正にとると

$$N = -Mgd\sin\theta \tag{8.23}$$

となる．ここで負符号は，θ を反時計回りにとったためである．そこで，軸 O のまわりの剛体の慣性モーメントを I，角運動量を L とすると，剛体の O のまわりの回転の運動方程式は，(8.4) の軸方向の成分で与えられ，

$$\frac{dL}{dt} = I\frac{d^2\theta}{dt^2} = -Mgd\sin\theta \tag{8.24}$$

と表される．ここで，$\theta \ll 1$ として，$\sin\theta \approx \theta$ とおくと，(8.24) は，

$$\frac{d^2\theta}{dt^2} = -\left(\frac{Mgd}{I}\right)\theta \equiv -\frac{g}{l}\theta \tag{8.25}$$

となり，これはよく知られた単振動の方程式である．したがって，剛体振り子の O まわりの振動は，ちょうどひもの長さが

$$l = \frac{I}{Md} \tag{8.26}$$

の単振り子の振動と同じになる（図 8.10(b)）．この (8.26) で与えられる l は**相当単振り子の長さ**と呼ばれる．

第 9 章
非慣性座標系と見かけの力

物体の“運動の状態”は，それを観測する者の立場，つまり座標系によって変わって見える．したがって，第 2 章でも強調したように，ニュートンの運動の第 2 法則が適用できるのは，物体の運動を慣性座標系で観測する場合に限られるのである．慣性座標系に対して加速度運動している座標系，つまり非慣性座標系で観測される運動については，ニュートンの運動の第 2 法則をそのままの形で適用することはできない．非慣性座標系では，質点の質量と加速度を掛けたものは質点に加わる力 $\boldsymbol{F}$ とは等しくならず，$\boldsymbol{F}$ の他に余分の力が加わったように見えるからである．この余分の力は「見かけの力」であって**慣性力**と呼ばれる．この章の主要なテーマはこの慣性力である．

9.1　並進運動座標系

ある慣性座標系（K 系と呼ぶ）に対して平行移動する座標系（K′ 系と呼ぶ）を**並進運動座標系**（単に並進座標系）という．いま，K 系から K′ 系へ座標変換したとき，質点 P の位置，速度，加速度がどのように変換されるかを調べてみよう．

並進運動座標系への変換

いま，K 系からみた質点 P の位置を $\boldsymbol{r}$，K′ 系の原点の位置を $\boldsymbol{r}_0$ とし，K′ 系からみた P の位置を $\boldsymbol{r}'$ とするとそれらの間には，図 9.1 にみられるように，次の関係が成り立つ．

$$\boldsymbol{r} = \boldsymbol{r}' + \boldsymbol{r}_0 \tag{9.1}$$

ここで，2 つの座標系で時間は同じであると仮定する．これを**絶対時間**の仮定という．

さて，(9.1) の両辺を絶対時間 t で 1 階および 2 階微分すると，両座標系における速度および加速度の関係が，それぞれ次のように得られる．

$$\frac{d\boldsymbol{r}}{dt} = \frac{d\boldsymbol{r}'}{dt} + \frac{d\boldsymbol{r}_0}{dt} \qquad \therefore \quad \boldsymbol{v} = \boldsymbol{v}' + \boldsymbol{v}_0 \tag{9.2}$$

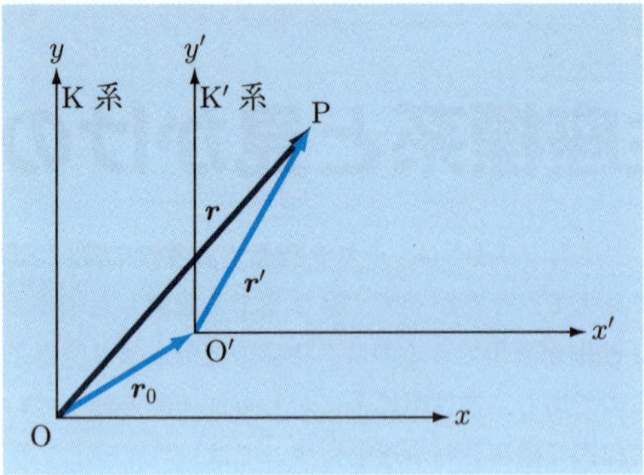

図 9.1 並進運動座標系

$$\frac{d\boldsymbol{v}}{dt} = \frac{d\boldsymbol{v}'}{dt} + \frac{d\boldsymbol{v}_0}{dt} \qquad \therefore \quad \boldsymbol{a} = \boldsymbol{a}' + \boldsymbol{a}_0 \tag{9.3}$$

ここで，$\boldsymbol{v}$，$\boldsymbol{a}$ は K 系における P の速度と加速度であり，$\boldsymbol{v}'$，$\boldsymbol{a}'$ は K′ 系における速度と加速度である．また，$\boldsymbol{v}_0$，$\boldsymbol{a}_0$ は K 系からみた K′ 系の原点の速度と加速度である．

運動方程式の変換と慣性力

質点 P に力 $\boldsymbol{F}$ が作用しているときの運動方程式は，慣性座標系（K 系）では

$$m\boldsymbol{a} = \boldsymbol{F} \tag{9.4}$$

と書ける．この運動方程式を並進運動座標系（K′）に変換することを考えてみよう．(9.4) に現れる質量 m と力 $\boldsymbol{F}$ は K′ 系でも変わらないからそのまま変換される．しかし，加速度 $\boldsymbol{a}$ は (9.3) によって $\boldsymbol{a}' = \boldsymbol{a} - \boldsymbol{a}_0$ と変換される．したがって，K′ 系での質点 P の運動を表す運動方程式は，(9.4) に (9.3) を代入して

$$m\boldsymbol{a}' = \boldsymbol{F} - m\boldsymbol{a}_0 \tag{9.5}$$

と表される．(9.5) は (9.4) に比べて右辺に余分の項 $-m\boldsymbol{a}_0$ が現れるため，$\boldsymbol{a}_0 \neq 0$ であるかぎり，K′ 系では，質量と加速度の積は作用する力に等しくはならない．これが等しくなるのは，$\boldsymbol{a}_0 = 0$，つまり K′ 系が慣性系の場合に限られる．

そこで，非慣性座標系でのみ現れる (9.5) の右辺の第 2 項 $-m\boldsymbol{a}_0$ を，実際の力ではないが，非慣性座標系では質点 P に作用する "**見かけの力**" とみなすと，(9.5) の右辺は全体で力を表しており，K′ 系でも運動の第 2 法則はそのまま成り立たせることができる．このように，非慣性座標系においてのみ現れる見かけの力を，真の力に対して**慣性力**という．

ガリレイ変換

$\boldsymbol{a}_0 = 0$ なら，(9.5) は (9.4) と一致するので，K′ 系は慣性座標系であって，K 系に対して等速運動している．したがって，K 系から K′ への座標変換は

$$\boldsymbol{r} = \boldsymbol{r}' + \boldsymbol{v}_0 t \tag{9.6}$$

と表され，**ガリレイ変換**と呼ばれる．1 つの慣性系とガリレイ変換で結ばれる座標系はすべて慣性座標系であって，運動方程式も同じになる．このことを**ガリレイの相対性原理**という．

等加速度運動系と慣性力

われわれが身近に経験する慣性力の 1 つに，発車直後に電車の吊り革を後方へ傾ける力がある．この吊り革が傾く現象を，車内で座っている乗客 A と，地上に立っている観測者 B が，それぞれどのように解釈するかを推理してみよう．電車は真っ直ぐに延びたレール上を一定の加速度 $\boldsymbol{a}_0$ で運動しており，車内には天井から質量 m の小球がひもで吊るされているものとする．

まず，地上（慣性系：K 系）にいる観測者 A はこの現象を，次のように説明するだろう．

この小球に作用している力はひもの張力 $\boldsymbol{T}$ と重力 $m\boldsymbol{g}$ だけである（図 9.2(a)）．したがって，小球はこれらの力の合力を受け，ニュートンの運動の第 2 法則に従って，電車とともに前方に向けて一定の加速度

$$\boldsymbol{a}_0 = \frac{\boldsymbol{T} + m\boldsymbol{g}}{m} \tag{9.7}$$

で運動をする．

(9.7) を変形して成分表示すると，

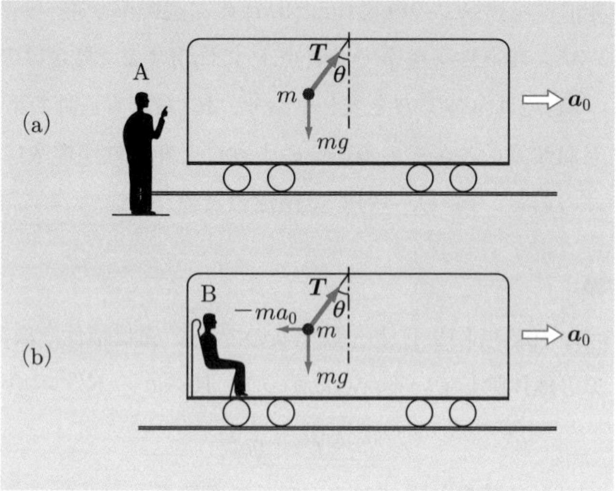

図 9.2　等加速度運動系と慣性力　**(a)**　地上（慣性系）で静止している観測者 **A**　**(b)**　等加速度運動している観測者 **B**

$$\text{水平成分：}\quad T\sin\theta = ma_0 \tag{9.8}$$

$$\text{鉛直成分：}\quad T\cos\theta - mg = 0 \tag{9.9}$$

となる．これより，この 2 つの式を連立して解くと，電車の加速度は

$$a_0 = g\tan\theta \tag{9.10}$$

と得られ，ひもの傾きの角度から決定することができる．

一方，電車（等加速度運動系：K′）に乗っている観測者 B は，次のように主張するだろう．

> 車内に吊るされた小球は静止しているのだから，小球に作用している正味の力はゼロである．したがって，小球にはひもの張力 $\boldsymbol{T}$ の水平成分とつり合う見かけの力（慣性力）$-m\boldsymbol{a}_0$ が水平方向に働いていて，この慣性力を含めて小球に働く力の合力がゼロになっている（図 9.2(b)）．

この力のつり合いを成分表示すると，

$$\text{水平成分：}\quad T\sin\theta - ma_0 = 0 \tag{9.11}$$

$$\text{鉛直成分：}\quad T\cos\theta - mg = 0 \tag{9.12}$$

となり，(9.8)，(9.9) と等価な結果が得られる．

このように，慣性系の観測者 A と等加速度運動系の観測者 B は小球に働く力については数学的に同一の結果を得る．しかし，ひもの傾きについての物理的解釈では違っているのである．

9.2 回転座標系

慣性系に対して固定された軸のまわりを回転している座標系（回転座標系）もまた，力学では重要な非慣性系の例である．このような回転運動している座標系では，前節で扱った等加速度直線運動する座標系とは，また違った種類の慣性力が現れる．

遠心力

遊園地のメリーゴーランドに乗っている人に固定された座標系や，太陽のまわりをほぼ等速円運動（公転）している地球の中心に固定された座標系のように，慣性系に対して回転している座標系は，非慣性系であって**回転座標系**と呼ばれる．このような回転座標系からみると，固定されているはずの慣性系の方が，逆に軸のまわりを回転しているように見える．

ここでは，慣性座標系で等速円運動している質点の運動を考え，それを質点と一緒に回転している回転座標系からみるとき，質点の運動がどのように観測されるかを調べてみよう．いま，水平な台上の 1 点 O に長さ r のひもの一端を固定し，他端に質量 m の小球を取り付けて，台を O のまわりに一定の速さで回転させてみる（図 9.3）．

まず，台の外（地上）に静止している観測者（慣性系：S 系）からみれば，小球は台と一緒に回転し，O を中心に一定の接線速度 v で円運動しており，その回転運動の向心加速度 v^2/r はひもの張力 T によってもたらされていると考えるだろう．したがって，慣性系にいる観測者は，

動径方向の運動に関して，ニュートンの第 2 法則

$$m\left(\frac{v^2}{r}\right) = T \tag{9.13}$$

が成り立つと主張する．

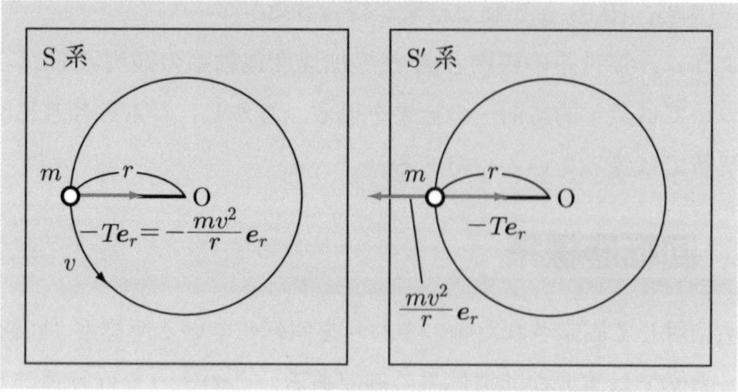

図 9.3 **等速回転運動と遠心力**

一方，台に乗って小球と一緒に回転する観測者（回転系：S′ 系）は，自分も小球も静止していて，地面の方が自分達のまわりを回転しているのを観測する．しかも，観測者は，自分達には台の 1 点 O から外側へ向けて遠ざけようとする力が働いていると感じる．この力は**遠心力**と呼ばれ，慣性系で観測すれば存在しない見かけの力である．しかし，回転系の観測者は，物体に現実に作用する力の他に，この見かけの力を導入すれば，回転系における運動についてもニュートンの第 2 法則がそのまま成り立つことを発見する．すなわち，小球と一緒に回転している観測者は，

> 小球が静止し続けているのは，小球に mv^2/r の大きさの遠心力が働き，この遠心力がひもの張力 T と釣り合って，動径方向の力について
>
> $$T - \frac{mv^2}{r} = 0 \tag{9.14}$$
>
> が成り立つためである．

と主張するだろう．

このように，(9.13) と (9.14) は数学的には等価であるが，ひもの張力 T の役割についての物理的解釈では両者は違っており，前者（慣性系）では円運動の向心加速度を物体に与え，後者（回転系）では遠心力とつり合っていると考える．

第 I 部演習問題

第 1 章　運動の記述

[1]　**(位置と座標)**　平面上の点 P の 2 次元極座標 (r, θ) は $(3.0, \pi/6)$ である．P の 2 次元直交座標 (x, y) を求めよ．

[2]　**(ベクトルの和と差)**　2 つのベクトル $\boldsymbol{A} = 3\boldsymbol{i} - 6\boldsymbol{j} + 2\boldsymbol{k}$, $\boldsymbol{B} = -2\boldsymbol{i} + 5\boldsymbol{j} - 4\boldsymbol{k}$ について，以下の量を求めよ．

(1)　$A = |\boldsymbol{A}|$　　(2)　$2\boldsymbol{A} + 3\boldsymbol{B}$　　(3)　$-2\boldsymbol{A} + \dfrac{1}{2}\boldsymbol{B}$

[3]　**(速度と加速度)**　高さ 100 m の高層ビルのエレベータを，地上から，はじめ一定の加速度 a で上昇させ，高さ 50 m のところからは加速度 $-a$ で減速させて，ちょうど 2 分で頂上に到達させたい．加速度 a はいくらでならなければならないか．

第 2 章　運動の法則

[4]　**(運動の第 2 法則)**　手に 5.0 kg の鞄を提げた人がエレベータに乗っている．

(1)　エレベータが加速度 $0.040\,\mathrm{m\cdot s^{-2}}$ で上昇しているとき，この人の腕にかかる鞄の重さはいくらか．

(2)　エレベータが加速度 $0.040\,\mathrm{m\cdot s^{-2}}$ で降下しているとき，この人の腕にかかる鞄の重さはいくらか．

[5]　**(運動量変化と力積)**　0.046 kg のゴルフボールをクラブで打ったところ，ボールは $40\,\mathrm{m\cdot s^{-1}}$ の速さで飛び出した．

(1)　クラブヘッドとの衝突の間にボールが受けた力積 I の大きさはいくらか．

(2)　クラブヘッドとボールの衝突時間が 0.65 ms であったとすると，その間にボールに働いた平均の力 F はいくらか．

第 3 章　力

[6]　**(万有引力)**　アポロ 11 号（質量 9.979×10^3 kg）が月まわりを回った時の軌道は，月の中心を中心とした半径 1.849×10^6 m の円軌道で，アポロはこの軌道を 119 分の周期で回った．月が一様な球であるとして，次の量を求めよ．

(1)　月の質量

(2)　アポロの軌道速度

[7]　**(摩擦力)**　水平と角 θ をなす斜面上に物体を静かに置き，斜面に沿って上向きに初速 v_0 で滑らせたところ，物体は距離 l だけ上って静止した．斜面と物体との間の動摩擦係数が μ' であるとし，重力加速度の大きさを g として，物体が上った距離 l を求めよ．

第 4 章　いろいろな運動

[8]　(放物運動)　図のように水平と角 θ をなす斜面上で，斜面に沿って斜面と角 α の方向に物体を初速 v_0 で投げる．角度 α をどのように選ぶと，物体は斜面上を最も遠くまで到達させることができるか．

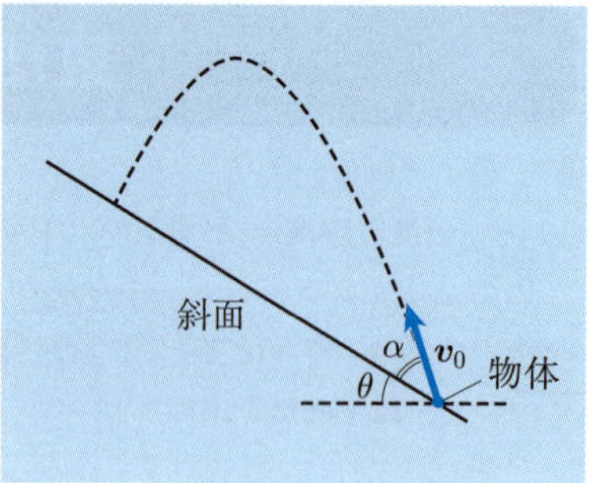

[9]　(単振り子)　地上で 2.50 秒の周期をもつ単振り子がある．地上における重力加速度の大きさは $9.80\,\mathrm{m \cdot s^{-2}}$ である．

(1)　この単振り子のひもの長さはいくらか．

(2)　もし，この単振り子を月面上で振らせたとしたら，その周期は何秒になるか．ただし，月面上の重力加速度は地上の 0.17 倍である．

[10]　(ばねの振動)　ばね定数 k のばねの一端を天井に固定し，他端に質量 m のおもりを静かにぶら下げた．このつり合いの位置を原点にとり，鉛直下方に向けて x 軸をとって，以下の問いに答えよ．

(1)　つり合いの状態におけるばねの自然長からの伸び Δl を求めよ．

(2)　つり合いの位置からおもりをさらに a だけ引き下げてから手を離して，おもりを鉛直方向に振動させる．このときのおもりの運動を求めよ．

第 5 章　エネルギーとその保存則

[11]　(仕事)　粗い水平面上に静止している 6.0 kg のブロックを，大きさ 12.0 N の一定の力で水平に引っ張る．重力加速度の大きさは $9.80\,\mathrm{m \cdot s^{-2}}$，面とブロックとの間の運動摩擦係数は 0.15 であるとして以下の量を求めよ．

(1)　ブロックがちょうど 3.0 m 運動したときのブロックの速さを求めよ．

(2)　その時点までに摩擦熱として失われたエネルギーはいくらか．

[12]　(力学的エネルギーの保存)　群馬県にある須田貝発電所は，地下式で落差を大きくすることにより，出力の増加と防雪・環境調和をはかった，日本で最初の地下式水力発電所である．毎秒 $65\,\mathrm{m^3}$ の水が有効落差 83 m を落下して水車を回転させ，46000 kW の電力を発電している．この発電所では水の位置エネルギーの何%を電気エネルギーに変えているか．ただし，重力加速度の大きさは $9.80\,\mathrm{m \cdot s^{-2}}$ である．

第 6 章　運動量と角運動量

[13]　(ベクトルのベクトル積)　ベクトル積に関する以下の問いに答えよ．

(1)　$|\boldsymbol{A} \times \boldsymbol{B}| = \boldsymbol{A} \cdot \boldsymbol{B}$ であるとき，$\boldsymbol{A}$ と $\boldsymbol{B}$ の間の角度はいくらか．

(2)　$\boldsymbol{A} \times (\boldsymbol{B} \times \boldsymbol{C}) = \boldsymbol{B}(\boldsymbol{A} \cdot \boldsymbol{C}) - \boldsymbol{C}(\boldsymbol{A} \cdot \boldsymbol{B})$ を証明せよ．

(3) $\boldsymbol{A}$ を任意のベクトル，$\boldsymbol{e}$ を単位ベクトルとするとき，$\boldsymbol{A}$ は次のように分解できることを証明せよ．

$$\boldsymbol{A} = \boldsymbol{e}(\boldsymbol{e} \cdot \boldsymbol{A}) - \boldsymbol{e} \times (\boldsymbol{e} \times \boldsymbol{A})$$

[14] **（角運動量）** 水平で滑らかな台上の 1 点 O に長さ l の軽い糸の一端を固定し，他端に質量 m の小球を取り付けて，小球を O のまわりに角速度 ω_0 の等速円運動をさせている．いま，台上の O から $2l/3$ だけ離れた点 P に細い釘を鉛直に素早く突き刺したところ，小球は P を中心に等速円運動をはじめた．この球の等速円運動の角速度 ω を求めよ．ただし，小球の大きさは考えないものとする．

第 7 章　質点系の力学

[15] **（質量中心）** 質量 m_1，m_2，m_3 の 3 個の質点 A，B，C がそれぞれ $\boldsymbol{r}_1$，$\boldsymbol{r}_2$，$\boldsymbol{r}_3$ の位置にあるとき，A，B，C に働く重力の合力は

$$\boldsymbol{r}_{\mathrm{G}} = \frac{m_1\boldsymbol{r}_1 + m_2\boldsymbol{r}_2 + m_3\boldsymbol{r}_3}{m + m_2 + m_3}$$

に働く鉛直下向きの力

$$Mg = (m_1 + m_2 + m_3)g$$

であることを示せ．ただし，g は重力加速度の大きさを表す．

[16] **（2 体問題）** ばね定数 k の軽いばねの両端に質量 m_1 と m_2 の質点 A，B が取り付けられ，水平で滑らかな台上に置かれている．いま，A，B をばねに沿って微小振動をさせるとき，この振動の周期を求めよ．

[17] **（衝突）** ゴルフ場でティー上に静止している 46 g ゴルフボールを 200 g のゴルフクラブのヘッドで打ち，そのときのクラブヘッドの速度を高速ストロボ写真で測定した．ボールとの衝突の直前と直後で，クラブヘッドの運動の方向は同じで，その速さは，それぞれ $55\,\mathrm{m \cdot s^{-1}}$ と $40\,\mathrm{m \cdot s^{-1}}$ であった．衝突直後のゴルフボールの速さを求めよ．

第 8 章　剛体の回転運動

[18] **（剛体のつり合い）** 重量が 500 N で長さが 15 m の一様なはしごが，水平な地面と 60° の角度をなしてビルの垂直な摩擦のない壁に寄りかかっている．

(1) 体重 800 N の消防士がはしごの下端から 4.0 m の位置にいるとき，地面がはしごの下端へおよぼす水平方向および鉛直方向の力を求めよ．

(2) 消防士がはしごを 9.0 m 以上登るには，はしごの下端を支える必要があった．はしごと地面との間の静止摩擦係数はいくらか．

[19] **（慣性モーメント）** 質量 M，半径 a の一様な薄い円板について，次の軸のまわりの慣性モーメントを求めよ．

(1) 円板の中心を通り，板面に垂直な軸（z 軸）のまわりの慣性モーメント I_z を求めよ．

(2) 円板の面内にあって，円の中心を通る任意の軸のまわりの慣性モーメント I_x を求めよ．

[20]（**剛体の簡単な運動**） 図のように，半径 a，質量 M のボーリングの球を回転させずに初速度 V_0 で滑らせたところ，球はやがて滑るのを止めて転がりはじめた．この球が滑りはじめてから，転がり出すまでの間の時間を求めよ．ただし，球と床との間の動摩擦係数を μ，重力加速度の大きさを g とする．また，ボーリングの球は一様な球とみなせるとして，慣性モーメントは $I=(2/5)Ma^2$ とする．

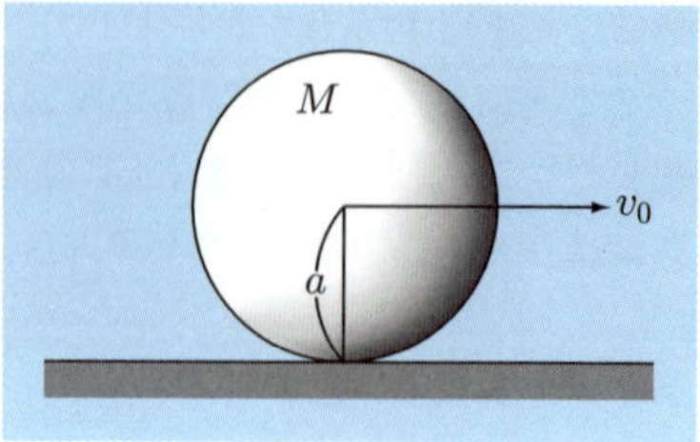

第 9 章　非慣性座標系と見かけの力

[21]（**並進運動座標系**） 以下の 2 つの等加速度系における単振り子の周期を求めよ．ただし，重力加速度の大きさを g とする．

(1) 一定の加速度 α で上昇しているエレベータの中で，長さ l の単振り子を小さく振らせるときの振り子の周期．

(2) 一定の加速度 α で，水平に直線状に伸びたレール上を走行する電車の中で，長さ l の単振り子を小さく振らせるときの振り子の周期．

[22]（**回転座標系**） 地球が自転しているために，地上における重力加速度の大きさ g は緯度 φ によって変わる．地球を半径 R の球とみなし，地球の回転角速度を ω，真の重力加速度を g_0 として，地上の緯度 φ の地点における見かけの重力加速度 g を求めよ．

第 II 部

波動と光

第10章 波 動

水面上を広がっていく**水波**，空気中を伝わる**音波**，空間を伝播する**電磁波**など，われわれの身のまわりにはさまざまな形の**波**が存在している．これらの波は**波動**とも呼ばれ，水面や空気の状態の変化が時間の経過とともに隣り合った空間に伝播していく現象である．波を伝える物質や空間のことを**媒質**という．この媒質は波を伝播するだけで，そのものが波とともに移動することはない．

波には，水波や音波のように物質の各部分の運動が物質内を伝播する**力学的な波**と，電波や光のように空間の電磁気的な状態の変化が空間を伝播する**電磁気的な波**がある．

10.1 波長・振動数・振幅・速度

滑らかで水平な床の上に置かれた長いロープの一端を固定しておき，他端を手で持って左右に振ると，1つの山と1つの谷をもつパルス波ができ，ある特定の速度でロープに沿って進行する．さらにこの左右の振りを規則的に繰り返すと，図10.1のように連続的で周期的な波ができる．このとき，ロープのうねりの形（波形）は波が進行する間ほとんど変化しない．

このような周期的な波は，波長，振動数，振幅，速度と呼ばれる4つの物理量よって特徴づけられる．**波長**とは，波の進行方向上にあって，媒質がまったく同一の振る舞いをする任意の2点間の最小距離（通常 λ で表す）である．

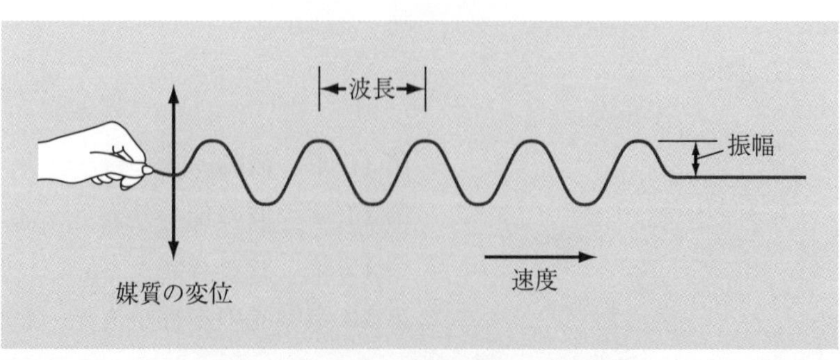

図10.1 張られたロープを伝わる横波

たとえば，図 10.1 の張られたロープを伝わる波の場合は，隣り合った山と山の間，あるいは谷と谷の間の距離が波長 λ である．SI 単位系による λ の単位は [m] である．

周期的な波では，媒質の運動が規則的に繰り返され，媒質の各点は振動している．この振動の振幅，つまり媒質の変位の最大値を波の**振幅**といい，振動の周期を波の**周期**（通常 T で表す），単位時間（1 秒間）に繰り返されるその振動の回数を波の**振動数**（通常 ν で表す）という．振動数と周期の間には，

$$\nu = \frac{1}{T} \tag{10.1}$$

の関係が成り立つ．T と ν の単位は SI 単位系では，それぞれ [s] および [Hz] = [s^{-1}]（ヘルツ）である．

力学的な波はある特定の速さで伝播する．この波の**速度**は媒質中の分子間の相互作用で決まるので，媒質となる物質ごとに違っており，また物質の状態によっても異なる．一般に固体を伝わる波の速さは液体や気体よりも大きい．

10.2 いろいろな波

縦波と横波

媒質の振動の方向，つまり媒質の変位の方向と波の進行方向の関係に注目すると，波は一般に 2 つのタイプに分類することができる．1 つは媒質の変位の方向と波の進行方向が一致している場合で**縦波**と呼ばれる．たとえば図

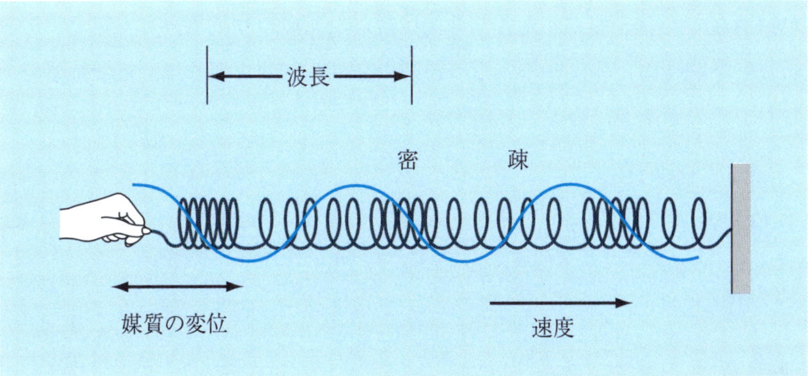

図 10.2 張られたばねを伝わる縦波

10.2 のように，たるみのないばねの一端をばねの方向に小さく振動させると，ばねに生じた変位がばねの長さ方向に順次伝わっていく．この場合，ばねの各部分は波の伝わる方向と平行に振動するので，これは縦波である．縦波では，図 10.2 に見られるように，媒質に密なところと，まばらな（疎な）ところができて，この疎密の状態が伝播していく．そのために縦波は疎密波とも呼ばれる．音波は空気の圧縮と膨張によって生じる疎密波である．

一方，図 10.1 のロープを伝わる波では，ロープの各部分が波の進行方向に対して垂直に振動しており，このような波は**横波**と呼ばれる．このタイプの波にはバイオリンやギターの弦に生じる波などがある．また，物質中を伝播する力学的な波ではないが，空間を伝わる電磁波も，電界や磁界は波の進行方向に対して垂直な面内で振動しており横波である．

地震波（P 波と S 波）

気体や液体は縦波（音波）しか伝えないが，固体中では縦波も横波も伝わり，その伝播速度は常に縦波の方が大きい．このことは地震の際に直接体験することができる．地震は地中の深いところ（震源）で岩石などの破壊が起こり，そのショックが周囲の地殻物質を振動させ，その振動が地震波としてわれわれの足元まで伝わる現象である．地殻は固体なので地震波には縦波と横波があり，まず，震源から先に到達するのは微弱な縦波（P 波：速さ $\sim 5\,\mathrm{km\cdot s^{-1}}$）である．そして少し遅れて横波（S 波：速さ $\sim 3\,\mathrm{km\cdot s^{-1}}$）が到達する．P 波が到達してから S 波がくるまでの間は微弱な振動（初期微動）が続くので初期微動継続時間と呼ばれる．この初期微動継続時間を測れば，震源地までのおおよその距離を求めることができる．

例題 10.1

地震の初期微動がちょうど 8 秒間続いた．震源までの距離はどれ位と推定されるか，ただし，P 波と S 波の速度は，それぞれ $5\,\mathrm{km\cdot s^{-1}}$ および $3\,\mathrm{km\cdot s^{-1}}$ であるとする．

解答　震源までの距離を $x\,\mathrm{km}$ とすると，地震が発生すると，まず $x/5$ 秒後に P 波が到着して初期微動がはじまり，この初期微動は $x/3$ 秒後に S 波が到達するまで続

く．したがって，

$$\frac{x}{3} - \frac{x}{5} = 8\,\mathrm{s} \qquad \therefore \quad x = 60\,\mathrm{km}$$

水面の波

水の表面に起きる水波は，われわれに最もなじみの深い波の 1 つである．この水面波は，その外形から横波と受け取られ易いが，実際には純粋な横波でも縦波でもなく，それらが組み合わさった波である．すなわち，水の表面を水波が進むとき，表面にある水分子は上下だけでなく進行方向にも振動しており，図 10.3 に示すようにある種の円運動をしている．このことは，海面に浮かんでいるブイや，波の立っている池の水面に浮かべた木の葉の運動を観察するとよくわかる．この水分子の円経路上の位置（位相）は，波が進むにつれて少しずつずれており，同じ時刻におけるそれらの円経路上の水分子をつなぐと，図 10.3 のように水波の形が得られる．

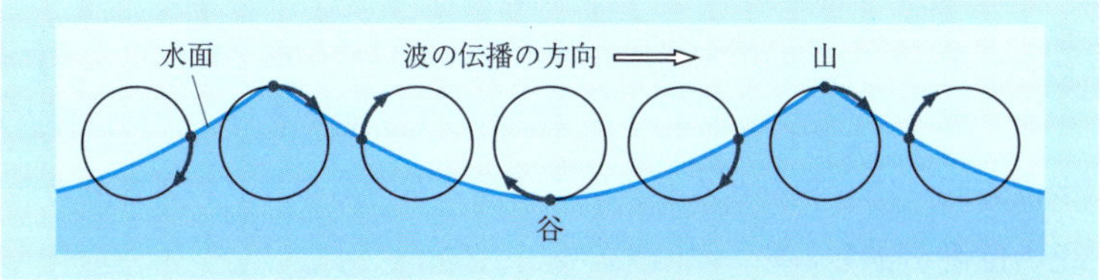

図 10.3　水の表面に起こる波と水分子の運動

10.3 波の表現

波形

図 10.1 の実験で，ロープの端の振らせ方をいろいろ変えてみよう．まず，ロープの端を一方向だけに 1 振り振って元に戻してみると，図 10.4(a) のように 1 つ山のパルス波が発生し，ロープに沿って進行するのが見られる．次に，ロープの端を 1 往復振って止めると，こんどは図 10.4(b) のように，山と谷を一つずつもったパルスが現れ，ロープ上を伝播する．ロープの端を何度か不規則に振ってみると，図 10.4(c) のようにやや複雑な形の波ができる．また，ロープの端を一定の周期と振幅で規則的に振ると，図 10.4(d) のよう

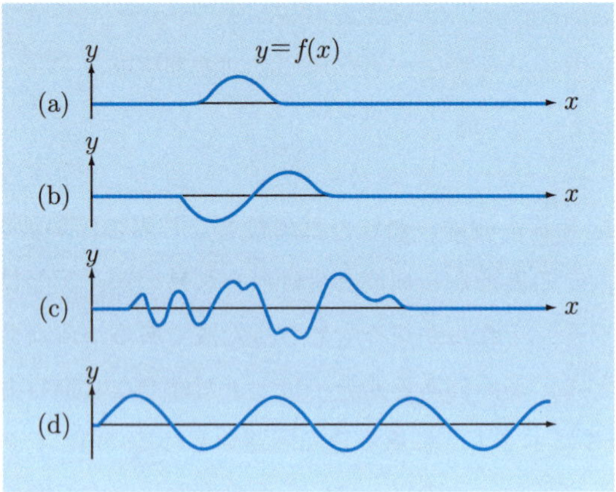

図 10.4 いろいろな波形

に周期的な波が連続的に発生する．このように，ロープの端の振り方によって，ロープ上にさまざまな形の横波を発生させることができる．

これらの波の形は媒質（ロープ）の各部分が変位することによってできたものであるが，一旦その形が形成されると，波はその形を保ったまま伝播する．いま，真っ直ぐに置かれたロープに沿って x 軸をとり，それに垂直な方向（変位方向）に y 軸をとると，ある瞬間におけるロープの各部分の変位 y は，その位置を x として

$$y = f(x) \tag{10.2}$$

のように x の関数として表される．この (10.2) は，その瞬間におけるロープのうねりの形を表しており，**波形**と呼ばれる．

図 10.2 のようにばねに沿って生じる縦波の場合も，波の進行方向に x 軸をとり，媒質（ばね）の各点における変位の大きさ y を，位置 x の関数として（符号を含めて）プロットすると，横波と同様に波形 (10.2) が得られる．しかし，縦波では変位の方向が波の進行方向と一致しているため，実際には横波のように波形 (10.2) を直接見ることはできない．

波を表す式（波動関数）

波の最も際立った特徴は，ひとたび波形が形成されると，その形を保ちな

がら伝播することである．この性質に注目して，x 方向に進行する 1 次元波を表す式，つまり 1 次元波の波動関数を導いてみよう．

媒質の変位 y は，位置 x によって変化すると同時に時刻 t よっても変化する．つまり，y は t と x の 2 つの変数の関数である．しかし，時間の経過に対して波形が保存されることから，y は 2 つの変数 t と x のそれぞれの独立な関数ではないことがわかる．いま，時刻 $t=0$ で図 10.5(a) に示すような波 $y=f(x)$ が形成され，この波は同じ波形を保ちながら，時刻 $t=t$ には図 10.5(b) に示す位置まで伝播したとする．このとき，波の各点の位置 x のことを**波の位相**といい，この位相の伝わる速さを**波の位相速度** v，または単に**波の速度**という．

図 10.5 のように，$t=0$ における波の P 点の位置を $x=x_0$ とし，時間が t だけ経過したときの対応する Q 点の位置を x とすると，P 点と Q 点は同位相であり，位相は速度 v で伝わる．したがって，時刻 t における波形は，$t=0$ における波形 $y=f(x)$ をそのまま x 方向に vt だけずらしたものになり，

$$y=f(x-vt) \tag{10.3}$$

と表される．これを x 方向に進む 1 次元波の**波動関数**という．このように，1 次元波の変位 y は，時刻 t と位置 x のそれぞれの独立な関数ではなく，それらの 1 次結合 $x-vt$ の関数になる．

同様にして，$-x$ 方向に進む 1 次元波は，$t=0$ における波形を $y=g(x)$

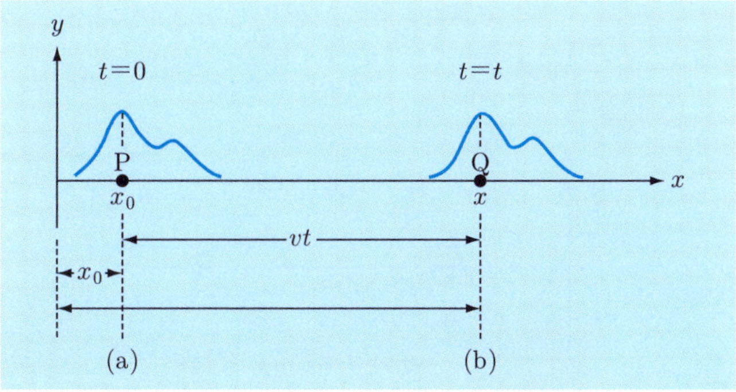

図 10.5 x 方向へ進む 1 次元波

とすると

$$y = g(x + vt) \tag{10.4}$$

となる．

10.4 正　弦　波

最も代表的な波は，波形が正弦関数で表される場合で，**正弦波**と呼ばれる．すなわち，正弦波では前節で導いた波動関数 $y = f(x - vt)$ は

$$y = a\sin\{k(x - vt) + \delta\} \tag{10.5}$$

で与えられる．ここで，a，k，δ は定数である．

波形と波長

(10.5) は，ある時刻（たとえば $t = 0$）に着目すると，

$$y = a\sin(kx + \delta) \tag{10.6}$$

となり，図 10.6(a) のような正弦曲線の波形を与える．a は x 軸から測った山の高さ（または谷の深さ）を表す量で**振幅**を表す．また，図 (a) の波形で，山から山（または谷から谷）までの距離は**波長**を表し，通常 λ の記号で表さ

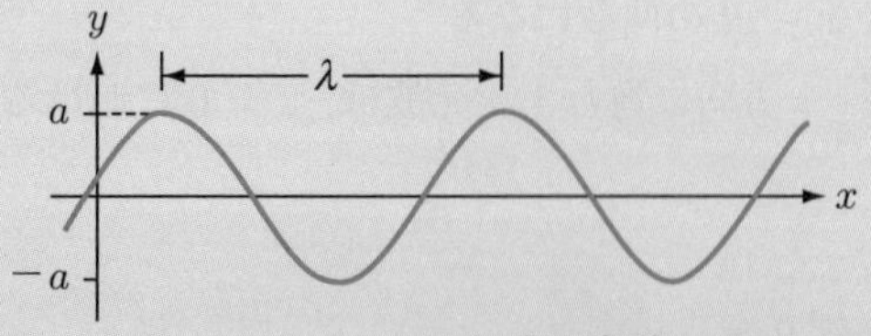

(a) $t = 0$ における波形

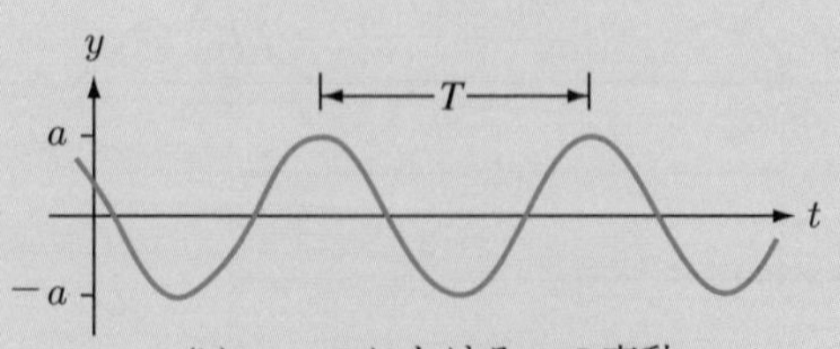

(b) $x = 0$ における y の変動

図 10.6　正弦波

れる．(10.5) および (10.6) に現れる k は，波長に反比例する量で，

$$k = \frac{2\pi}{\lambda} \tag{10.7}$$

で与えられ，**波数**と呼ばれる．δ は**位相角**と呼ばれ，これは t および x の原点をどこに取るかによって決まる．

単振動と周期

こんどは媒質の位置（たとえば $x=0$）に着目すると，(10.5) は

$$y = a\sin(-kvt + \delta) \tag{10.8}$$

となり，図 10.6(b) のように時間に関する正弦関数となる．これは，$kv=\omega$ とおくと**角振動数** ω で振動する単振動を表している．したがって，正弦波が伝播している媒質の各点は単振動していることがわかる．この単振動の周期

$$T = \frac{2\pi}{\omega} \tag{10.9}$$

を正弦波の**周期**という．

このように正弦波の特徴を表す量にはいくつかあって，それらは互いに関係付けられている．ここに，それらをまとめておくと，

k：波数　λ：波長	$k = \dfrac{2\pi}{\lambda}$	
ω：角振動数　T：周期　ν：振動数	$T = \dfrac{2\pi}{\omega} = \dfrac{1}{\nu}$	(10.10)
v：（位相）速度	$v = \dfrac{\omega}{k} = \nu\lambda$	

となる．

例題 10.2

媒質の変位 y が位置 x と時刻 t によって次式で表される波動について，振幅 a，波長 λ，波数 k，周期 T，角振動数 ω，速度 v，位相角 δ を求めよ．ただし，長さの単位は m，時間の単位は s とする．

$$y = 0.04\sin 2\pi(0.25t - 0.50x)$$

解答 上の波動関数は (10.5) の標準的な正弦波の形

$$y = a\sin\{k(x - vt) + \delta\}$$

に変形すると，

$$y = 0.04\sin\{\pi(x - 0.50t) + \pi\}$$

となる．したがって，

振幅： $a = 0.04\,\mathrm{m}$
波数： $k = \pi\,\mathrm{m}^{-1}$
速度： $v = 0.50\,\mathrm{m\cdot s}^{-1}$
位相角： $\delta = \pi$

また，波長 λ，周期 T，角振動数 ω は，(10.10) から

波長： $\lambda = \dfrac{2\pi}{k} = 2.0\,\mathrm{m}$
角振動数： $\omega = kv = 0.50\pi = 1.57\,\mathrm{s}^{-1}$
周期： $T = \dfrac{2\pi}{\omega} = 4.0\,\mathrm{s}$

第11章 波の伝わり方

前章では，直線上を進む1次元波を例にとって波の特徴を説明した．この章では，2次元波を用いて空間内を伝播する波の伝わり方を調べる．

11.1　ホイヘンスの原理

波面

波は均質な媒質の中では直進する．これは**波の直進性**と呼ばれ，波の重要な性質の1つである．しかし，水面を広がる水波や，空気中を伝わる音（音波）は直線上を進むとは限らない．ある媒質から他の媒質へ進むと，波はそこで**屈折**したり**反射**したりする．また，障壁があると，その端からうしろへ回り込むし（**回折**），障壁に狭い隙間（スリット）や小さな孔が開いていると，そこから先はスリットや孔が新たな波源となって広がっていく．このような波の多様な伝わり方を理解するには，**波面**を考えるのが有効である．

波面とは，空間内を伝播している波の位相が同じ点を連ねてできる曲面として定義される．ここで，**位相**とは正弦波ならば sin の中の角度のことであ

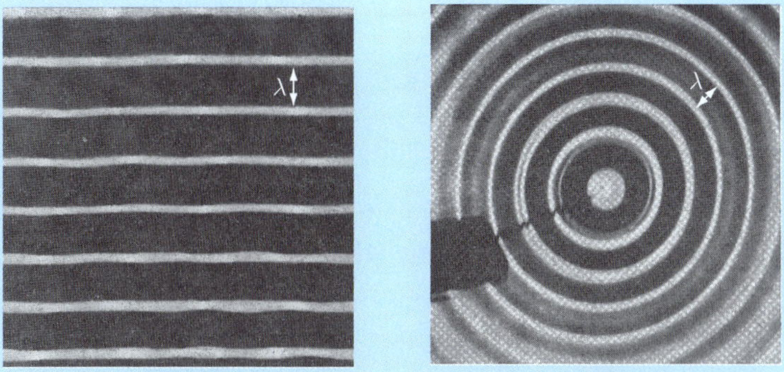

(a)　直線波　　(b)　円形波

図 11.1　水波の波面

（Educational Services Inc. 著 山内恭彦他訳『PSSC 物理上 第2版』岩波書店より）

る．波面が平面の波は**平面波**，波面が球面の波は**球面波**と呼ばれる．水波のように，1つの平面内を伝播する2次元波の場合は波面は曲線になるので，**直線波**，**円形波**ともいう．直線波の波面は図 11.1(a) のように直線の等間隔の縞になり，円形波のそれは図 11.2(b) のように等間隔の同心円になる．その場合，縞の間隔がちょうど1波長にあたる．

波は常に波面に垂直に伝わっていく．そこで波面に垂直な線を連ねてできる曲線を**射線**という．平面波（直線波）の射線は波面上のすべての点で平行であり，球面波（円形波）の射線は波源から放射状に伸びる直線群である．

媒質中を伝わっている波の振動数は波源の振動数で決まっており，場所によらず一定である．しかし，波の伝わる速さの方は，一般には場所によって異なる．そのような場合は，当然波面の間隔は平面波や球面波のように一様ではなくなるため，射線は曲がることになる（図 11.2）．

射線

A λ_A

B

λ_B

波面

波面

波面

波の速さが遅い：v_A

波の速さが速い：v_B

$$\lambda_A\left(=\frac{v_A}{\nu}\right) < \lambda_B\left(=\frac{v_B}{\nu}\right)$$

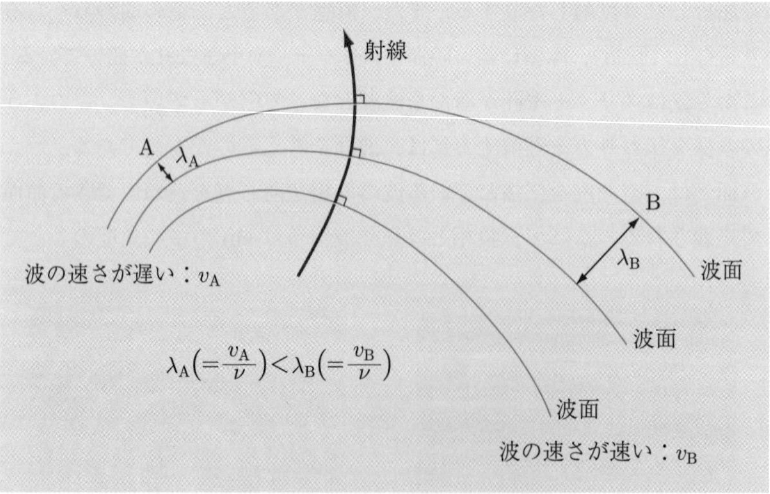

図 11.2　一般の波の波面と射線

ホイヘンスの原理

波の伝わり方を知るには，波面が時間とともに変化していく過程を知らなければならないが，これを直接解くことは一般には難しい．幸い，これについてきわめて有力な近似的解法がホイヘンスによって提唱された．これは

ホイヘンスの原理と呼ばれ，一般に波の伝わり方を理解する上で，大変役に立つ原理である．

ホイヘンスの原理は，次のように述べることができる．

> **ホイヘンスの原理**：空間を速さ v で伝播する波の，ある時刻 t における波面 S 上の各点は，それ自身が次の波をつくるための波源となり，無数の 2 次波（**素元波**）を送り出す．各素元波はそれぞれの波源を中心とした球面波であって，t から短い時間 Δt が経過したときは半径 $v\Delta t$ の球面上に達している．時刻 $t+\Delta t$ における新しい波面 S′ は，波の進む前方で，これらの素元波の球面に共通に接する曲面（包絡面）となる．

われわれは，均質な媒質中では平面波は平面波として進み，球面波は球面波として進むことを経験から知っている．このことを上のホイヘンスの原理から導いてみよう．図 11.3 に示すように，速さ v で進む波を考えて，ある時刻におけるその波面 S が平面 (a) または球面 (b) であったとする．S 上の各点から生じた素元波は，時間 Δt が経過すると，それぞれ半径 $v\Delta t$ の小球面に達するが，このとき，すべての素元波の小球面上の位相は等しくなる．こ

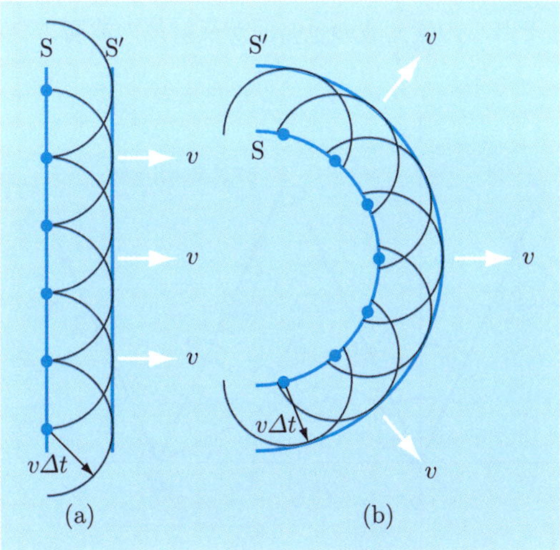

図 11.3　ホイヘンスの原理と素元波

のことは，S が 1 つの波面であって，S 上の各点はすべて同位相であることから明らかである．したがって，それらの小球面の包絡面である S′ 上の各点もまた 同位相であり，包絡面 S′ は今考えている波の，Δt 後の波面であることがわかる．図から包絡面 S′ は，図 (a) では平面になり，図 (b) では球面となっており，平面波は平面波として進み，球面波は球面波として進むことが導かれる．いずれの場合も，波面は速さ v で波面に垂直に進む．

11.2　波の反射と屈折

ホイヘンスの原理の簡単な応用例として，波の反射の法則と屈折の法則を導いてみよう．

反射の法則

図 11.4 に示すように，射線 PA の方向に進む平面波が媒質の境界面 XX′ に入射して，そこで反射される場合を考える．いま，入射波の波面 AB 上の点 A が境界面に到達してから時間 Δt だけ経過したとき，同じ波面上の点 B が境界面の点 B′ に到達したとしよう．ホイヘンスの原理によれば，入射波の波面 AB 上の各点は境界面に到達した瞬間に新しい球面波（素元波）を順次出していき，それらの素元波の包絡面が反射波の波面になる．しかし，素

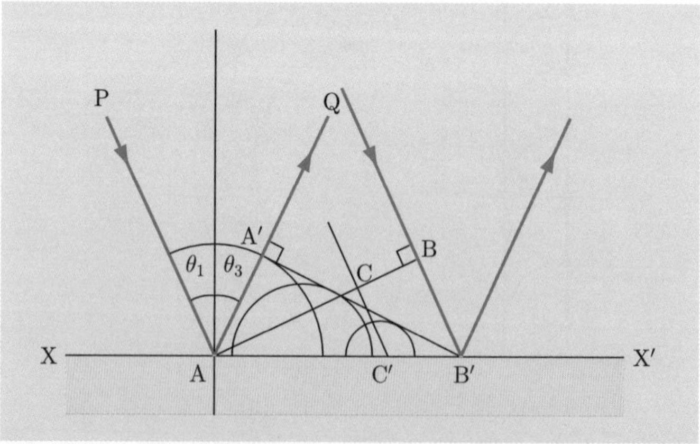

図 11.4　波の反射の法則の説明

元波の包絡面が新たに反射波の波面となるには，各素元波の球面上の位相が揃っていなければならない．たとえば境界面上の C′ から出る球面波の位相が，先行して A から出た素元波の球面の位相と一致するには，図で C が C′ に到達した瞬間にでる素元波だけである．したがって，境界面の AB′ 上の各点から出る位相の等しい球面波を描くと図のようになり，その包絡面 A′B′ が反射波の波面である．したがって，それに垂直な AQ が反射波の射線となる．

図からわかるように，B が B′ に達したときの A からの素元波の球面の半径は，波の速さを v とすると $v\Delta t$ であって，BB′ 間の距離に等しい．したがって，2 つの直角三角形 △ABB′ と △AA′B′ は合同であって，面の法線に対する入射角 θ_1 と反射角 θ_3 は等しく，

$$\theta_1 = \theta_3 \tag{11.1}$$

となる．すなわち，**反射の法則**が導かれる．

> **反射の法則**：境界の法線，入射線，反射線は同一平面内にあって，入射角と反射角は等しい．

屈折の法則

図 11.5 のように，射線 PA の方向に進む平面波が 2 つの媒質の境界面に入射し，媒質 1 から媒質 2 へ屈折して進む場合を考える．波の速さは媒質 1

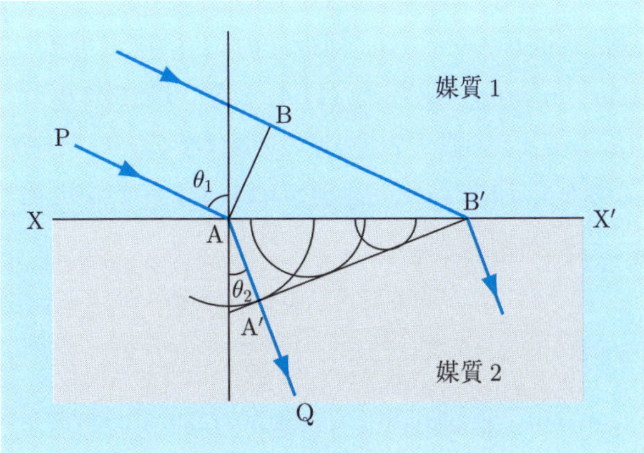

図 11.5 波の屈折の法則の説明

では v_1，媒質 2 では v_2 $(< v_1)$ であるとする．反射の場合と同様に，入射波の 1 つの波面 AB 上の点 A が境界面に到達した後，時間 Δt が経過したとき，同じ波面上の点 B が境界面上の B′ に達するものとする．こんどは，波面 AB が境界面を過ぎる各瞬間に境界面 AB′ 上から媒質 2 の側に向かって順次発生する素元波を考えると，その包絡面 A′B′ が屈折波の波面になる．

入射線 PA および屈折線 AQ が境界面の法線となす角 θ_1，θ_2 は，それぞれ**入射角**，**屈折角**と呼ばれる．図から容易にわかるように，2 つの直角 3 角形 △AA′B′，△ABB′ について，それぞれ次の関係が成り立つ．

$$\mathrm{BB}' = v_1 \Delta t = \mathrm{AB}' \sin\theta_1 \tag{11.2}$$

$$\mathrm{AA}' = v_2 \Delta t = \mathrm{AB}' \sin\theta_2 \tag{11.3}$$

この 2 つの式から Δt を消去すると，**屈折の法則**

$$\frac{\sin\theta_1}{\sin\theta_2} = \frac{v_1}{v_2} = n \tag{11.4}$$

が得られる．この右辺の n は媒質 1 に対する媒質 2 の**屈折率**という．屈折の法則 (11.4) は言葉で言い表すと，次のようになる．

屈折の法則：境界面の法線，入射線，屈折線は同一平面内にあって，入射角 θ_1 の sin と屈折角 θ_2 の sin との比は，入射角よらず一定である．

(11.4) から，$n < 1$ の場合には，屈折角 θ_2 の方が入射角 θ_1 よりも大きいので，$\theta_1 > \sin^{-1} n = \theta_C$ であると，(11.4) を満たす屈折角 θ_2 は存在しない．この場合には，媒質 1 から媒質 2 への波の透過はなくなり，入射波はすべて反射される．これを**全反射**といい，全反射のはじまる角度 θ_C を**臨界角**という．

例題 11.1

屈折率 1.50 のベンゼンと屈折率 1.33 の水との境界面において，ベンゼン側から入射した光の全反射の臨界角はいくらか．

解答　ベンゼンに対する水の屈折率は $n = (1.50/1.33) = 0.887$ である．したがって，臨界角は $\theta_{\mathrm{C}} = \sin^{-1} 0.887 = 62.5°$ となる．

11.3　波の干渉と回折

重ね合わせの原理

媒質中には振動数も方向も異なる波が同時に存在することができる．そのためために自然界にみられる多くの波動現象は，多数の進行波が組み合わさったものである．そのような波の組み合わせを解析するには，下に示す**重ね合わせの原理**が使われる．

重ね合わせの原理：2 つ以上の進行波が媒質中を運動するとき，任意の点 $\boldsymbol{r}$ における合成波の波動関数 $y = \eta(\boldsymbol{r}, t)$ は，個々の波の波動関数 $y_i = \eta_i(\boldsymbol{r}, t)$ の代数和で与えられ，

$$\eta(\boldsymbol{r}, t) = \sum_i \eta_i(\boldsymbol{r}, t) \tag{11.5}$$

となる．

これは，自然界の多くの波が，振幅の小さいときに示す一般的な性質であって，とくにこの原理に従う波は**線形波**と呼ばれ，重ね合わせの原理に従わない（振幅の大きい）波は**非線形波**と呼ばれる．重ね合わせの原理から，媒質中を伝播する 2 つの線形波は，壊されることもまた変化を受けることもなく，相互に通過できることがわかる．

波の干渉

重ね合わせの原理によれば，媒質内の任意の点 P に 2 つ（以上）の波が同時に到達したとき，P には各々の波が別々にやってきたと考えたときの変位の和（ベクトル和）に等しい変位が起こる．したがって，2 つの波の山と山が同時にやってくれば，P での振動は強め合い，一方山と谷が同時にやってくれば，P での振動は互いに打ち消される．このように，波が重なり合って，1 点で強め合ったり，打ち消しあったりする現象を**干渉**という．干渉は，一般に広くみられる波に特有の現象である．

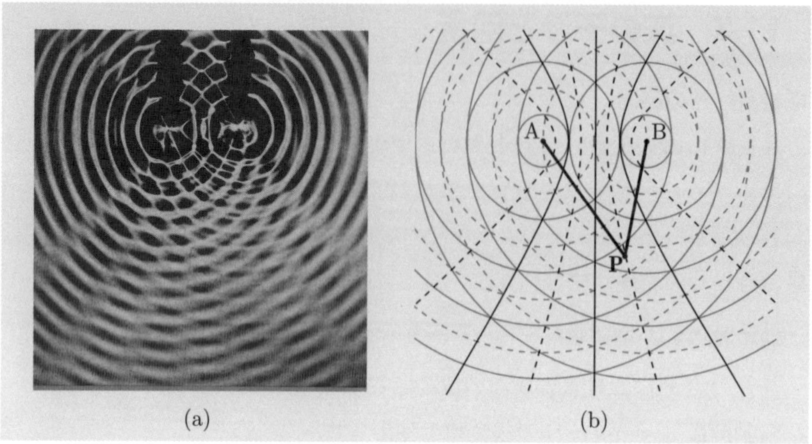

図 11.6　水波の干渉

（(a) は，**Educational ervices Inc.** 著 山内恭彦他訳『**PSSC** 物理上 第 **2** 版』岩波書店より）

水面波の干渉

水波の干渉を観察するには，水槽に水を張り，水面に細い棒 A，B を接近させて立てて，それを同時に上下に振動させればよい．それぞれが波源になって水面に円形に広がる波をつくりだす．それぞれの波面は等間隔の同心円の輪となるが，それらが重なり合うと図 11.6(a) に示されるような 1 つの美しい模様を形成する．これを水波の**干渉模様**または**干渉パターン**という．この場合 A，B はいずれも振動数が同じでなければならないが，振動の関係（位相の関係）は変えることができる．

図 11.6(a) に現れた模様は，図 (b) のように，それぞれ A，B を中心とした等間隔の同心円群を描くことによって簡単に再現することができる．写真で白い円輪は波の山を連ねた波面である．また，波の谷を連ねた波面の輪は，ちょうど白い円輪と円輪の中間にある．そこで，図 (b) では，2 つの円形波群のそれぞれの山の波面は実線の輪で，また谷の波面は点線で描かれている．これらの円輪は，それぞれ A，B を中心に波の速さ v で広がっていくので，波の 1 周期の間には各輪の半径は波長 λ だけ大きくなる．つまり，1 つの白い円輪に着目すると，それは 1 周期後には，ちょうど 1 つ外側の輪の位置にくる．

例題 11.2

図 11.6 は，水面上の接近した 2 点 A，B から同位相で発生した円形波が重なってできる干渉パターンを示している．いま，水面上の任意の点 P の波源 A，B からの距離を l_A，l_B，水波の波長および周期を λ，T とする．

(1) 点 P で，A，B から出た 2 つの円形波の山と山または谷と谷が重なるためには，l_A，l_B はどのような条件を満たさなければならないか．

(2) 点 P で，A，B から出た 2 つの円形波の山と谷が重なるためには，l_A，l_B はどのような条件を満たさなければならないか．

解答 A，B から出た 2 つの円形波の点 P における位相は，それぞれ

$$2\pi\left(\frac{l_A}{\lambda}-\frac{t}{T}\right), \qquad 2\pi\left(\frac{l_B}{\lambda}-\frac{t}{T}\right)$$

である．ただし，$t=0$ における A，B での位相を 0 としている．

(1) 2 つの波の山と山（谷と谷）が重なるところでは，2 つの波の位相差は $2n\pi$ となる．すなわち，

$$2\pi\left(\frac{l_A}{\lambda}-\frac{t}{T}\right)-2\pi\left(\frac{l_B}{\lambda}-\frac{t}{T}\right)=2n\pi$$

したがって，l_A，l_B の満たす条件は

$$l_A-l_B=n\lambda \quad (n \text{ は整数})$$

(2) 2 つの波の山と谷が重なるところでは，2 つの波の位相差は $(2n+1)\pi$ となる．すなわち，

$$2\pi\left(\frac{l_A}{\lambda}-\frac{t}{T}\right)-2\pi\left(\frac{l_B}{\lambda}-\frac{t}{T}\right)=(2n+1)\pi$$

したがって，l_A，l_B の満たす条件は

$$l_A-l_B=\left(n+\frac{1}{2}\right)\lambda \quad (n \text{ は整数})$$

波の回折

干渉と並んでごく一般に見られる波の現象に回折がある．波は均質な媒質の中では直進するが，障害物に遭遇するとその背後にある程度回り込む．これは**回折**と呼ばれ，この現象もまた，ホイヘンスの原理によって説明される．

もう一度水波に戻ろう．水を張った水槽の水面を，こんどは直線状の薄い板で繰り返し軽く叩くと，水面には板に平行な波面をもつ直線波が発生する．いま，その射線に垂直に障壁を置いて波の一部を遮ると，図 11.7(a) のよう

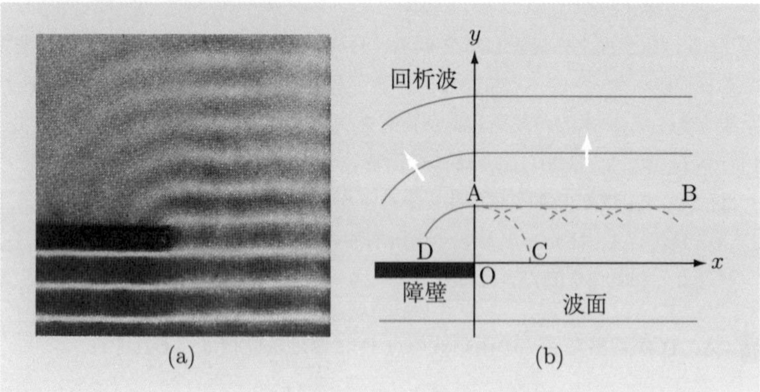

図 11.7 **障壁の端で起こる波の回折**

((**a**) は, **G.Holton** 他著 渡邊正雄他訳『プロジェクト物理 **3**』コロナ社 より)

に, 波は障壁の影になる部分にも回り込むのが観察される. よく見ると, この影の領域を伝播する波は, 障壁の端を波源とした円形波になっているのがわかる.

この障壁の端で起こる波の回折現象は, ホイヘンスの原理によって説明すると次のようになる. 図 11.7(b) のように, 障壁の端を原点にとり, 直線波の波面に平行に x 軸を, 波の射線方向に y 軸をとる.

まず, Oy の右側の領域を考えよう. いま, 時刻 t に波の山の波面がちょうど Ox 上にあったとすると, この波面は 1 周期後の時刻 $t+T$ には AB 上にくる. ホイヘンスの原理によれば, このとき AB 上では, Ox 上の各点から出た素元波が干渉して強め合う. そのためこの部分の水位が最も高くなり, 波の山になる.

O を波源とする素元波 (円形波) は, Oy を中心に左右対称に広がるが, 右側の円弧 (図で AC) 上の各点では, Ox 上の各点から出る素元波と干渉して打ち消されてしまう. これに対して Oy の左側の円弧 (図で AD) 上の各点ではそのような干渉は起こらず, 打ち消されることは無い. そのため円弧 AD 上の各点は, 点 A (したがって, AB 上の各点) と同位相で振動する. こうして, 障壁の影の領域にも, この 4 分の 1 の円形波が伝播することになる.

第12章
音と音波

音波は力学的な波動の中でも，最もわれわれの日常生活に関わりをもつ波動現象である．これまでの2つの章で扱った，重ね合わせ，反射，屈折，干渉，回折などの波に見られる特有の現象は，すべて音波にも当てはまる．しかし，われわれが聞く“音”は聴覚の特性がからむため，物理的特性だけで捉えることはできない．この章では，音の3要素である**音の大きさ**，**音の高さ**，**音色**を取り上げる．

12.1 音の大きさ

音波の強さ

波の強さ I は，単位時間に単位断面積を流れる波のエネルギーとして定義される．とくに音波のように正弦波で表される波の強さ I は，媒質の密度を ρ，波の速さを v，振幅と振動数をそれぞれ A，f とすると，

$$I = 2\pi^2 \rho f^2 A^2 v \tag{12.1}$$

で与えられる．すなわち，**音波の強さ** I は，音波の振幅の2乗と振動数の2乗のそれぞれに比例する．後でみるように振動数（周波数）は音の高さに関係するので，高さを変えないで音の強さを変えるには，振幅を変えればよい．

音圧と音圧レベル

われわれが音を聞く場合，音波の変位の変動ではなく，圧力の変動で感知している．この音波の圧力の変化量を**音圧**と呼ぶ．音圧の実行値（平均2乗根）p は音波の振動数 f と振幅 A の積に比例するから，(12.1) の音波の強さ I は

$$I \propto p^2 \rho v \tag{12.2}$$

となり，音圧の2乗に比例する．

われわれの聴覚は，音の強さに対して対数的になっているため，音波の強さが2倍になっても，2倍の大きさの音には聞こえない．そこで，音の

相対的大きさを表す量として，次式で定義される**音圧レベル** L_p が用いられる．

$$L_p = 10\log_{10}\frac{I}{I_0} = 20\log_{10}\frac{p}{p_0} \tag{12.3}$$

音圧レベルの単位は dB（デシベル）である．ここで，p_0 は基準の音圧であって，人間の耳で感知できる最小の音圧（20 μPa）である．表 12.1 に様々な音の音圧と音圧レベルを示しておく．

表 12.1　様々な音の音圧と音圧レベル

音圧 (Pa)	音圧レベル (db)	例
2×10^{-5}	0	1 kHz の最小可聴値
2×10^{-4}	20	ささやき声
2×10^{-3}	40	静かな室内
2×10^{-2}	60	通常の会話
2×10^{-1}	80	幹線道路沿い
2×10^{0}	100	近傍で聞く大型トラックの走行通過音
2×10^{1}	120	近傍で聞くジェット機の離着陸
2×10^{2}	140	音として聞ける限界

（理科年表 2010 年度版による）

12.2 音の高さ

基本音と倍音

空気中を音が伝わるのは，発音体が振動して空気に疎密の状態をつくりだし，その疎密の振動が空気中を伝わるためである．一般に発音体に起こる振動は固有振動と呼ばれ，発音体はその固有振動に応じた固有の周波数の音を出す．発音体は通常は複雑な形をしており，その固有振動も複雑である．しかし，バイオリンやピアノや笛などの楽器の場合は，固有振動は比較的単純で，一番振動数の小さい**基本振動**と，振動数がそれの整数倍である**倍振動**とからなっている．したがって，それらの楽器から出る音は，基本振動と倍振動のそれぞれに応じた周波数を持つ正弦波の重ね合わせになる（図 12.1）．基本振動から出る音を**基本音**，倍振動から出る音を**倍音**という．

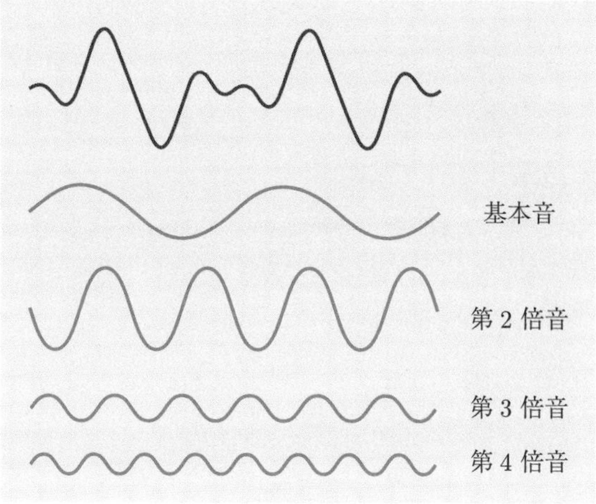

図 12.1 基本音と倍音

音の高さ

音の高さは，基本的には音波の周波数によっており，周波数が大きければ高い音に，小さければ低い音に聞こえる（図 12.2）．人間が聞き取れる音の周波数の範囲は 20 Hz から 20000 Hz の間である．20000 Hz よりも高い周波数領域の音波は**超音波**と呼ばれ，医療での診断や様々な部品の加工に利用される．一方 20 Hz よりも低い周波数の音波は，いわゆる音として感知することはできないが，音圧が高ければ，圧迫感として感じることができる．

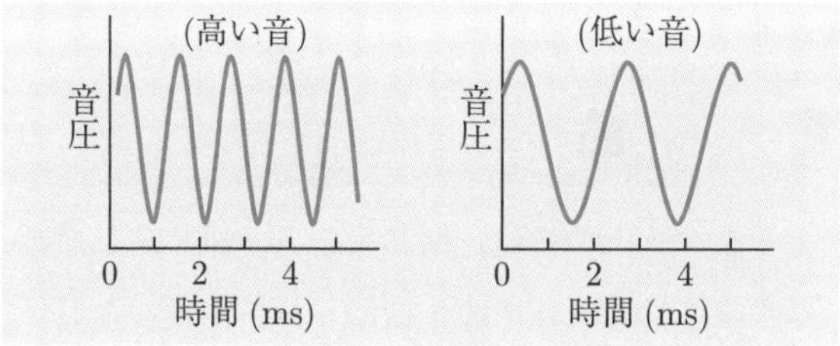

図 12.2 高い音と低い音

われわれの聴覚は，音波の強さだけでなく，周波数に対しても対数的になっている．そのため音の高さの尺度には**オクターブ**が用いられる．音の周波数を上げていくと，周波数がちょうど 2 倍になったところで，もとの音に戻ったように感じられる．このような，2つの音の周波数の比が1：2となる周波数の間隔をオクターブという．音楽では普通，オクターブを12に分割して得られる音が用いられる．

例題 12.1

一般に健康な人の耳は，周波数が20 Hzから20000 Hzの間にある音を聞くことができる．健康な人が聞くことのできる一番高い音は，一番低い音のおよそ何オクターブ上にあるか．

解答 20000 Hzは20 Hzのxオクターブ上であるとすると

$$20 \times 2^x = 2 \times 10^4$$

と書ける．これより

$$x \log 2 = 3 \qquad \therefore \quad x = 9.97$$

すなわち，20000 Hzは20 Hzより約10オクターブ上にある．

音の高さは一般には基本音の周波数で決まる．これは基本音の振動の振幅が倍音に比べて大きいときに限ったことではなく，基本音の振幅が倍音より小さくても，さらに極端な場合には基本音が存在していなくて倍音だけであっても，その音は基本音の高さに聞こえるのである．これは，耳を通してわれわれが音を生理的に捉える過程で，重ね合わせの原理が成り立っていないことによる．そのために，周波数の異なる2つの音を混ぜて聞くと，存在してないはずの，それらの周波数の和や差の周波数をもつ音が聞こえる．これを**和音**および**差音**という．

12.3 音 色

オーボエとトランペットの音は，同じ大きさ，同じ高さであっても，違って聞こえる．このように発音体が違えば同じ高さの音でも違った音として聞こえる．この違いは**音色**が異なるからである．

それでは音色の違いはどこからくるのだろうか．図12.3に示したのはキーボードのオーボエの音とトランペットの音の波形である．確かに両者の波形には明らかな違いがみられる．しかしよく見ると，これらの2つの音は，基本音は同じであって，ただ含まれている倍音の成分が違っていることがわか

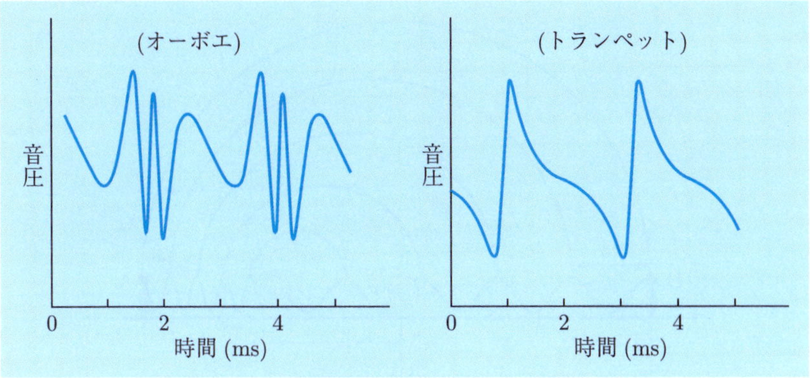

図 12.3 オーボエとトランペットの音の波形

る．すなわち，発音体の出す音の高さは，基本音で決まっており，その倍音の成分の違いが音色を表しているのである．

波形が異なるからと言って音色が変化するとは限らない．倍音の位相がずれると波形は大きく変化する．しかし，われわれの耳は音波の位相を検知することができないため，倍音の成分が同じ音は同じ音色に聞こえるのである．

12.4 ドップラー効果

これまでの3節では，音の発振源（**音源**）や，それを聞く人（**観測者**），さらに音を伝える媒質はすべて静止していると考えてきた．したがって，音源が出す音の周波数 f_0 と，観測者の聞く音の周波数 f とは一致していた（$f_0 = f$）．しかし，音源と観測者が相対的に運動していたり，あるいは音波を伝える媒質（空気）自体が運動している場合には，音源が出す音の周波数 f_0 と観測者の聞く音の周波数 f と一致しなくなる（$f_0 \neq f$）．

たとえば，救急車やパトカーが目の前を通りすぎるとき，サイレンの音が急に低くなったように聞こえることは，誰でもよく経験している．これは，波の速さが媒質の性質だけによって決まり，波源や観測者が運動していることには無関係であるために起こる現象であって，**ドップラー効果**と呼ばれる．ドップラー効果は音波だけに見られる現象ではなく，すべての波動にも見られる．

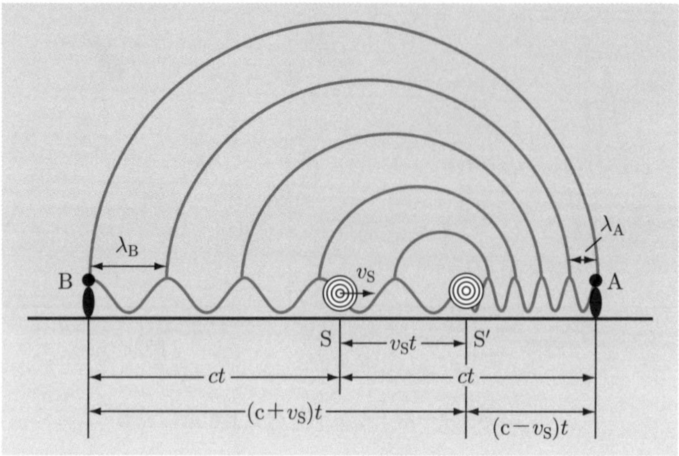

図 12.4　音源だけが運動している場合のドップラー効果

この節では音源と観測者が同一直線上で運動している場合について，ドップラー効果がどのようにして起こるかを見てみることにする．

音源だけが運動している場合

図 12.4 において，最初に S の位置にあった音源が，一定の速さ v_S で観測者 A に向かって運動している場合を考えよう．音源が S の位置で出した音を，A はそれから時間 t 後に聞いたとする．このとき音源は S から v_St だけ離れた位置 S′ まで移動している．この時間 t の間に音源を出た音波は図のように伝わるため，S が静止していれば SA の間にできたはずの波面は，S′A の間に圧縮されることになる．

いま，音源の周波数を f_0，音源が静止しているときの音波の波長を λ，音源が速さ v_S で運動しているときの音波の波長を λ_A とし，A が聞く音の周波数を f_A，空気中の音速を c とする．音源が静止している場合には，f_0 と λ の間に

$$c = f_0\lambda \qquad \therefore \quad f_0 = \frac{c}{\lambda} \tag{12.4}$$

が成り立つ．一方，音源が速さ v_S で動いているときには，f_A と λ_A の間に

$$c = f_A \lambda_A \qquad \therefore \quad f_A = \frac{c}{\lambda_A} \tag{12.5}$$

の関係が成り立つ．ところで，時間 t の間に音源は $f_0 t$ 回振動するから，S′A 間の波面の数は $f_0 t$ である．したがって，観測者 A が聞く音の波長は

$$\lambda_A = \frac{ct - v_S t}{f_0 t} = \frac{c - v_S}{f_0} = \frac{c - v_S}{c}\lambda \tag{12.6}$$

となる．これから，A が聞く音の周波数 f_A は，

$$f_A = \frac{c}{\lambda_A} = \frac{c}{c - v_S} f_0 \tag{12.7}$$

と求められる．これによれば，$f_A > f_0$ となるので，音源が観測者 A に向かって近づいてくるとき，A には音源が本来出している音よりも高い音として聞こえることがわかる．

一方，音源が速さ v_S で観測者 B から遠ざかっている場合も，B に聞こえる音の周波数 f_B を，同様にして求めことができ，

$$f_B = \frac{c}{c + v_S} f_0 \tag{12.8}$$

と得られる．この場合は，$f_A < f_0$ となり，B は音源が出している音よりも低い音を聞くことになる．

観測者が動く場合

こんどは，音源は静止していて，観測者の方が音源に近づいたり，遠ざかったりする場合を考えてみよう．

図 12.5 において，一定の速さ v_0 で音源 S に向かって運動している観測者が，ちょうど A の位置で聞いた音波（すなわち A を通過した波面）が，時間 t 後には C まで到達し，観測者自身はそのとき A′ まで進んだとする．この間に A′C 間に存在するすべての波面が観測者を通過することになるが，この波面の数は，A′C 間の距離 $(c + v_0)t$ を波長 $\lambda = c/f_0$ で割って得られる．したがって，単位時間に観測者をよぎる波面の数，つまり観測者が聞く音の周波数 $f_{A'}$ は

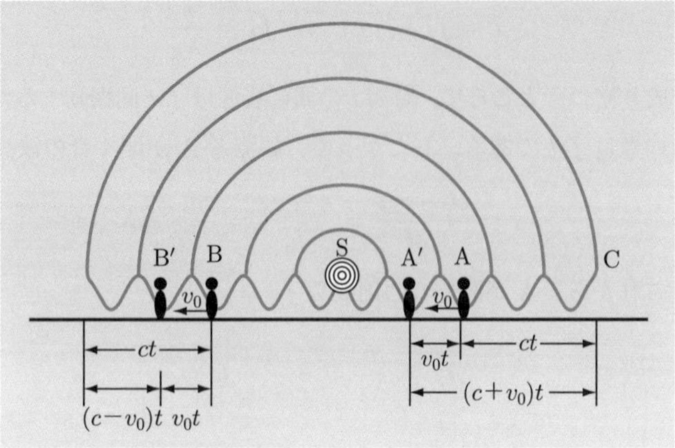

図 12.5 **観測者が音源に対して運動する場合のドップラー効果**

$$f_{A'} = \frac{c+v_0}{\lambda} = \frac{c+v_0}{c}f_0 \tag{12.9}$$

と求められる．これによれば，$f_{A'} > f_0$ であるから，静止している音源に近づいている観測者は音源の出している音よりも高い音を聞くことになる．

観測者 B が，静止している音源から速さ v_0 で遠ざかっていときに聞く音の周波数 $f_{B'}$ も，同様にして

$$f_{B'} = \frac{c-v_0}{c}f_0 \tag{12.10}$$

と求められる．この場合は B は音源が出している音よりも低い音を聞く．

音源と観測者が共に動く場合

上で導かれた (12.7)，(12.8)，(12.9)，(12.10) をまとめると，音源も観測者もともに運動している場合の，観測者が聞く音の周波数 f は，

$$f = \frac{c-v_0}{c-v_S}f_0 \tag{12.11}$$

と表されることがわかる．ただし，v_0，v_S の符号は音源から観測者に向かう向きを正にとる．

例題 12.2

高速道路を救急車がサイレンを鳴らして時速 122 km で走っている．反対方向に時速 88.6 km で走る乗用車に乗っている人が，救急車が接近するとき，および遠ざかるときに聞く救急車のサイレンの音の振動数はいくらか．ただし，空気中の音速は $343\,\mathrm{m\cdot s^{-1}}$ とする．

解答 救急車が接近してくるときは，(12.11) において

$$v_\mathrm{S} = 122\,\mathrm{km\cdot h^{-1}} = 33.9\,\mathrm{m\cdot s^{-1}}$$
$$v_0 = -88.6\,\mathrm{km\cdot h^{-1}} = -24.6\,\mathrm{m\cdot s^{-1}}$$
$$c = 343\,\mathrm{m\cdot s^{-1}}$$

とおくと，乗用車の人に聞こえるサイレンの音の見かけの振動数は

$$f = \frac{343+24.6}{343-33.9} \times 400 = 476\,\mathrm{Hz}$$

一方，救急車が遠ざかるときは，(12.11) において

$$v_\mathrm{S} = -33.9\,\mathrm{m\cdot s^{-1}}$$
$$v_0 = 24.6\,\mathrm{m\cdot s^{-1}}$$
$$c = 343\,\mathrm{m\cdot s^{-1}}$$

とおくと，乗用車の人に聞こえるサイレンの音の見かけの振動数は

$$f = \frac{343-24.6}{343+33.9} \times 400 = 337\,\mathrm{Hz}$$

媒質が動く場合（風が吹いている場合）

音の伝わる方向に沿って風が一定の風速 w で吹いている場合は，媒質に固定した座標系で考えるとよい．座標系を媒質に固定すると，音源と観測者は，それぞれ $v_\mathrm{S} - w$ および $v_0 - w$ の速さで運動していることになる．したがって，風も吹いている場合に，観測者が聞く音の周波数 f は，(12.11) において，音源の速さ v_S を $v_\mathrm{S} - w$ に，観測者の速さ v_0 を $v_0 - w$ に置き換えればよく，

$$f = \frac{c + w - v_0}{c + w - v_\mathrm{S}} f_0 \tag{12.12}$$

となる．

第13章
光の本性

光は電磁波とも呼ばれる．このことからもわかるように光は波動の仲間であって，振動数，波長，波の速さなどで記述される．しかし，これまで見てきた水波や音波などの力学的な波とは違って，光は真空中でも伝播するなど特別な波でもある．この章では，光の本性を，波動，粒子，光線の側面から見てみることにする．

13.1 粒子性と波動性

光の2重性

われわれは，光についてすべてを理解しているわけではない．そのため，実験結果を正確に予測できる理論を得ようとすると，ある場合には波動の概念が必要であり，またある場合には粒子の概念を使わなければならない．たとえば，干渉や回折のような現象を説明するには，光を波動と考えるのが最も妥当である．しかし，光電効果のように，光と物質の相互作用を扱う場合は，光は連続的な波ではなく，むしろ粒子と考えなければならない．このように，

光は波動性と粒子性という相反する2重の性質をもっている

のである．このことを**光の2重性**という．

ニュートンの光粒子説

光の本性については，古代ギリシャの時代から多くの人たちによって議論されてきた．しかし，これが本格的に議論されるようになったのは，17世紀に入ってからである．

17世紀になるとニュートンが登場する．彼は，光の直線性が強いことなどから，光は高速の微粒子線であると考え，光の粒子説の立場をとった．彼は，この微粒子説によって，均質な媒質中の光の直進だけでなく，媒質の境界面

で起こる反射や屈折の現象も説明できると考えたのである．すなわち，反射は境界面での微粒子の完全弾性衝突として説明できること，また，媒質の境界面で起こる光の屈折も，境界で微粒子に働く引力を考慮すれば説明できることを示して見せたのである．

ここに，ニュートンによる光の屈折の説明を簡単に紹介しておこう．ニュートンは，

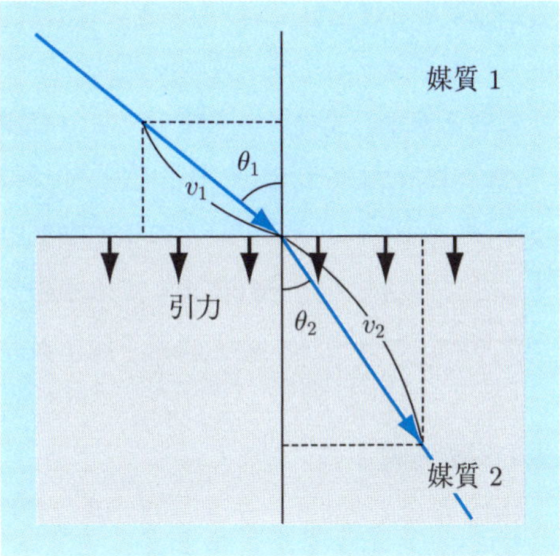

図 13.1　ニュートンの屈折の法則

図 13.1 のように媒質 1 の中を直進してきた光の粒子が，媒質 2 との境界にやってきて境界面を通過するとき，粒子は媒質 2 から境界面に垂直方向の引力または斥力を受けると考えた．この力のため粒子は加速または減速されるが，境界面に平行な速度成分は変わらない．そこで，媒質 1，2 の中での光粒子の速さを v_1，v_2 とし，入射角と屈折角をそれぞれ θ_1，θ_2 とすると，速度の境界面に平行な成分について

$$v_1 \sin\theta_1 = v_2 \sin\theta_2$$

が成り立つ．したがって，これより媒質 1 に対する媒質 2 の屈折率 n は

$$n = \frac{\sin\theta_1}{\sin\theta_2} = \frac{v_2}{v_1} \tag{13.1}$$

となる．これが**ニュートンの屈折の法則**である．

しかし，このニュートンの屈折の法則は，第 11 章でホイヘンスの原理から導かれた波の屈折の法則 (11.4) とは，右辺の分母と分子が逆になっている．したがって，$\theta_1 > \theta_2$ とすると，光の粒子説が正しければ $v_1 < v_2$ となり，光の波動説が正しければ $v_1 > v_2$ とならなければならない．たとえば，媒質 1 が空気で媒質 2 が水の場合，屈折の実験からは $\theta_1 > \theta_2$ であることがわかっている．したがって，ニュートンの屈折の法則によれば，光の速さは，水中の

方が空気中（真空中）よりも大きいことになる．すなわち，光についてニュートンの粒子説とホイヘンスの波動説のどちらが正しいかを直接判定するには，空気中と水中の光の速さを実験によって測定すればよいことがわかる．

この実験による判定は，19世紀まで待たなければならなかった．19世紀なかばに，フーコーは実験室の中で空気中と水中の光の速さを初めて測定することに成功した．それによって水中の光の速さは空気中よりも小さいことが示され，ニュートンの光微粒子説は終わりを告げたのである．

光の電磁波説

1678年に，光は**エーテル**と呼ばれる仮想的な媒質中を伝播する縦波だとする光の波動説がホイヘンスによって初めて唱えられた．彼は，第11章でも述べたホイヘンスの原理を用いて，光の反射，屈折，複屈折などの現象をこの波動説の立場から証明してみせた．しかし，ホイヘンスの原理には波長の概念が入っていなかったために，光がなぜはっきりした影をつくって直進するのかということが説明ができなかった．そのため，光の波動説は，はじめはニュートンの権威に押されて世の支持が得られないでいた．

19世紀に入ると，ヤングによる2つのスリットを通った光の干渉実験が行われ，その解析をフレネルが明確に定式化するに及んで，光の波動説は次第に優勢になっていった．やがて，前述のフーコーの水中の光速の測定が成功すると，その優位は決定的なものになった．また，光をエーテルの弾性縦波とするホイヘンスの考えは，ヤングによって弾性横波に改められた．

一方，1864年に**電磁場理論**を完成させたマクスウェルは，光と電磁波の速さが等しいことを導き，光が**電磁波**の一種であると主張した．この光の電磁波説は，後にヘルツによってこの電磁波の存在が実験的に証明されるに及んで大きな発展を遂げることになった．さらに，20世紀に入ると，アインシュタインによって**特殊相対性理論**が展開され，電磁波は**時間空間世界**（時空）そのものの特性によって伝播することが示されたため，波動説の難点であった仮想的なエーテルも必要がなくなった．

量子説

光の本性に関する議論は，電磁波説によって決着が付けられたかに見えた．ところが，19 世紀も終わり近くなって，**光電効果**が発見されると，光の本性は波動性と粒子性の奇妙に入り混じったものであることがわかってきた．

光電効果とは，金属表面に短波長の光を当てるとその表面から電子が放出される現象である．この現象には，光を連続的な波と考えたのでは説明できないいくつかの事実が見出されていた．アインシュタインはこの光電効果の実験結果を説明するために，プランクの**エネルギー量子**の考え方を光に適用して，ニュートンとは違った形の光の粒子説を仮定した．すなわち，振動数 ν の光を，エネルギー $h\nu$（h：**プランク定数**）をもち，光速 c で進む粒子の流れであるとし，この粒子を光量子または光子と名付けた．彼は，電子が光を吸収するときは，1 個の光子を丸ごと吸収すると考えると，光電効果の実験事実をすべて説明できることを発見したのである．

このようにして，光は波動性と粒子性という，一見矛盾した 2 重の性質をもつことになったが，量子力学の発展につれて，この 2 重性は，互いに矛盾するものではなく，むしろ補い合って 1 つの性質になっていることが次第に明らかにされていった．

13.2 光の速さ

光の速さは，「1 秒間に地球を 7 回り半する速さである」とも言われる．地球の周囲の長さは 4 万キロメートルであるから，秒速に直すと 30 万キロメートル毎秒になる．これは，われわれの日常的な感覚をはるかに超えているため，16 世紀までは，光は無限の速さで伝わると信じられていた．最初に光の速さが有限であることを指摘し，実際に測定を試みたのはガリレイである．しかし，当時の時間の計測方法は，脈拍や水時計しかなく，とても光の速さが測れるものではなかった．光速のような大きな速度を測定するには，大きな距離を利用するか，短い時間を高い精度で計測することが必要である．ガリレイの後，多くの人がこの光の速さの測定のために様々な工夫をこらし，また計測の精度を高める努力を積み重ねてきた．以下では，それらの中で歴史的に重要な実験を 3 つばかり紹介する．

天文学的な測定法（レーマー，1676 年）

大きな距離といえば，まず地球のサイズ，地球と月の距離，惑星の軌道の半径などが考えられる．しかし，地球の直径や月までの距離では，光の速さを測定するにはまだ不十分である．時間に対するかなり高い計測技術が求められるからである．

最初に光の速さを測定したのはデンマークの天文学者レーマーであった．彼は木星の衛星の 1 つである Io（イオ）の**食**（衛星が木星の影に入る現象）を観測していて，食が起こる間隔が周期的に変化していることを発見した．イオは木星の周りを約 42.5 時間で公転しているので，地球から観測すると，42.5 時間ごとに食が起こるはずである．しかし，実際に観測される食と食の時間は年周変化を繰り返していることがわかった．天文学では，図 13.2 に示すように，太陽 S，地球 E，木星 J が地球をはさんで一直線に並ぶ状態を**合**（ごう），地球が太陽の反対側にきて，地球 E′，太陽 S，木星 J′ が一直線に並ぶときを**衝**（しょう）というが，観測されるイオの食の周期は，合から衝までの約半年間は少しずつ長くなり，衝から合までの半年間は少しずつ短くなる．そのため合から衝までの間に起こった 103 回の食の，最後の 103 回目が起こる時間は予定よりも約 22 分遅れて観測されたのである．

レーマーは，合から衝の間では，1 つの食から次の食までの間に地球は木星から遠ざかっているため，光が地球に届く時間に差ができる．その結果として，103 回目の食が 22 分遅れて観測されると考えた．したがって，22 分は光

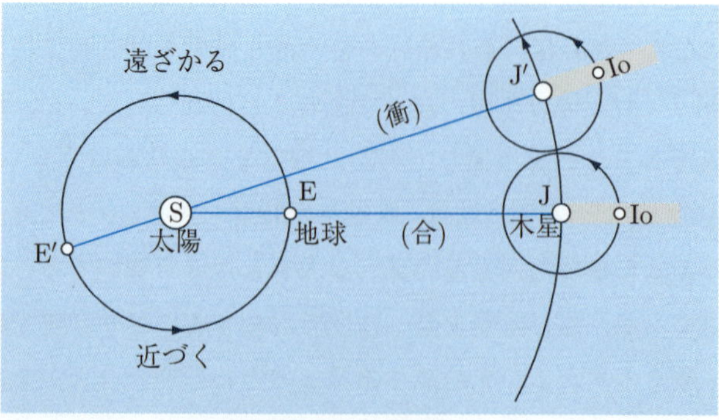

図 13.2　木星の衛星の食

がちょうど地球の公転軌道の直径を進むのに要した時間ということになる．地球の公転軌道の直径は，当時すでにカッシーニよって測定されていて，2.9×10^{11} m とされていた．そこで，レーマーはこのカッシーニの値を用いて，光の速さ c を

$$c = \frac{2.9 \times 10^{11}}{22 \times 60} = 2.2 \times 10^{8}\ \mathrm{m \cdot s^{-1}} \tag{13.2}$$

と導いた．

例題 13.1

その後の精密な測定から，木星の衛星イオの食の遅れは 1002 秒であり，地球の公転軌道の直径も 2.99×10^{11} m と改められている．これらの新しい値を用いて，レーマーの方法で光の速さを求めよ．

解答 新しい値を用いると，光の速さは

$$c = \frac{2.99 \times 10^{11}}{1002} = 2.98 \times 10^{8}\ \mathrm{m \cdot s^{-1}}$$

となる．

地上の光源を用いた測定法 I（フィゾー，1849 年）

初めて地上の光源を用いて光の速さを測定したのはフィゾーである．地上では利用できる距離が限られているため，短い時間の精密計測に工夫が求められる．図 13.3 は彼の用いた装置を示したものである．回転している歯車の間隙（谷の部分）F を通り抜けた光を，歯車の前方に置かれた凹面鏡によって反射させて再び F に戻し，そこで歯車の歯によってその反射光が遮られる

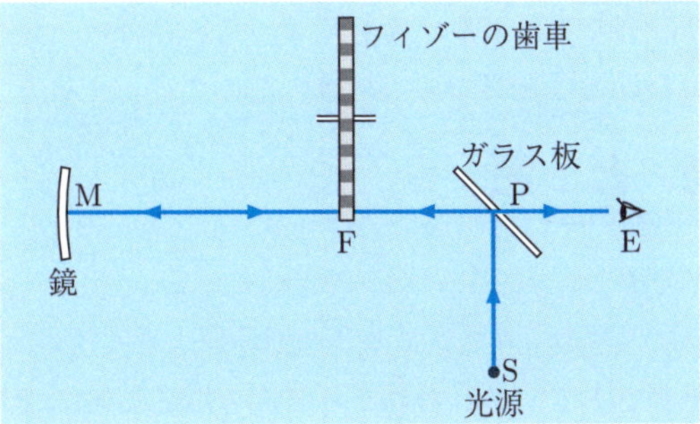

図 13.3 フィゾーの実験

様子を調べることができるようになっている．フィゾーは，凹面鏡を歯車の前方 8.63 km の地点に置いて，歯の数が 720 の歯車を用いて実験を行い，反射光が遮られるときの歯車の最小回転数が $12.61\,\mathrm{s}^{-1}$ であることを見出した．すなわち，このときちょうど半コマだけ回転した歯によって反射光は遮られたことになる．フィゾーはこの実験結果より，光の速さとして，

$$c = (2 \times 8.63 \times 10^3) \times (2 \times 720 \times 12.61) = 3.13 \times 10^8\,\mathrm{m \cdot s^{-1}}$$

を得た．

地上の光源を用いた測定法 II（フーコー，1850）

フィゾーが回転歯車を用いて，光の速さの測定に成功した翌年の 1850 年，フーコーは歯車の代わりに鏡を高速回転させる方法で，光を実験室内でわずか 20 m 往復させるだけで光の速さを測定することに成功した．この方法は，光源から出た光を，離れた位置に置かれた高速回転している鏡に当て，反射された光を凹面鏡との間で往復させて，反射光の像の位置を測定する．鏡が静止していたときに比べて，鏡を高速回転させると像の位置がわずかにずれる．この像の位置のわずかなずれを測定して，フーコーは光の速さとして，$c = 2.9 \times 10^8\,\mathrm{m \cdot s^{-1}}$ を得た．

フーコーの方法は，実験室内で測定ができるだけでなく，反射光が往復する回転鏡と凹面鏡の間に物質を置くことによって，物質中の光の速さが測定できるなど優れた特徴をもっていた．実際に，彼はそこに筒に入れた水を置いて水中の光の速さを測定して，光の速さが空気中よりも水中の方が小さいこと実験により証明してみせた．これによって，ニュートン以来の光微粒子説が終止符を打たれることになったのは，前節で述べた通りである．

13.3 光 と 色

可視光線

光は電磁波の一種であるから，音波と同様に波であって，波長（または周波数）が重要な要素である．われわれが耳で聞き取ることのできる音の周波数領域が限られていたように，網膜上に配置されている視細胞によって感知で

表 13.1　電磁波の区分と名称

波長（m）	名称	
10^4	LF（長波）	
10^3	MF（中波）	
10^2	HF（短波）	電波
10	VHF（超短波）	
1	UHF	
10^{-1}	SHF	マイクロ波
10^{-2}	EHF	
10^{-3}		
10^{-4}		赤外線
10^{-5}		
0.78×10^{-6}		可視光線
0.38×10^{-6}		
10^{-8}		紫外線
10^{-9}		
10^{-10}		X線
10^{-11}		
10^{-12}		γ線

きる光の波長領域も限られている．すなわち，われわれは 3.8×10^{-7} m よりも波長の短い光や，7.8×10^{-7} m よりも波長の長い光を感知することはできない．この限られた狭い波長領域にある電磁波のことを**可視光線**といい，通常，この可視光線のことを光という．

電磁波は波長域で細かく区分されていて，表 13.1 のように，それぞれの区分には名前が付けられている．

色と波長

われわれの視細胞には，明暗を識別する**かん細胞**と色の識別に関わる**錐体細胞**とがあって，この錐体細胞が光の波長の情報を感知し，それを電気信号として大脳皮質の視覚中枢へ伝えている．こうして，われわれは光を見て色を感じることになる．このように，色の感覚は光の波長と直接関係しており，色の違いは光の波長の違いによる．われわれの耳が音波の周波数の大小を音

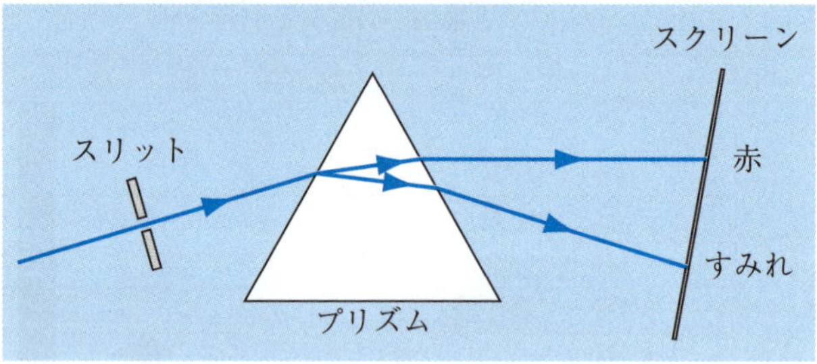

図 13.4　光の分光

の高低として感じるように，われわれの眼は光の波長の大小を色の違いとして識別しているのである．

図 13.4 のように，暗室の中で太陽光をスリットを通してプリズムに導き，その背後にスクリーンを置くと，スクリーンには 1 列に並んだ虹色の縞が現れる．これは，太陽光には可視域のすべての波長の光が含まれていて，光の波長によってガラスの屈折率が違うため，プリズムを通るとそれぞれの波長の光に分かれて出てくるからである．このように光を波長によって分けることを**分光**（または**光の分散**）といい，分光された光を**光のスペクトル**という．とくに，単一波長の電磁波だけを含む純粋な光は**単色光**といわれる．

プリズムにおいて入射光線と通過光線とのなす角を**ふれの角**といい，通常 δ で表されることが多い．この δ はガラスの屈折率が大きいほど大きくなる．屈折の法則 (11.4) によれば，屈折率はその物質中の光の速さで決まり，光の速さが小さいほど大きくなる．また同じ物質中であっても光の速さは波長によって変わり，波長が小さいほど速さは小さくなる．したがって，プリズムを通過した可視光線のふれの角 δ は，波長の短い光ほど大きくなる．プリズムによって分光された太陽光のスペクトルの色は，波長の長い順に，赤，オレンジ，黄，緑，青，藍，すみれと連続的に変化する．最後の最も波長の短い光は，“紫” と呼ばれることが多いが，紫は赤とすみれの混色で，スペクトルには現れない．

光の 3 原色と色の 3 原色

黄色の単色光は波長が 575 nm（10^{-9} m）の光である．しかし，緑の色に対応する 540 nm の波長の単色光と赤色に対応する 700 nm の波長の単色光を重ね合わせても，われわれの目にはまったく同じ黄色にみえる．何故このようなこと起こるのか．それには，われわれが色を色覚している仕組みを知らなければならない．

先に述べたように，われわれの網膜上には**錐体細胞**と呼ばれる視細胞が置かれている．この錐体細胞は，長波長（黄色周辺）の光に反応する **R 錐体**，中波長（黄緑周辺）の光に反応する **G 錐体**，短波長（青周辺）の光に反応する **B 錐体**の 3 種類がある．それぞれの錐体細胞は特定の範囲の波長の光に強く反応するオプシン蛋白質と呼ばれる蛋白質を含んでいる．図 13.5 はこれらの 3 錐体に光が当たったときの出力の波長依存性を模式的に示したものである．図からわかるように，眼に入る光の波長分布が変わると，それに伴って 3 種類の錐体の出力比が変化する．この出力比をわれわれは色と認識しているのである．

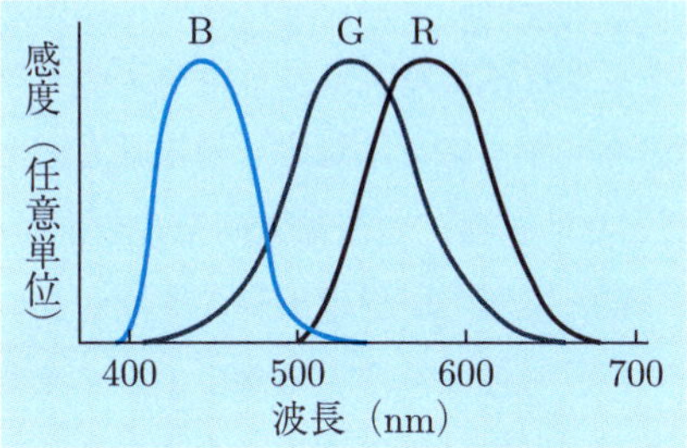

図 13.5　視細胞の感度曲線

これを逆に言えば，3 種類の錐体の出力比が同じであれば，どんな光でも同じ色に見えることになる．実際にテレビやパソコンのディスプレイなどでは，この原理を利用して赤，緑，青の発光体だけで様々な色を映し出している．そこで，この赤（red），緑（green），青（blue）の 3 つ色の光を **“光の 3 原色”** という．光の 3 原色を重ね合わせると，3 種類の錐体の出力の和がほとんど波長依存性をもたなくなる．この状態を白色という．したがって，太陽光は白色である．

物の色や絵の具の色は，吸収されずに反射された光の波長で決まる．違う色の絵の具を混ぜ合わせると吸収される光が増えることによって色が変わる．したがって，光とは違って，赤紫（magenta），水色（cyan），黄色（yellow）の 3 色でほぼすべての色を作ることができる．この 3 つの色は **“色の 3 原色”** と呼ばれる．色の 3 原色を合わせると黒色になる．

13.4 光は横波 — 偏光

光の偏り

光は電磁波であり，それは，電界と磁界が進行方向と垂直な方向に振動している横波である．このことは，第4部の電磁気学で学ぶようにマクスウェルの方程式を解くことによって示される．電磁波では進行方向に垂直な面内での電界（または磁界）の振動方向を「**偏り**」といい，また進行方向と電界（または磁界）の振動方向を含む平面を**偏光面**という．

光の電界と磁界は振動の方向が互いに直交している．そのため，電界と磁界のどちらに注目するかによって光の偏りの指定の仕方が違ってくる．本書では，偏りは電界の振動方向を指すことにする．

自然光と偏光

普通の光源から出る光は近似的に自然光とみなされる．すなわち，光源の各原子から自発放射によって放出された光子の集まりである．これらの光子は光の2重性のため波（光波）でもあって，それぞれは偏りをもっている．しかし，自発放射では，個々の原子は互いに無関係に光子を放出するため，光波の偏りも進行方向に垂直なあらゆる方向を向いている．したがって，光源から出る光は特定の方向に偏っていない．

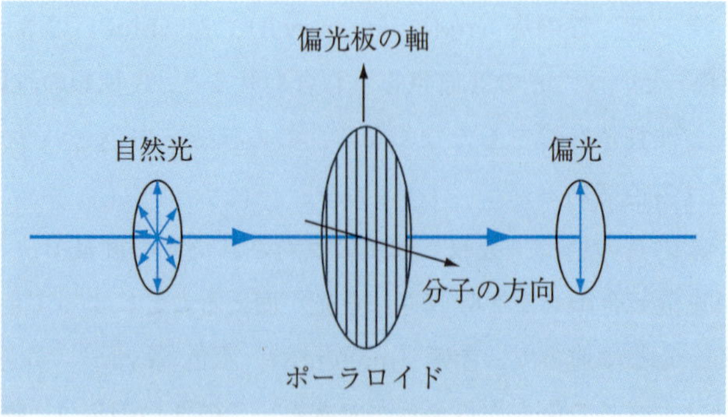

図 13.6 偏光板で直線偏光をつくる

このように，太陽光や白熱電球などの光は，そのままでは電界または磁界の振動方向が進行方向に垂直な平面内で一様に分布している．このような光を**非偏光**という．これに対して，進行方向に垂直な面内で，電界または磁界の振動方向が一様ではない光は**偏光**と呼ばれる．偏光は，自然光を**偏光板**に入射させることによって簡単に得られる．

偏光板には，互いに垂直方向に振動する2つの光に対する吸収に差がある物質が利用される．そのような偏光板に自然光を入射すると，一方の光が吸収されてしまうため，特定の方向に振動する透過光（**直線偏光**）が得られることになる．図13.6は，最近広く用いられている人工偏光板（**ポーラロイド**）の原理を示したものである．ポーラロイドは整列した長い分子でできていて，光波の電界の振動方向が整列する分子の方向と一致すると，分子の内部に電流が流れて光を吸収してしまう．したがって，ポーラロイドは分子の整列方向に垂直に振動する光だけを透過させる．

反射による偏光

自然光が媒質の境界面で反射されるときも，反射光は部分的に偏光になる．これは入射面に平行に振動する直線偏光と，入射面に垂直に振動する直線偏光とでは反射率が違っているためである．ここで**入射面**とは，入射光線と反射光線を共に含む平面である．入射角を0から次第に大きくしていくと，入射面に平行な直線偏光成分の反射率が減少していき，反射光は部分的に入射面に垂直方向に偏る．とくに，入射角が媒質の屈折率で決まる**ブルースター角**と一致したところでは，入射面に平行な直線偏光成分の反射率は0になる．

例題 13.2

屈折率が n の透明ガラスに入射された自然光は，入射角 θ_1 が

$$\tan\theta_1 = n \tag{13.3}$$

を満たすと，反射光は直線偏光になる．この入射角 θ_1 をブルースター角という．

(1)　屈折率が $n = 1.5$ のガラスのブルースター角 θ_1 はいくらか．

(2)　光がブルースター角 θ_1 で入射するとき，反射角と屈折角のなす角がちょうど $90°$ になることを示せ．

解答 (1) $\tan\theta_1 = 1.5$ より，$\theta_1 \approx 56^\circ$

(2) 屈折角を θ_2 とすると，屈折の法則 (11.4) と (13.3) から

$$\frac{\sin\theta_1}{\sin\theta_2} = \frac{\sin\theta_1}{\cos\theta_1}$$

が成り立つ．これより

$$\sin\theta_2 = \cos\theta_1 = \sin\left(\frac{\pi}{2} - \theta_1\right)$$

$$\theta_2 = \frac{\pi}{2} - \theta_1 \qquad \therefore \quad \theta_1 + \theta_2 = \frac{\pi}{2}$$

第II部演習問題

第 10 章　波動

[1]　**(波の表現)**　ピンと張られたワイヤーに沿って x 軸をとるとき，$t=0$ で原点 $x=0$ を中心に，変位 y が

$$y = \frac{6}{2x^2+3}$$

で表される横波のパルスがワイヤー上に発生し，正の x 方向に速さ $3.3\,\mathrm{m\cdot s^{-1}}$ で進行した．このパルス波を表す波動関数 $y(x,t)$ を書け．ただし，x および y の単位は m である．

[2]　**(縦波)**　物質中を x 方向に伝わる縦波がある．位置 x における変位 y が，

$$y = a\sin\left\{2\pi\left(\frac{x}{\lambda}-\frac{t}{T}\right)\right\}$$

で表されるとき，$t=0$ において，媒質の密度が疎になる位置と密になる位置はどこか．ただし，変位 y の向きは x 軸の正の向きを正とする．

[3]　**(正弦波)**　次の式で表される正弦波の振幅 a，波長 λ，波数 k，周期 T，角振動数 ω，速度 v，進行方向を求めよ．ただし，長さは cm，時間は s（秒）を単位とする．

(1)　$y = 3\cos(3.14x - 6.28t)$

(2)　$y = 5\sin\left\{2\pi\left(\frac{x}{3}+\frac{t}{6}\right)\right\}$

第 11 章　波の伝わり方

[4]　**(ホイヘンスの原理)**　ホイヘンスの原理を用いて次の問いに答えよ．

(1)　風のない静かな日には，浅瀬の海岸に打ち寄せる波の波面は，岸に近づくにつれて海岸線に平行になる．この現象をホイヘンスの原理を使って説明せよ，ただし，浅瀬を伝わる水波の速さは水深が深いほど速い．

(2)　地上の気温が上空に行くほど高くなっているとき，地上から出た音はどのように伝わるか．ホイヘンスの原理を使って説明せよ．ただし，空気中の音速は気温が高いほど速い．

[5]　**(波の反射と屈折)**　水深 8 m の海を進んできた波が，浅瀬との境界線に対して入射角 $\theta_1 = 60°$ で進入し，屈折角 $\theta_2 = 30°$ で浅瀬を進んだ．浅瀬の境界線付近の水深はいくらか．ただし，波の速さは v は，水深を h とすると $v \propto \sqrt{h}$ と表されるものとする．

第 12 章　音と音波

[6]　(音の大きさ)　外の騒音がうるさいので窓を閉めたところ，音圧が 1/2 になった．音圧レベルは何 db 変化したか．

[7]　(音の大きさ)　運動場で，スピーカーから出力 10 W の音がすべての方向に向かって出ている．このスピーカーから 10 m 離れた点での音の強さはいくらか．

[8]　(ドップラー効果)　列車が 500 Hz の汽笛を鳴らしながら，速さ $40\,\mathrm{m \cdot s^{-1}}$ で停車しないで駅を通過した．この通過列車を確認するためにプラットホームに立っていた駅長が，列車が接近するときおよび遠ざかるときに聞く汽笛の振動数はそれぞれいくらか．ただし，空気中の音速を $c = 343\,\mathrm{m \cdot s^{-1}}$ とする．

第 13 章　光の本性

[9]　(粒子性と波動性)　光は粒子性と波動性という相反する 2 重の性質をもっている．次の現象は，それぞれ粒子性と波動性のどちらの性質で説明されるか．

(1)　シャボン玉が色づいて見える．

(2)　ポーラロイド（人工偏光板）のサングラスをかけて水面をみると，反射光だけがカットされて見える．

(3)　金属に光を当てるとき，光の波長がある値以下であると，光の強度をいくら強くしても金属から電子は放出されない．

(4)　光が真空中から物質に入射するとき，入射角よりも屈折角の方が小さい．

(5)　物質によって散乱された X 線には，入射 X 線よりも波長の長い成分が含まれる．

(6)　日光浴をすると，日に焼ける．

(7)　太陽からの光を小さな孔を通して暗室に導き，壁に孔の像を映す．この場合，光が直進するとしたときよりも，像が大きくなり，その周縁がぼやける．

[10]　(色)　色に関する以下の問いに答えよ．

(1)　雨雲はなぜ黒く見えるのか．

(2)　もし，地球の大気の厚さが現在の 50 倍もあったとしたら，上空の太陽はどんな色に見えるか．

(3)　遠くの山が青く見えるのはなぜか．

(4)　月光で照らされた物体には色がないのはなぜか．

第 III 部

熱　力　学

第 14 章
熱平衡と温度

これからの 4 つの章では，熱力学の基本原理を理解し，それに基づいて物質の熱的な振る舞いを理解するための基礎を学習する．熱的現象を定量的に記述するには，温度，熱，内部エネルギー，エントロピーなどの概念が使われる．したがって，本章では，まず温度の概念をきちんと定義することからはじめる．

14.1　熱平衡と温度

物体に触れたときの物体の“熱さ”あるいは“冷たさ”の度合いを表すものを，われわれは**温度**と呼んでいる．しかし，この熱さ，冷たさという感覚はかなり曖昧なものであって，個人差もあり，物体の熱の伝え易さにも関係する．熱力学では，この熱さ，冷たさを相対的に確定するために，**熱接触**と**熱平衡**という概念が用いられる．この節では，それらの概念から経験的に導かれた熱力学の第 0 法則（熱平衡の法則）によって，物体の温度が明確に定義できることを示す．

熱接触と熱平衡

熱い物体 A と冷たい物体 B を接触させておくと，A は冷やされ，B は暖められて，やがて A と B は同じ暖かさ（あるいは冷たさ）になる．しかも，一度この状態に達すると，その後は A と B の熱的状態（暖かさ）は変わらない．物体のこのような状態を**熱平衡状態**といい，このとき A と B は熱平衡にあるという．

この熱的現象は次のように説明される．温度の異なる 2 つの物体を接触させると，2 つの物体間で正味の仕事がまったく行われないにもかかわらず，エネルギーの交換が行われる．このとき，両者は**熱接触**しているといい，交換されるエネルギーを**熱エネルギー**または単に**熱**と呼ぶ．物体間の熱エネルギーの移動は，はじめ熱い物体から冷たい物体へ向かって起こり，やがて両者が同じ暖かさになると移動は止む．この熱エネルギーの移動がなくなった状態が熱平衡状態である．2 つの物体が接触してから熱平衡状態に達するまでの時間は，両物体の熱的性質と，熱エネルギーの交換がどのような方法で行われるかによって決まる．

熱力学の第 0 法則と温度

互いに接触していない 2 つの物体 A，B があるとき，A と B とが熱平衡にあるか否かを決めるにはどうしているだろう．通常は，第 3 の物体 C（温度計）を，まず A と接触させて C と A を熱平衡に到達させる．このとき温度計 C の読みはある値を示している．次に C を B に接触させる．C と B が熱平衡に達したときの温度計の目盛を読み取る．このとき A と B で温度計の読みが一致していれば，われわれは A と B は熱平衡にあると結論する．

この経験則を要約したのが**熱力学の第 0 法則（熱平衡の法則）**である．

> **熱力学の第 0 法則（熱平衡の法則）**：互いに接触していない 2 つの物体 A，B と第 3 物体 C があるとき，A と B がそれぞれ別個に C と熱平衡になっていれば，A と B も互いに熱平衡になっている．

この法則は一見当たり前のことを述べているようにみえるが，この法則を使うことによってはじめて**物体の温度**が定義されるのである．その意味で，これは熱力学の最も基本的な法則として，あとで述べる熱力学第 1 法則，第 2 法則の前に置かれている．

この法則によれば，ある 1 つの物体を選んだとき，その物体と熱平衡にある物体は，すべて互いに熱平衡にあることになる．また，別の物体を選べば，その物体と熱平衡にある物体は，やはりすべて互いに熱平衡にある．そこで，これらの互いに熱平衡にある物体には，それぞれ共通にもっている性質（物理量）があると考え，熱力学ではそれを "**温度**" と呼ぶことにした．

したがって，互いに熱平衡にある 2 つの物体は同じ温度にあり，2 つの物体の温度が異なれば，両者は熱平衡にはないのである．

14.2　温度計と温度目盛

温度計

温度は温度計で測る．温度計は物体の熱さや冷たさの度合いを数値で示す装置である．物体の物理的な性質は，多くの場合温度によって変化する．温度計はすべてこの温度変化する物体の物理的性質を利用している．利用する物理的性質には温度変化の割合が大きなものが選ばれる．たとえば，

(1)　体積が一定に保たれている気体の圧力（定積気体温度計）

(2)　圧力が一定に保たれている気体の体積（定圧気体温度計）

(3)　液体の体積（アルコール温度計，水銀温度計）

(4)　固体の長さ（熱膨張温度計）

(5)　金属や半導体の電気抵抗（抵抗温度計）

(6)　熱起電力（熱電温度計，熱電対）

(7)　高温の物体の色（光高温計，放射高温計）

などがある．

なかでも**熱電温度計**（**熱電対**）は科学技術上最も有用な温度計であって広く用いられている．一般に異なる金属（合金）A，B を 2 点で接合して，それぞれの接合点を異なる温度の物体に接触させると，その温度差に依存した起電力が回路に生じる．熱電温度計はこの起電力を測定して物体の温度を測る装置である（図 14.1）．

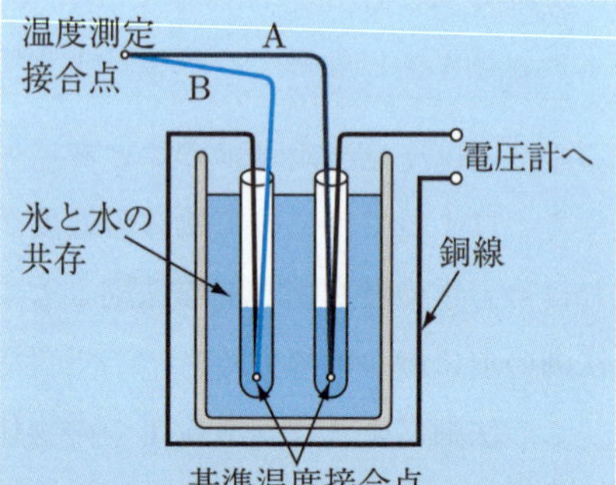

図 14.1　熱電対による温度測定

熱電対（A，B）接合点を物体に接触させ，A，B のそれぞれの他端を 0°C に保ち，電圧計に接続する．

摂氏温度目盛と華氏温度目盛

温度を定量的に扱うには，その基準点と目盛のとり方を決めておかなければならない．そのために温度計を何か一定温度の特別な状態にある物体と接触させることによって較正しておく必要がある．通常用いられる摂氏温度で

は，これまでは，定点温度として 1 気圧（$1.013250 \times 10^5\,\mathrm{N \cdot m^{-2}}$）のもとで氷と水が共存する温度を摂氏 0 度（0°C）とし，同じく 1 気圧のもとで水と水蒸気が共存する温度を摂氏 100 度（100°C）と定義されてきた．しかし，1989 年に新しい国際温度目盛 ITS–90 が定められ，水の沸点は 99.974°C と改められている．そのため，この新しい温度目盛では，1°C は厳密には水の凝固点と沸点の間を 100 等分したものにはならず，わずかにずれている．

イギリスやアメリカでは，摂氏温度に代わって華氏温度が日常使われている．この華氏温度でも，温度定点としては水の凝固点と沸点が用いられているが，温度の基準点と目盛のとり方が摂氏温度とは違っていて，水の凝固点を華氏 32 度（32°F），水の沸点を華氏 212 度（212°F）と定義している．したがって，摂氏温度 T_{C} と華氏温度 T_{F} は，次式によって互いに変換することができる．

$$T_{\mathrm{F}} = \frac{9}{5}T_{\mathrm{C}} + 32(^\circ\mathrm{F}) \tag{14.1}$$

14.3　気体温度計と絶対温度目盛

ボイル–シャルルの法則

気体は，圧力が十分に低く，温度が液化点より十分に高ければ，次の**ボイル–シャルルの法則**に従うことが知られている．

ボイル–シャルルの法則：気体の圧力 p と体積 V の積は絶対温度 T に比例し，気体のモル数 n に比例する．これは次の方程式で表される．

$$pV = nRT \tag{14.2}$$

温度および圧力の全領域で (14.2) に従う気体を想定し，これを**理想気体**と呼ぶ．ここで，R はすべての理想気体について共通の値をとる普遍定数であって**気体定数**と名付けられている．R の値は

$$R = 8.31\,\mathrm{J \cdot mol^{-1} \cdot K^{-1}} = 0.0821\,\ell \cdot \mathrm{atm \cdot mol^{-1} \cdot K^{-1}} \tag{14.3}$$

となる．K は絶対温度の単位（ケルビン）である．(14.2) は理想気体の状態

方程式と呼ばれる.

例題 14.1

標準状態（0°C, 1 気圧 $= 1.013 \times 10^5$ Pa）にある理想気体 1 mol の体積はいくらか. ただし, 気体定数は $R = 8.31 \times 10^5\,\mathrm{J \cdot mol^{-1} \cdot K^{-1}}$ である.

解答 $1\,\mathrm{Pa} = 1\,\mathrm{N \cdot m^{-2}}$ である. したがって, (14.2) より

$$V = \frac{nRT}{p} = \frac{(1\,\mathrm{mol}) \times (8.31\,\mathrm{J \cdot mol^{-1} \cdot K^{-1}}) \times (273\,\mathrm{K})}{1.013 \times 10^5\,\mathrm{N \cdot m^{-2}}} = 2.24 \times 10^{-2}\,\mathrm{m^3}$$

後の章で学ぶように, (14.2) で定義される絶対温度 T は, 静止した理想気体を構成している分子 1 個あたりの運動エネルギーに比例した量になっている. また, 絶対温度目盛は, 可逆機関の効率から定義される物質の種類によらない**熱力学的温度目盛**と等しくなる.

絶対温度目盛と摂氏温度目盛

1989 年に改定された国際温度目盛は, その後ほとんど普及していないようである. 多くの場合, 現在でも水の沸点は 100°C とされており, 絶対温度も摂氏温度と同様に, 水の凝固点と沸点の温度間隔の 100 分の 1 を単位として用い, K（ケルビン）と呼んでいる. したがって, 圧力を 1 気圧に固定しておいて, 水の凝固点と沸点における気体の体積を測定すれば, (14.2) から, 摂氏 t°C における絶対温度を求めることができる.

いま, 水の凝固点における絶対温度を T_1（K）とし, 水の凝固点と沸点での気体の体積の測定値を V_1, V_2 とすると, (14.2) より,

$$\frac{V_2}{V_1} = \frac{T_1 + 100}{T_1} \qquad \therefore \quad T_1 = \left(\frac{V_1}{V_2 - V_1}\right) \times 100 \tag{14.4}$$

となる. これに体積の測定値 V_1, V_2 を代入すると, T_1 は

$$T_1 = 273.15\,\mathrm{K} \tag{14.5}$$

と得られる. この値は, わが国の大石二郎によって, この方法で求められたものである. 現在でも, 水の凝固点の絶対温度としては, この値が国際的に採用されている. (14.5) より, 摂氏 t°C に対応する絶対温度 T（K）は

$$T = 273.15 + t \tag{14.6}$$

となる．また，$T = 0$（K），すなわち $t = -273.15$（°C）を**絶対零度**という．

例題 14.2

華氏 50°F は摂氏温度目盛および絶対温度目盛ではそれぞれ何度か．

解答　(14.1) に $T_{\mathrm{F}} = 50\,°\mathrm{F}$ を代入すると，摂氏温度目盛は

$$T_{\mathrm{C}} = \frac{5}{9}(T_{\mathrm{F}} - 32) = \frac{5}{9}(50 - 32) = 10\,°\mathrm{C}$$

と得られる．また，絶対温度目盛 T は (14.6) に $t_{\mathrm{C}} = 10\,°\mathrm{C}$ を代入して

$$T = t_{\mathrm{C}} + 273.15 = 10 + 273.15 = 283.15\,\mathrm{K}$$

と得られる．

14.4　固体と液体の熱膨張

ほとんどの物体は温度が高くなるにともなって膨張する．これは，物体を構成している原子や分子間の平均距離が温度によって変化するために起こる現象で，**熱膨張**と呼ばれる．熱膨張は固体にも液体にも見られる．たとえば，原子が規則的に配列している結晶性の固体を考えてみよう．このような固体の性質は，原子が硬いばねで相互につながれていると考える力学的モデルによって理解される．すなわち，通常の温度では各原子は，それぞれの平衡位置を中心に振動しており，原子間の距離は，それらの原子の振動エネルギーとばねの弾性エネルギー（つまり原子間ポテンシャルエネルギー）との和で決まっている．したがって，固体の温度が上昇すると，原子の振動のエネルギーが増大して振動の振幅が大きくなり，その結果原子間の平均距離も増大するのである．

固体の線膨張

物体のある方向に測った長さが，温度 T のとき l であり，温度が $T + \Delta T$ になったとき $l + \Delta l$ になったとしよう．このとき ΔT が十分に小さければ，Δl と ΔT の間には

$$\frac{\Delta l}{l} = \alpha \Delta T \tag{14.7}$$

の比例関係が成り立つ．ここに，比例定数 α はその物質によって定まっており，物質の**線膨張係数**と呼ばれる．α の単位は K^{-1} である．また，0°C における物体の長さを l_0 とすると，温度 t°C における長さは l は，α を用いて

$$l = l_0(1 + \alpha t) \tag{14.8}$$

と表される．線膨張係数 α は $\sim 10^{-6}$ と小さく，また，その温度変化は室温付近では無視できる．

固体と液体の体膨張

物体の長さが変化すれば，当然物体の面積や体積も変化する．線膨張のときと同様に，温度 T における物体の体積を V，温度が $T + \Delta T$ のときの体積を $V + \Delta V$ とすると，ΔT が小さければ ΔV は ΔT に比例して

$$\frac{\Delta V}{V} = \beta \Delta T \tag{14.9}$$

と表される．ここに，比例定数 β は**体膨張係数**と呼ばれ，物質によって定まった値をとる．とくに等方性の固体では，体膨張係数 β は線膨張係数 α の3倍になる．すなわち，

$$\beta = 3\alpha \tag{14.10}$$

が成り立つ．

液体の場合も，一般に温度の上昇とともに体積は膨張するが，体膨張係数は固体に比べて約10倍程度大きい．しかし，水の場合は例外で，水の温度が0°Cから上昇すると，はじめのうちは収縮して密度が増大し，3.98°Cで最大値（$1.0000\,\mathrm{g\cdot cm^{-3}}$）に達する．さらにこの温度を超えるとこんどは膨張をはじめる（図14.2）．

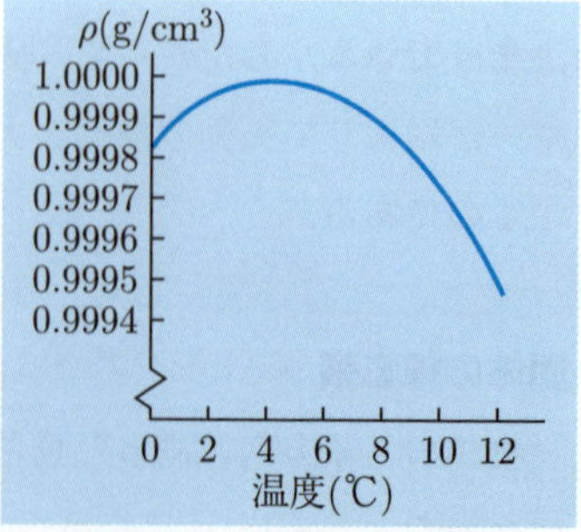

図14.2 大気圧の下での水の密度の温度変化

例題 14.3

等方性固体について (14.10) を導け.

解答 一辺の長さが l の立方体の固体を考える. 温度が ΔT だけ上昇して, 立方体の一辺の長さは $l+\Delta l$ になり, 体積は $V+\Delta V$ になるとすると,

$$V+\Delta V=(l+\Delta l)^3=(l+\alpha l\Delta T)^3=l^3(1+\alpha\Delta T)^3$$
$$=V\{1+3\alpha\Delta T+3(\alpha\Delta T)^2+(\alpha\Delta T)^3\}$$

と書ける. ここで, α は 10^{-6} 程度できわめて小さいから, $(\alpha\Delta T)^2$ および $(\alpha\Delta T)^3$ の項を無視すると,

$$\Delta V=3\alpha V\Delta T$$

となる. これを (14.9) に代入すると, (14.10) が得られる.

14.5 熱容量と比熱

熱と熱量の単位

本章のはじめで述べたように, 温度の異なった物体を熱接触させると, 物体間で熱エネルギーが移動する. この伝達される熱エネルギーを**熱量**または単に**熱**と呼ぶ. 熱はエネルギーの一形態であるが, この言葉は伝達されるエネルギーの場合にのみに用いられる. それはちょうど, 第 5 章で学んだ力学における仕事が, 系にエネルギーを伝達する過程を表す言葉であったのと同じである.

したがって, どちらも系の状態を表す量ではない. 力学的状態量である力学的エネルギーに対応する熱力学的状態量は**内部エネルギー**である. 内部エネルギーは, 後の章で述べるように, 物体がある温度になっているときに物体の内部に含まれているエネルギーのことである.

熱量は, それがエネルギーの一形態であることがわかる以前から, 熱のやり取りで物体に生じる温度変化によって定義されてきた. すなわち, 1 g の水の温度を 14.5°C から 15.5°C まで上昇させるに必要な熱量を 1 cal (**カロリー**) と定義して, これを熱量の単位とした. しかし, 熱量はエネルギーである以上, その単位には, 他のエネルギーと同様に, SI 単位では J (ジュール) が用いられる. 国際的に定められている cal と J の変換係数は

$$1\,\mathrm{cal} = 4.18686\,\mathrm{J} \tag{14.11}$$

である．

4.18686 J は水 1 g の温度を 14.5°C から 15.5°C まで上昇させるのに必要な仕事量に等しい．この仕事に換算した熱量を“**熱の仕事当量**”という．

熱容量と比熱

物体の温度を所定量だけ上昇させるのに必要な熱量は物体ごとに違っている．たとえば，1 kg の水の温度を 1 K だけ上昇させるには，4186 J の熱量を与えなければならないが，1 kg の銅塊の温度を 1 K 上昇させるには，わずか 387 J の熱量を与えるだけで済む．また，同じ銅塊でも 10 kg の塊を 1 K 上昇させようとすれば 3870 J の熱量が必要である．したがって，これらの熱量は，それぞれの物体のもつ熱的性質を表していると考えられる．そこで，物体の温度を 1 K だけ上昇させるのに必要な熱量をその物体の**熱容量**と定義して，C で表すことにする．

この定義から，物体に熱量 Q を与えたときに，物体の温度が ΔT だけ上昇すれば，その物体の熱容量 C は

$$C = \frac{Q}{\Delta T} \tag{14.12}$$

である．また，熱容量 C の物体に熱量 Q を与えると，物体の温度は

$$\Delta T = \frac{Q}{C} \tag{14.13}$$

だけ上昇する．

物体の熱容量は，構成している物質に依存しており，また，その質量 m に比例する．そこで，単位質量あたりの物質の熱容量を，

$$c = \frac{C}{m} \tag{14.14}$$

で定義し，その物質の**比熱**と定義する．また，物質 1 mol（モル）あたりの熱容量を**モル比熱**という．

14.6　相と相転移

相

水は通常 0°C 以下では氷（固体）であり，100°C 以上では水蒸気（気体）であって，0°C と 100°C の間だけでいわゆる水（液体）と呼ばれる状態にある．これらの 3 つの状態は明らかに違った性質を示し，固体は形が定まっていて変形し難い特徴をもっており，液体は自由に変形できるが定まった体積をもち，気体は形も体積も変わりうる性質がある．これらの性質の違いは物質の原子的構造の違いに由来しており，このように原子的構造の形態によって区別される各状態を**相**と呼ぶ．すなわち，固体，液体，気体の各状態は，それぞれ固相，液相，気相と呼ばれる．また，物質のこれらの 3 つの相のことを，**物質の 3 態**という．

相転移と相図

物体の温度を変えると，ある温度で，物体の状態が突然 1 つの相から別の相へ変化する場合がある．この現象を**相転移**という．相転移は温度によって起こるが，圧力によっても起こる．たとえば，物質の 3 態の場合，図 14.3 のように，縦軸に圧力 p を，横軸に温度 T をとって，p–T 面上に固相，液相，気相の各領域を表すと，相転移の様子を知る上で便利である．このような図を**相図**という．

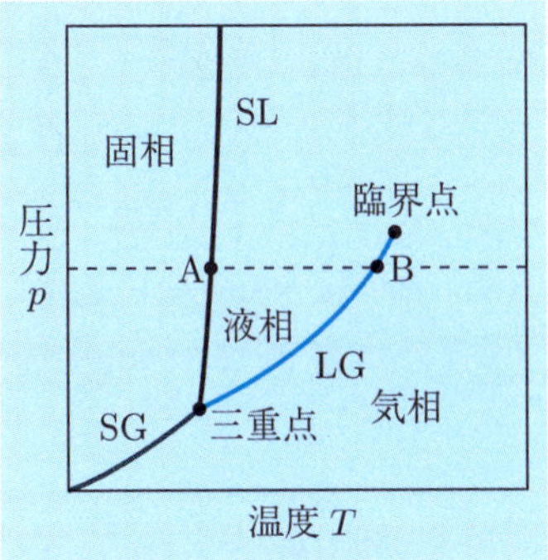

図 14.3　物質の 3 態と相図

相図には，3 つの相の境界をなす 3 本の曲線があるが，相転移はこれらの曲線上で起こる．固相と気相の境界線は固体の**昇華曲線**（SG 曲線），液相と気相の境界線は液相の**蒸発曲線**（LG 曲線），固相と液相の境界線は固相の**融解曲線**（SL 曲線）と呼ばれる．これらの曲線上では，それぞれ固体と気体，液体と気体，固体と液体が共存する状態が実現する．また，図 14.3 にみられるように，3 本の曲線は必ず 1 点で交わる．この点は**三重点**と呼ばれ，ここでは固体，液体，気体の 3 つの状態が平衡状態にある（常圧では 0 K でも固体にならないヘリウムだけは例外的に三重点は存在しない）．蒸発曲線は高温側（または高圧側にたどっていくとやがて行き止まりになる．この蒸発曲線の終点を**臨界点**といい，このときの温度を**臨界温度**，圧力を**臨界圧力**，密度を**臨界密度**という．

いま，圧力 p を臨界圧力以下で一定に保ちながら，固体状態にある物体の温度を図 14.3 の点線に沿って上げていくと，やがて SL 曲線上の点 A に達する．この点 A の温度が圧力 p におけるその固体の**融点**である．融点に達した固体は融解をはじめるが，完全に融解し終えるには，固体に一定の熱量 Q を与える必要がある．この Q は物体の質量 m に比例し，その比例定数を L_f とすると，

$$Q = mL_f \tag{14.15}$$

で与えられる．ここで，L_f は物質によって決まっており，物質の**融解熱**と呼ばれる．融点を越えてさらに物体の温度を上げていくと，物体は液体状態を保ちながら，こんどは LG 曲線上の点 B に達する．この点 B の温度は圧力 p の下での物質の**沸点**である．沸点に達した液体は沸騰して気化がはじまるが，この場合も完全に気化し終えるには，液体に熱量 Q を与える必要がある．この熱量 Q は

$$Q = mL_V \tag{14.16}$$

で与えられ，比例定数 L_V は物質の**気化熱**と呼ばれる．融解熱や気化熱のように，物質を相転移させるのに必要な単位質量あたりの熱量を，総称して**潜熱**という．潜熱は温度変化を伴わないで出入りする熱量である．

第 15 章
熱力学の第1法則

第 5 章で力学的エネルギーの保存則を考えたときは，系の内部エネルギーの変化は取り込まれていなかった．したがって，力学的エネルギーは，物体に働いている力が内部エネルギーの変化を伴わない保存力の場合にだけ保存した．本章では系の内部エネルギーを含めてエネルギーの保存性を考える．

15.1 熱と内部エネルギー

熱はエネルギーの伝達プロセス

前章では，“熱量” はエネルギーの一形態であって，その単位にはエネルギーと同じ J（ジュール）が使われること，さらに，この言葉は伝達されるエネルギーの場合にのみ用いられることを述べた．また，その場合にも，熱量を “熱エネルギーの伝達のプロセス” を表す場合と，“伝達された熱エネルギーの量” を表す場合とに使い分けて用いてきた．

この事情は，ちょうど力学における “仕事” の場合に似ている．すなわち，仕事も “系に力学的エネルギーを伝達するプロセス” と，“そのプロセスで伝達されるエネルギーの大きさ” の両方に使い分けられている．したがって，“系の仕事量” という表現は意味をなさないと同様に，“この物体の熱量” という言い方もしない．

保存力が物体に働いて仕事をすると，物体の力学的エネルギーが，その仕事量に等しい量だけ増加する．それと同様に物体に熱量が与えられると，それに等しい量だけ，物体の熱力学的エネルギーが増えると考えことができる．この熱力学的エネルギーのことを**内部エネルギー**という．

内部エネルギー

静止している物体を加熱しても，物体全体としての運動エネルギーや位置エネルギー（つまり力学的エネルギー）は変化しない．したがって，物体に加えられた熱エネルギーは，物体の内部に保有された内部エネルギーとして蓄えられる．

静止している物体でも，微視的にみれば，物体を構成している原子や分子は互いに力を及ぼし合いながら運動している．内部エネルギーは，そのような原子や分子の力学的エネルギーの和である．力学的エネルギーであれば基準点が必要になる．したがって，物体を微視的に考えようとすれば，その力学的エネルギーの和の基準点は，すべての原子・分子が互いに作用を及ぼさないほど十分に離れていて，しかも静止した状態をとらなければならないことになる．しかし，それでは物体でなくなってしまう．そこで，物体を巨視的に扱う熱力学では，内部エネルギーの基準点は問題にしないで，その変化量と他の物理量との関係だけを問題にする．

系の状態量

物体は原子や分子から構成されている．そこで，物体をそのような多数の原子や分子の集まりとみるときは，物体のことを "**系**" と呼ぶことしよう．

熱力学で "物体（系）の状態" というときは，熱平衡状態のことをいう．熱平衡状態にある系は，いくつかの物理量で記述することができる．このように系の状態を記述する物理量は**状態量**または**状態変数**と呼ばれる．状態変数には，通常，温度（T），圧力（p），体積（V），密度（ρ）などが用いられる．状態量は系の状態が決まれば一意的に決まる量であって，その状態に至る経路等に依存しない量である．

1 つの系の状態を規定するのに必要な状態変数の数は系によって異なる．たとえば，ただ 1 種類の分子からなる気体の場合には，状態変数として，通常 T，p，V の 3 つが用いられる．しかし，それらの 3 つは互いに独立ではなく，このうちの 2 つが定まれば残りの 1 つは決まってしまう．したがって，これらの 3 つの状態変数のいずれか 2 つを選んで直交座標軸にとると，系の状態は，図 15.1 のように，その座標（状態）平面上の 1 点で表すことができる．

内部エネルギー U は，その系の状態が定まれば一意的に決まる量である．その意味では内部エネルギーもまた状態変数の 1 つであって，図 15.1 の状態平面上の各点に対応して，その状態における内部エネルギーが定義されてい

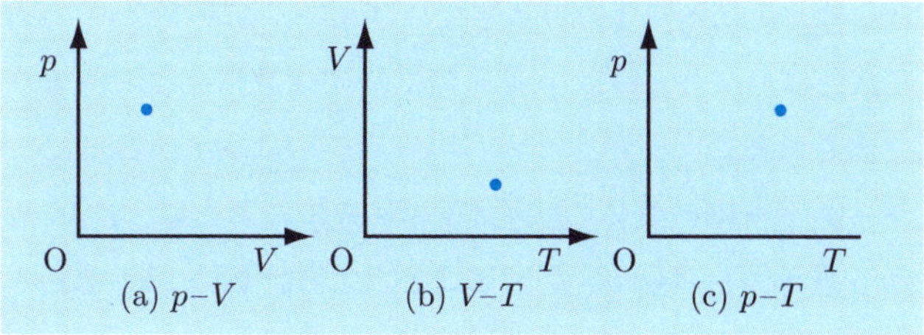

図 15.1　系の状態と状態変数

る．したがって，気体の内部エネルギー U は，T，p，V のうちのいずれか 2 つを変数とする関数として，

$$U(p,V),\qquad U(V,T),\qquad U(p,T)$$

のように表される．ただし，理想気体の場合だけは，内部エネルギー U は温度 T のみの関数である．

15.2 仕事と熱

通常熱力学では，系の巨視的な力学的エネルギーの変化は考えない．したがって，系にエネルギーが伝達されると，その系では，伝達されたエネルギーに見合っただけの内部エネルギーが増加する．前節で学んだように，系へのエネルギーの伝達のプロセスには "熱" と "仕事" がある．そこで，本節ではこの熱と仕事と内部エネルギーの関係を調べてみる．

熱力学過程における仕事

断面積が S のシリンダーに閉じ込められた 1 mol の理想気体を考えよう（図 15.2(a)）．この気体の熱平衡状態は，気体の温度 T，占める体積 V，圧力 p で決まる．ただし，この T，p，V の間にはボイル–シャルルの法則

$$pV = RT \tag{15.1}$$

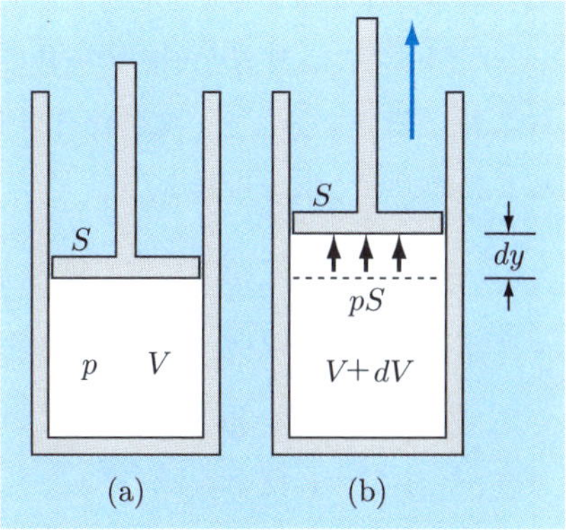

図 15.2　シリンダーに閉じ込められた気体

が成り立つため，これらの3つの状態変数は互いに独立でない．したがって，この気体の状態は，たとえば，(p, V) の2つの変数によって決まり，p–V 面上の1点で表される．

いま，シリンダー内の気体の状態が，図15.3のように，p–V 面上の点A $(p_1\ V_1)$ から点B $(p_2\ V_2)$ へ変化したとしよう．$V_1 < V_2$ であるから，この気体の変化は体積膨張である．いま，この膨張が非常にゆっくり行われるものとする．すなわち，変化の途中の各瞬間において，気体の温度と圧力は一様であって，外界とは熱平衡にあるものとする．このような変化を**準静的変化（過程）**という．

シリンダー内の気体の体積を V，圧力を p とすると，気体はピストンに力 pS を及ぼしている．そこで，この気体が準静的に膨張して，図15.2(b)のように，ピストンの位置が dy だけ変化すると，気体の体積は $dV = Sdy$ だけ増大し，気体はピストンに，

$$dW = pSdy = pdV \tag{15.2}$$

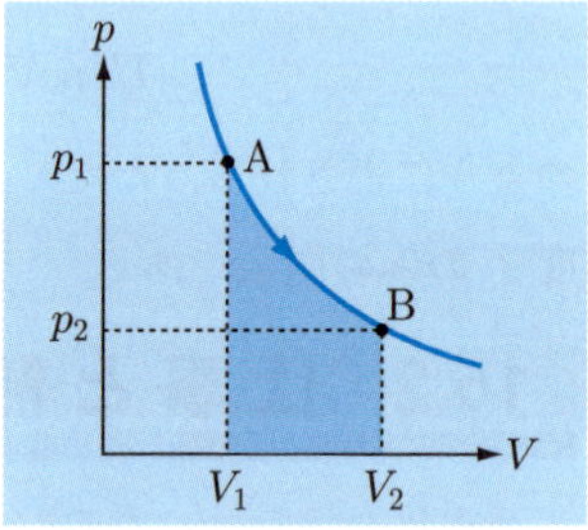

図15.3　気体の準静的変化

だけの仕事をする．これからわかるように，気体が膨張すれば $(dV > 0)$，必ず気体は外界（この場合はピストン）に対して正の仕事 $(dW = pdV > 0)$ をする．逆に圧縮すれば $(dV < 0)$，気体は外界へ負の仕事 $(dW = pdV < 0)$ をすることになる．

したがって，シリンダー内の気体の状態が，図15.3の p–V 面内で点Aから点Bへ膨張するとき，気体がピストンにする仕事 W は，(15.2)を積分することによって求められる．

$$W = \int_{V_1}^{V_2} pdV \tag{15.3}$$

これは，p–V 曲線の下側の面積（図15.3で影を付けた部分）に相当する．とくに，膨張が等温変化の場合は，この積分は，(15.1)を使って p を V の関数で表して実行すればよく，

$$W = RT\int_{V_1}^{V_2} \frac{1}{V}dV = RT\log\frac{V_2}{V_1} \tag{15.4}$$

と得られる．これからわかるように，理想気体の場合，等温膨張する過程で気体がピストンにする仕事は，始状態Aと終状態Bだけで決まり，移る途中の経路にはよらない．

理想気体の等温変化の場合でなくても，p が

$$p = f(V) \tag{15.5}$$

のように V の関数として与えられていれば，(15.3) の積分の計算はできる．しかし，その場合は，気体がピストンにする仕事 W は，始状態Aと終状態Bだけでは決まらず，途中の経路に依存することになる．

気体に伝達される熱

上で述べたように，気体がAからBに状態を変えるとき，気体が外部へする仕事 W（あるいは気体が外部からされる仕事 $-W$）は，一般には気体がたどる途中の経路に依存する．たとえば，図 15.4(a)，(b) に示す2つの経路 A → C → B と A → D → B に沿って，気体が始状態 $\mathrm{A}(p_1, V_1)$ から終状態 $\mathrm{B}(p_2, V_2)$ へ変化する場合を考えてみよう．これらの2つの経路で気体が外（ピストン）に仕事をするのは，C → B と A → D の2つの変化である．これらの変化は，圧力をそれぞれ p_1 および p_2 に保ったまま，体積が V_1 から V_2 までゆっくり膨張する過程である．したがって，この2つの過程で気体がピストンにする仕事 W_a，W_b は

$$W_\mathrm{a} = p_1(V_2 - V_1), \qquad W_\mathrm{b} = p_2(V_2 - V_1) \tag{15.6}$$

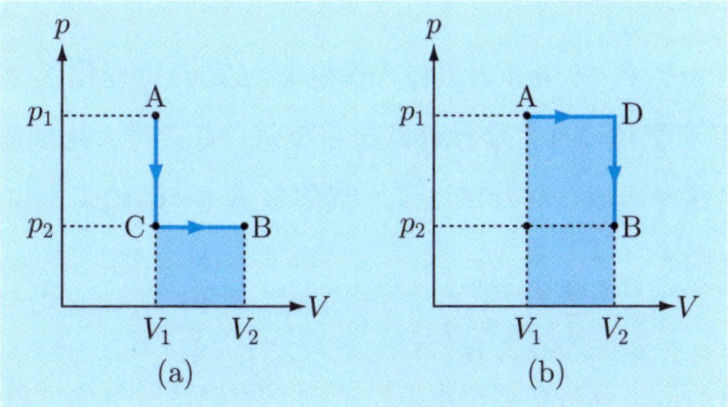

図 15.4　気体のする仕事は経路に依存する

であって，これらは図で影を付けた長方形の面積にあたる．この場合は，$p_1 > p_2$ であるから，$W_\mathrm{a} < W_\mathrm{b}$ となり，明らかにこの 2 つの経路で気体が外部にする仕事は等しくはならない．これからわかるように，気体の状態は，仕事というエネルギー伝達の方法だけでは自由に変えることはできない．

図 15.4 の 2 つの経路で，A → C および D → B の部分では，体積の変化を伴わないため，気体は仕事をすることもされることもないが，どちらも圧力が p_1 から p_2 までゆっくり下がる過程である．(15.1) によれば，一定の体積に閉じ込められた気体の圧力は絶対温度に比例する．したがって，このような状態の変化を実現するには，気体を体積一定の下で冷却すればよく，そのためには負の熱量を与えればよい．

例題 15.1

0 °C に保ったまま，1 mol の理想気体の体積を 3 ℓ（$3 \times 10^{-3}\,\mathrm{m^3}$）から 10 ℓ まで膨張させるためには，熱源から気体にどれだけの熱量を供給しなければならないか．ただし，気体定数の値は $R = 8.31\,\mathrm{J \cdot mol^{-1} \cdot K^{-1}}$ である．

解答　このとき気体が外部に対してする仕事は，(15.4) から

$$W = nRT \ln\left(\frac{V_2}{V_1}\right) = (1\,\mathrm{mol}) \times (8.31\,\mathrm{J \cdot mol^{-1} \cdot K^{-1}})(273\,\mathrm{K}) \ln\left(\frac{10}{3}\right)$$
$$= 2.77 \times 10^3\,\mathrm{J}$$

である．温度を一定に保つためには，この仕事に見合う熱量を気体に与えなければならない．したがって，気体に供給しなければならない熱量 Q は

$$Q = 2.77 \times 10^3\,\mathrm{J}$$

である．

体積一定のもとで，1 mol の気体の温度を ΔT だけ変化させるには，熱量 $\Delta Q = c_V \Delta T$ を気体に与えなければならない．ここで，比例係数 c_V は気体の定積モル比熱である．したがって，気体を A → C のように変化させるには，気体の温度を

$$T_1 = \frac{V_1}{R} p_1 \quad \rightarrow \quad T_2 = \frac{V_1}{R} p_2$$

のように準静的に下げる必要がある．そのためには，気体に負の熱量

$$Q_1 = c_V (T_2 - T_1) = \frac{c_V V_1}{R} (p_2 - p_1) \tag{15.7}$$

を加えなければならない．同様に，D → B の過程では負の熱量

$$Q_2 = \frac{c_V V_2}{R}(p_2 - p_1) \tag{15.8}$$

が加えられる．

15.3　熱力学の第 1 法則

前節では，1 つの系とその外界との間でのエネルギーの伝達は，系になされる仕事と熱の流れという 2 通りの形態で行われることをみた．仕事というエネルギーの伝達は，気体の圧力，温度，体積などの巨視的な物理量によって測定される．一方で熱の流れの方は，原子・分子の微視的レベルで起こる．

この節で学ぶ**熱力学の第 1 法則**は，この巨視的な世界と微視的世界を結びつける法則であって，あらゆる種類の過程に適用できる．

熱力学の第 1 法則

仕事と熱の 2 つの過程を通して系 (物体) に流入した正味のエネルギーは，物体を構成している原子・分子の微視的な運動エネルギー，つまり内部エネルギーとして，物体内に保有される．このことを定量的に述べたのが熱力学の第 1 法則である．この法則は，次のように表現される．

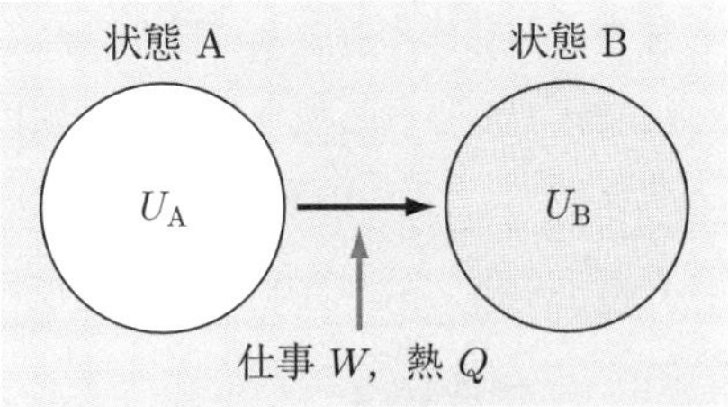

図 15.5　仕事と熱と系の状態変化

熱力学の第 1 法則：熱平衡状態 A にある系（物体）に外部から熱量 Q が入り，物体が外部に仕事 W をした結果，その物体は熱平衡状態 B に変化したとする（図 15.5）．この過程における物体の内部エネルギーの変化 ΔU は，

$$\Delta U = U_B - U_A = Q - W \tag{15.9}$$

で与えられる．

ここで，U_A，U_B はそれぞれ，状態 A および B における系（物体）の内部エネルギーである．(15.9) では，U，Q，W はいずれも共通の単位，たとえ

ば J（ジュール）や cal（カロリー）で表されなければならない．また，Q と W の符号については，系から外部へ熱が流れる場合は Q は負（$Q < 0$），系が外部から仕事をされる場合は W は負（$W < 0$）である．

(15.9) は微分で表すと

$$dU = \delta Q - \delta W \tag{15.10}$$

となる．右辺を dQ，dW と完全微分で書かないで，δQ，δW と不完全微分で書いたのは，熱や仕事の変化が経路による量であって，状態量の変化を表していないからである．(15.10) は次のようにも書き換えることもできる．

$$\delta Q = dU + \delta W = dU + pdV \tag{15.11}$$

これからわかるように，系に吸収された熱量 δQ は，一部は系の内部エネルギーの増加 dU に，そして残りは系の体積を dV だけ増加させて，$\delta W = pdV$ の仕事を外部にすることに費やされる．

(15.9) で表される熱力学の第 1 法則は，力学における “力学的エネルギーの保存則” に，系の内部エネルギーの変化を含めた “**一般化されたエネルギー保存則**” であって，熱現象を理解する上で最も重要な基本法則である．

例題 15.2

ピストンのついたシリンダーの中に，水と水蒸気が閉じ込められて，1 気圧（1.013×10^5 Pa），100 °C に保たれている．いま，シリンダーの内部の圧力を一定に保ちながら，シリンダー内に熱を加えて，内部の水をさらに 2 g 蒸発させたところ，水蒸気の体積が $3.3\,\ell$ だけ増加した．

(1) 加えた熱量はいくらか．ただし，水の気化熱は $L_\mathrm{V} = 2.26 \times 10^3\ \mathrm{J \cdot g^{-1}}$ である．

(2) このとき気体がピストンにした仕事はいくらか．

(3) この系（水と水蒸気）の内部エネルギーはいくら増加したか．

解答 (1) 100 °C の水 2g を 100 °C の水蒸気に変化させるのに必要な熱量 Q は (14.16) より

$$Q = mL_\mathrm{V} = (2.26 \times 10^3\ \mathrm{J \cdot g^{-1}}) \times (2\mathrm{g}) = 4.5 \times 10^3\ \mathrm{J}$$

したがって，加えた熱量は 4.5×10^3 J．

(2) 気体がピストンになした仕事 W は，気体の圧力を p，体積の増分を ΔV とすると，$W = p\Delta V$ である．ここで，p，ΔV に，それぞれ 1.01×10^5 Pa および $3.3 \times 10^{-3}\,\mathrm{m}^3$ を代入すると

$$W = (1.01 \times 10^5\,\mathrm{N \cdot m^{-2}}) \times (3.3 \times 10^{-3}\,\mathrm{m}^3) = 3.3 \times 10^2\,\mathrm{J}$$

(3)　熱力学の第 1 法則 (15.9) より，内部エネルギーの増加 ΔU は

$$\Delta U = Q - W = 4.5 \times 10^3\,\mathrm{J} - 3.3 \times 10^2\,\mathrm{J} = 4.2 \times 10^3\,\mathrm{J}$$

15.4　熱力学の第 1 法則といろいろな熱力学的過程

系（物体）の状態は，外部との熱的および力学的なエネルギーのやり取りを通して，1 つの状態 A から別の状態 B へ変化することができる．その場合の物体の状態の変化（**過程**という）は，外部とのエネルギーのやり取りの仕方によって特徴づけられる．

孤立系

外部と熱的にも力学的にもエネルギーのやり取りをしない系を**孤立系**という．この場合は系への熱の流れもなく，また系が外部へ仕事をする（または外部から仕事をされる）こともないから，$Q = W = 0$ である．したがって，熱力学の第 1 法則 (15.9) を孤立系に適用すると，

$$\Delta U = U_{\mathrm{B}} - U_{\mathrm{A}} = 0 \tag{15.12}$$

となる．すなわち，

> 孤立系：孤立系の内部エネルギーは保存される（$U_{\mathrm{A}} = U_{\mathrm{B}}$）．

断熱変化（断熱過程）

系への熱の出入りがまったくない変化を**断熱変化**（**断熱過程**）という．断熱過程は $Q = 0$ の過程である．熱力学の第 1 法則 (15.9) をこの断熱過程に適用すると，

$$\Delta U = -W \tag{15.13}$$

となる．断熱過程は，系を周囲から熱的に絶縁するか，熱の伝達が無視できるほど急速に過程を進行させることによって実現させることができる．

定積変化（定積過程）

一定体積のもとでの圧力と温度の変化を**定積変化**（**定積過程**）という．定積変化では $dV = 0$ であるから，系がする仕事 W は 0 である．したがって，熱力学の第 1 法則 (15.9) は，

$$\Delta U = Q \tag{15.14}$$

となる．すなわち，定積変化では系に与えられた熱量のすべてが，系の内部エネルギーの増加に使われる．

定積変化は気体の場合は容易に実現できるが，液体や固体の場合に，体積を変えないで温度や圧力を変えることは難しい．しかし，液体や固体では，体積の変化そのものが小さいので，液体や固体の変化は，通常は定積変化として扱われる．

定圧変化（定圧過程）

一定圧力のもとで進行する温度や体積の変化を**定圧変化**（**定圧過程**）という．定圧変化の場合は，系への熱の移動も系がする仕事も 0 ではない．圧力 p のもとで体積が V_A から V_B に変化するとき，系が外部へする仕事は $W = p(V_B - V_A)$ であるから，この場合の熱力学の第 1 法則 (15.9) は

$$\Delta U = Q - p(V_B - V_A) \tag{15.15}$$

となる．

等温変化（等温過程）

一定温度のもとで進行する系の体積と圧力の変化を**等温変化**（**等温過程**）という．p–V 図上の等温変化を表す曲線は等温線と呼ばれる．理想気体の場合はボイル–シャルルの法則 (14.2) が成り立つから，等温線は双曲線となる．理想気体の内部エネルギーは絶対温度 T のみの関数である．したがって，温度が変化しない等温変化では内部エネルギーは変化しない．熱力学の第 1 法則 (15.9) は等温変化では

$$\Delta U = 0 \tag{15.16}$$

となる．

第 16 章
気体の分子運動論

第 14 章で述べたボイル–シャルルの法則 (14.2) は，理想気体の圧力，体積，温度という巨視的変数（つまり状態変数）の間の関係を与えるもので，**理想気体の状態方程式**と呼ばれる．この章では，気体を分子の集合体として扱う微視的な立場から，個々の分子の運動にニュートンの運動の法則を適用し，さらに統計的な処理をほどこして導かれた結果を，理想気体の状態方程式 (14.2) と比較することによって，“気体の内部エネルギー” や “気体の温度” という熱力学の基本的概念に対する微視的な立場からの物理学的な解釈を与える．

この章のように，気体を，運動している分子の集合体として微視的な立場から扱う議論は**気体分子運動論**と呼ばれる．

16.1　理想気体の剛体球モデル

気体分子運動論では，数学的な取り扱いを簡単にするために，気体の分子に対して次のような**剛体球モデル**を仮定する．

(1)　気体を構成している分子はすべて同じであって，その体積は無視できるほど小さい剛体球とみなされる．

(2)　気体を構成している分子の数はきわめて大きく（アボガドロ数程度），各分子はいろいろな速さをもち，あらゆる方向に同じ確率で運動している．

(3)　各分子の運動はニュートンの運動の法則に従っており，分子同士または分子と容器の壁は弾性衝突する．

(4)　容器の壁を構成している分子が，壁に衝突する気体分子から受け取るエネルギーの平均値と，気体分子が壁の分子から受け取るエネルギーの平均値は等しい．

16.2　理想気体の圧力

上の剛体球モデルによって，理想気体の圧力を与える式を導いてみよう．16.1(a) のような各辺の長さが l の立方体の容器（容積 V）の中に，N 個の

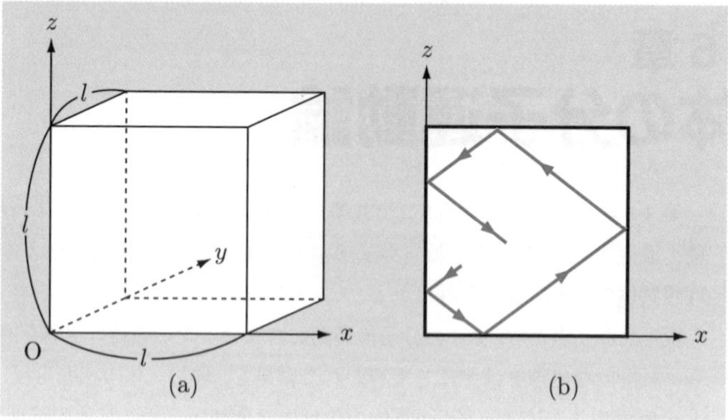

図 16.1　**箱の中の気体分子と壁の衝突**

気体分子が閉じ込められている場合を考える．各分子はすべて等しく，質量が m の質点とみなすことができるものとする．したがって，これらの気体分子は互いに衝突することもなく，容器内を自由に飛び回っている．

気体分子と壁との弾性衝突

気体の圧力は，容器の壁の単位面積あたりに気体が加える平均の力である．したがって，分子が壁に衝突したときに壁に与える力の平均値を計算すればよい．分子の壁との衝突は弾性衝突であって，図 16.1(b) のように反射の法則に従っているとする．いま，ある 1 個の分子が，図 (b) の右側の壁に向かって速度 $\boldsymbol{v}$ で運動し，壁に衝突する際に壁から受ける力積を求めてみよう．この分子の速度の成分を v_x，v_y，v_z とすると，衝突によって x 成分は反転されて，v_x は $-v_x$ に変わるが，y 成分と z 成分は変化しない (図 16.2)．すなわち，壁との弾性衝突による分子の運動量変化 $\Delta\boldsymbol{p}$ の各成分は，

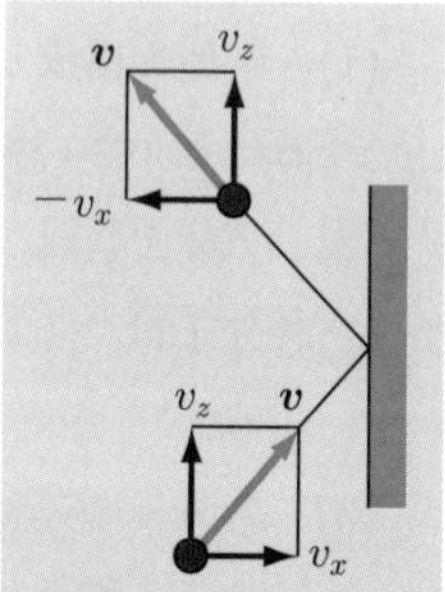

図 16.2　**分子と壁の弾性衝突**

$$\Delta p_x = -mv_x - mv_x = -2mv_x, \qquad \Delta p_y = \Delta p_z = 0 \tag{16.1}$$

となる．第 6 章で学んだように，粒子の運動量の変化は粒子が受けた力積に

等しい．したがって，この分子の運動量の変化は壁が分子に及ぼした力の力積に等しく，逆に，壁は作用反作用によりこれと同じ大きさの力積を分子から受ける．

いま，時間 Δt の間に，分子が図 16.1 の右側の壁に与える力積を求めてみよう．分子が壁に衝突した後，再び同じ壁に衝突するには，分子は x 方向に距離 $2l$ だけ移動するので，その所要時間は $2l/v_x$ である．したがって，時間 Δt の間に，この分子がこの壁に衝突する回数は，

$$\Delta t \times \frac{v_x}{2l}$$

である．衝突の度に分子は壁に x 方向の力積 $2mv_x$ を与えるから．この間に壁がこの分子から受ける力積の合計は，

$$2mv_x \times \Delta t \times \frac{v_x}{2l} = mv_x^2 \left(\frac{\Delta t}{l} \right) \tag{16.2}$$

となる．これは 1 個の分子が壁に垂直に及ぼす平均の力を F とすると，$F\Delta t$ と置くことができる．したがって，F は (16.2) から

$$F = \frac{mv_x^2}{l} \tag{16.3}$$

と求められる．

気体の圧力と分子の運動エネルギー

壁が気体全体から受ける力は，個々の分子による力 (16.3) の総和である．気体の圧力 p は，それを単位面積あたりで表したのものであるから，

$$p = \frac{1}{l^3} \sum_{i=1}^{N} mv_{ix}^2 = \frac{1}{V} \sum_{i=1}^{N} mv_{ix}^2 \tag{16.4}$$

と得られる．N 個の分子についての v_x^2 の平均値 $\langle v_x^2 \rangle$ を

$$\langle v_x^2 \rangle = \frac{1}{N} \sum_{i=1}^{N} v_{ix}^2 \tag{16.5}$$

と定義すると，(16.4) は

$$p = \frac{N}{V} m \langle v_x^2 \rangle \tag{16.6}$$

と書き表される．

1 分子の速さ v の 2 乗平均は

$$\langle v^2 \rangle = \langle v_x^2 \rangle + \langle v_y^2 \rangle + \langle v_z^2 \rangle \tag{16.7}$$

で与えられる．ここで，各分子の運動はランダムであり，平均的にみれば等方的であるから，右辺の各項は等しくなければならない．すなわち

$$\langle v_x^2 \rangle = \langle v_y^2 \rangle = \langle v_z^2 \rangle = \frac{1}{3}\langle v^2 \rangle \tag{16.8}$$

と書ける．これを (16.6) に代入すると，圧力は，結局

$$p = \frac{1}{3}\frac{Nm}{V}\langle v^2 \rangle = \frac{2}{3}\frac{N}{V}\left\{\frac{1}{2}m\langle v^2 \rangle\right\} \tag{16.9}$$

のように表すことができる．この方程式によれば，気体の圧力 p は，単位体積あたりの分子数 N/V と 1 分子あたりの平均並進運動エネルギー $m\langle v^2 \rangle/2$ の積に比例している．

16.3 温度の分子論的解釈

気体の温度と平均運動エネルギー

(16.9) を次のように少し変形すると，温度の分子論的な意味がわかる．

$$pV = \frac{2}{3}N\left\{\frac{1}{2}m\langle v^2 \rangle\right\} \tag{16.10}$$

この式を，なじみの深い理想気体の状態方程式 (14.2) と比較してみよう．まず，気体の分子数 N を，アボガドロ数 N_{A} と気体のモル数 n で表すと，(16.10) は

$$pV = \frac{2}{3}nN_{\mathrm{A}}\left\{\frac{1}{2}m\langle v^2 \rangle\right\} \tag{16.11}$$

となる．この方程式の右辺と (14.2) の右辺を等しいとおくと，

$$\frac{1}{2}m\langle v^2 \rangle = \frac{3}{2}\frac{R}{N_{\mathrm{A}}}T \tag{16.12}$$

が得られる．ここに，右辺は 1 分子あたりの平均並進運動エネルギーである．すなわち，(16.12) は温度が分子の運動エネルギーの直接的な目安であることを示している．ここで，

$$k_B = \frac{R}{N_A} = 1.380658 \times 10^{-23}\,\mathrm{J \cdot K^{-1}} \tag{16.13}$$

で定義される**ボルツマン定数** k_B を用いると，(16.12) は

$$\frac{1}{2}m\langle v^2\rangle = \frac{3}{2}k_B T \tag{16.14}$$

と表される．したがって，1 分子あたりの平均並進運動エネルギーは $(3/2)k_BT$ である．

例題 16.1

ヘリウムの分子量は $4\,\mathrm{g \cdot mol^{-1}}$ である．$20\,°\mathrm{C}$ のヘリウムガス中のヘリウム分子について，次の量を求めよ．

(1) 平均並進運動エネルギー

(2) 2 乗平均速度

解答 (1) ヘリウムガスは理想気体とみなすことができる．したがって，(16.14) から，平均並進運動エネルギー ε は，

$$\varepsilon = \frac{3}{2}k_BT = \frac{3}{2} \times (1.38 \times 10^{-23}\,\mathrm{J \cdot K^{-1}}) \times (293\,\mathrm{K}) = 6.07 \times 10^{-21}\,\mathrm{J}$$

(2) (16.12) から，2 乗平均速度は

$$\sqrt{\langle v^2\rangle} = \sqrt{\frac{3RT}{M}} = \sqrt{\frac{3 \times (8.31\,\mathrm{J \cdot mol^{-1} \cdot K^{-1}}) \times (293\,\mathrm{K})}{4 \times 10^{-3}\,\mathrm{kg \cdot mol^{-1}}}}$$
$$= 1.35 \times 10^3\,\mathrm{m \cdot s^{-1}}$$

エネルギーの等分配則

(16.8) を用いると，(16.14) は，x，y，z の各方向の運動についての 1 分子あたりの平均並進運動エネルギーでもって書き直すことができて，

$$\frac{1}{2}m\langle v_x^2\rangle = \frac{1}{2}m\langle v_y^2\rangle = \frac{1}{2}m\langle v_z^2\rangle = \frac{1}{2}k_BT \tag{16.15}$$

となる．これは，気体分子の並進運動の各自由度ごとに，それぞれ等しいエネルギー $(1/2)k_BT$ が分配されていることを表しており，**エネルギー等分配則**と呼ばれる．すなわち，

エネルギー等分配則：熱平衡にある系のエネルギーはすべての自由度に等しく $(1/2)k_{\mathrm{B}}T$ ずつ分配される．

この法則は，気体の並進運動の自由度だけでなく，回転運動や振動運動の自由度にも適用される基本的な法則である．

16.4 理想気体の内部エネルギー

単原子分子気体の内部エネルギー

第 15 章では，系の内部に保有されるエネルギーとして内部エネルギーという状態量を定義した．これは，微視的にみると系を構成している原子や分子の力学的エネルギーの総和であるが，他の状態量と同様に，巨視的な量として扱われる場合にはその変化量だけが意味をもっていた．すなわち，内部エネルギーの基準点は問題にしなくてよかった．

しかし，これまでの剛体球モデルに基づいた理想気体の議論によれば，巨視的な状態量である圧力は，1 分子あたりの並進運動エネルギーという微視的な量によって表すことができ，温度は，その分子の平均並進運動エネルギーの直接的な目安を与える量であることがわかった．このことは，理想気体の内部エネルギーの絶対値，したがって，内部エネルギーの基準点が定義できることを示唆している．

ヘリウムやネオンあるいはアルゴンのような**単原子分子気体**（1 分子に 1 原子しか含まれない分子からなる気体）は，分子が構造をもたない上に，分子間の相互作用も小さいため理想気体に近い振る舞いをすることが知られている．いま，ある容積の容器に入っている n mol の単原子分子気体を考えよう．この気体に熱エネルギーを与えると，加えられたエネルギーはすべて分子の並進運動エネルギーとなり，気体の内部エネルギーはそれだけ増加する．したがって，容器内の気体の全内部エネルギー U は，気体分子の並進運動エネルギーの総和であり，(16.12) より，

$$U = nN_{\mathrm{A}}\left\{\frac{1}{2}m\langle v^2\rangle\right\} = \frac{3}{2}nRT \qquad (16.16)$$

となる．これからわかるように，分子同士の相互作用が無視できる単原子分

子気体（理想気体）の場合は，内部エネルギーは絶対温度 T のみの関数であって，$T = 0\,\mathrm{K}$ で $U = 0$ となる．

理想気体のモル比熱

第 14 章で定義したように，気体のモル比熱 c は，1 mol の気体に熱量 Q を与えて（状態が A から B に変化し），温度が ΔT だけ上昇すれば，

$$c = \frac{Q}{\Delta T} \tag{16.17}$$

で与えられる．しかし，この比熱の値は A から B に至る過程によって変わってくる．

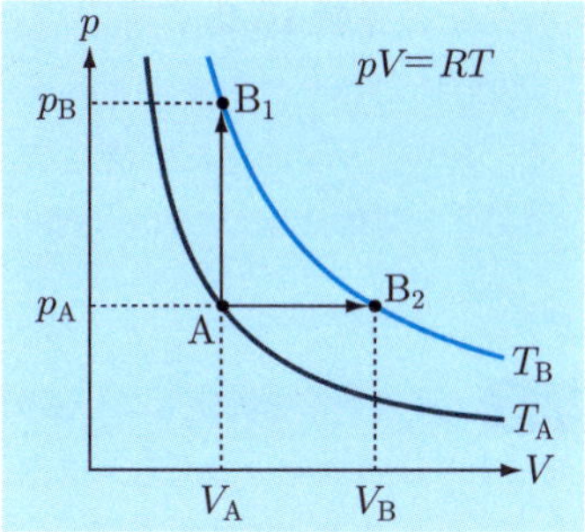

図 16.3 理想気体の定積過程と定圧過程

たとえば，図 16.3 の p–V 図において，$\mathrm{A}(p_\mathrm{A}, V_\mathrm{A}, T_\mathrm{A})$ から，体積一定のもとで $\mathrm{B}_1(p_\mathrm{B}, V_\mathrm{A}, T_\mathrm{B})$ へ至る定積過程と，圧力一定のもとで $\mathrm{B}_2(p_\mathrm{A}, V_\mathrm{B}, T_\mathrm{B})$ へ至る定圧過程を比べてみよう．ここで，2 つの終状態 B_1 と B_2 は等温線（$T = T_\mathrm{B}$）上にあるため内部エネルギーは等しいので，これらの 2 つの過程における内部エネルギーの増加 ΔU は等しく，

$$\Delta U = \frac{3}{2}R(T_\mathrm{B} - T_\mathrm{A}) = \frac{3}{2}R\Delta T \tag{16.18}$$

である．

まず，定積過程を考えてみよう．この場合，体積変化はないので気体は外部に対して仕事を行わない．したがって，熱力学の第 1 法則によれば，気体に加えられた熱量 Q はすべて内部エネルギーとなり，内部エネルギーはその分だけ増大する．すなわち，

$$Q = \Delta U = \frac{3}{2}R\Delta T \tag{16.19}$$

である．この Q を (16.17) に代入すると，**理想気体の定積モル比熱** c_V が，

$$c_V = \frac{3}{2}R \tag{16.20}$$

と得られる．また，(16.16) から，これは，

$$c_V = \frac{dU}{dT} \tag{16.21}$$

とも表される．

例題 16.2

300 K のヘリウムガス 4 mol がピストンつきのシリンダーに入れられている．いま，ピストンを固定した状態で，シリンダー内の気体の温度を 500 K まで高めた．このとき気体に与えられた熱量はいくらか．気体定数は $R = 8.31\,\mathrm{J\cdot mol^{-1}\cdot K^{-1}}$ とする．

解答　ピストンを固定しているので，これは定積過程であって，この過程で気体が外部にする仕事はゼロである．また，ヘリウムガスは理想気体とみなせる．したがって，n mol のヘリウムガスの温度を ΔT だけ上昇させるのに必要な熱量は，(16.19) から

$$Q = \frac{3}{2}nR\Delta T = \frac{3}{2}(4\,\mathrm{mol})(8.31\mathrm{J\cdot mol^{-1}\cdot K^{-1}})(200\,\mathrm{K}) = 9.97\times 10^3\,\mathrm{J}$$

一方，定圧過程の場合も，内部エネルギーの増加 ΔU は，定積過程と同様に (16.18) で与えられる．しかし，この過程では体積が膨張するため，気体は外部に対して

$$W = p_\mathrm{A}(V_\mathrm{B} - V_\mathrm{A}) = p_\mathrm{A}\Delta V \tag{16.22}$$

の仕事をする（図 16.4）．これは，ボイル–シャルルの法則 (14.2) を適用すると，

$$W = p_\mathrm{A}\Delta V = R(T_\mathrm{B} - T_\mathrm{A}) = R\Delta T \tag{16.23}$$

と書き表される．このように，定圧過程では，気体に加えられた熱量 Q は，すべてが内部エネルギーになるのではなく，一部は仕事に変換される（図 16.4）．

熱力学の第 1 法則 (15.9) に (16.18) および (16.23) を代入すると

$$\frac{3}{2}R\Delta T = Q - R\Delta T \tag{16.24}$$

となる．これより，**理想気体の定圧モル比熱** c_p は，

$$c_p = \frac{Q}{\Delta T} = \frac{3}{2}R + R = \frac{5}{2}R \tag{16.25}$$

と得られる．

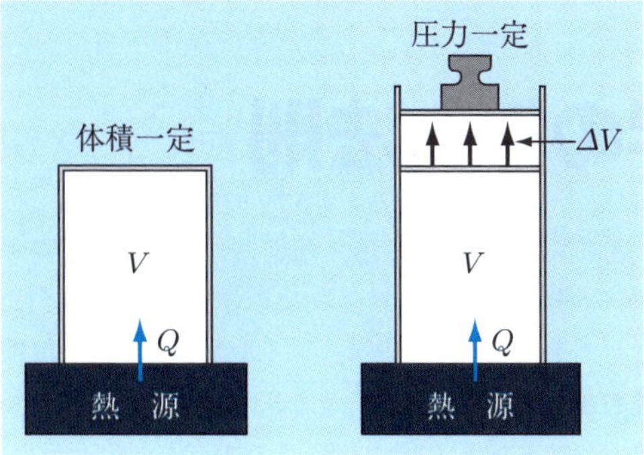

図 16.4 定圧変化の熱と仕事

(16.20) と (16.25) から，

$$c_p - c_V = R \tag{16.26}$$

が導かれる．この式は**マイヤーの法則**と呼ばれ，常温，常圧にある多くの気体について成り立つことが確かめられている．また，c_p と c_V の比 γ $(= c_p/c_V)$ は**比熱比**と呼ばれ，無次元の量である．理想気体の比熱比は

$$\gamma = \frac{c_p}{c_V} = \frac{5}{3} = 1.67 \tag{16.27}$$

である．

例題 16.3

300 K のヘリウムガス 4 mol がピストンつきのシリンダーに入れられている．いま，ピストンを自由にして，その上に一定の重さのおもりを乗せた状態で，シリンダー内の気体の温度を 500 K まで高めるには，気体にどれだけの熱量を与えなければならないか．ただし，ヘリウムの定圧モル比熱は $c_{\mathrm{P}} = 20.8\,\mathrm{J\cdot mol^{-1}\cdot K^{-1}}$ である．

解答 これは定圧過程である．したがって，4 mol のヘリウムガスを 200 K だけ上昇させるために与えなければならない熱量 Q は

$$Q = nc_{\mathrm{P}}\Delta T = (4\,\mathrm{mol})(20.8\,\mathrm{J\cdot mol^{-1}\cdot K^{-1}})(200\,\mathrm{K}) = 1.66\times 10^4\,\mathrm{J}$$

第 17 章 熱力学の第 2 法則

第 15 章で学んだ熱力学の第 1 法則によれば，系（物体）と外部との間のエネルギーの移動は仕事と熱量の 2 つの過程によって行われ，この 2 つの過程を通して系に流入した正味のエネルギーは，系を構成している原子・分子の微視的な運動エネルギー，つまり内部エネルギーに変換される．これからみると，仕事も熱量も伝達されるエネルギーの一形態であって同じようにみえる．しかし，熱と仕事の間には第 1 法則には語られていない重要な違いがある．すなわち，系の周囲の状態をまったく変えることなく仕事を熱に変えることはできても，逆に熱を完全に仕事に変えることはできないのである．

たとえば，表面の粗い床上を滑る物体は，摩擦によって運動エネルギーを失っていき，やがて静止してしまう．このとき，物体の失った運動エネルギーはすべて熱となって，床と物体の内部エネルギーに変換されるが，その熱が再び運動エネルギーに変わって物体が動き出すことは決してない．このように，自然界には，熱力学の第 1 法則を満たしていても，決して起こりえない過程がある．このことは，エネルギーの形態は無条件で変換できるのではなく，その変換には何らかの制約があることを示唆している．本章では，このエネルギーが形態を変える際の条件について述べている**熱力学の第 2 法則**を学ぶ．

17.1 熱力学の第 2 法則

可逆過程と不可逆過程

現実に起こる系の変化には “方向性” がある．たとえば，高温の物体と低温の物体を接触させると，熱は必ず高温側から低温側へ流れて，逆に低温側から高温側へ流れることはない．もし，熱を低温側から高温側へ流そうとすれば，外部から系に何らかの作用を与えなければならないだろう．このような一方的にしか起こらない過程を**不可逆過程**という．

過程には，**可逆過程**と不可逆過程が考えられ，それぞれは次のように定義されている．

可逆過程：1 つの系が，ある状態 A から一連の逐次的な平衡状態をたどって別の状態 B に到達できる場合，この A → B の過程を可逆過程という．

したがって，可逆過程では，その過程を逆にたどることによって，系および系の状態の変化に関与したすべての物体をもとの状態に戻すことが可能である．一方，可逆過程でない過程はすべて不可逆過程である．すなわち，

不可逆過程：どのような方法をとっても，系とその周囲のものが自らはじめの状態に戻ることができないとき，A → B の過程を不可逆過程という．

後でみるように，熱力学の第 2 法則によれば，現実に起こる熱を伴う現象はすべて不可逆過程である．

気体の状態を p–V 図上で表すと，可逆過程がたどる一連の逐次的平衡状態は図上では 1 つの曲線で表される．また，逆に描かれた曲線によってどのような過程が進行したかを知ることもできる．しかし，不可逆過程の場合は，過程が一連の非平衡状態をたどるため，もはや p–V 図上の曲線で表すことはできない．それは，非平衡状態では 1 つの状態変数（たとえば体積）が定まっても，他の 2 つの変数（温度と圧力）が系の部分によって変化していて特定できないからである（図 17.1 参照）．

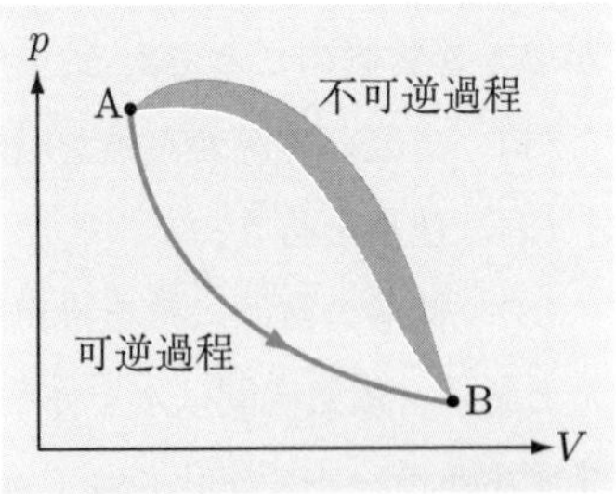

図 17.1　可逆過程と不可逆過程

準静的な過程

現実の熱を伴う現象はすべて不可逆過程である．しかし，15.2 節でも述べたように，限りなく可逆的に近い過程を考えることはできる．それは，系が逐次的な限りなく平衡に近い状態をたどる過程である．

たとえば，ピストン付きの容器に入っている気体を考えよう．ピストンには気体の圧力につり合うだけのおもりがのっていて，気体は圧力 p，温度 T

で平衡状態にあるものとする．いま，このおもりの重さをごくわずかだけ増すと，気体は圧縮されて体積がわずかに減少し，その結果，気体は新しい平衡状態に移る．このような，系が常に平衡状態をたどりながら，きわめてゆっくり変化していく過程を**準静的過程**，または**ほとんど静的な過程**という．準静的過程は常に平衡状態を保ちながら変化するので，どちら向きにも変化できる．したがって，準静的過程は可逆的過程である．

熱機関

熱機関とは，熱エネルギーを力学的エネルギーに変換する装置である．熱機関では，シリンダーに封入された空気のように，熱を吸収させて仕事をさせるための物質が使われる．この物質のことを**作業物質**と呼ぶ．熱機関は作業物質を使って，次の3つの過程からなる**循環過程**（**サイクル**）を行うことができる装置のことである．

(1) 高温の熱源から熱を吸収する．

(2) 仕事を行う．

(3) 低温の熱源に熱を排出する．

たとえば，**蒸気機関**は水を作業物質とする熱機関であるが．この場合，水は，まずボイラー内で気化されて水蒸気になり（高温の熱源から熱を吸収），この水蒸気がピストンを移動させ（仕事），次に水蒸気は冷却水で冷却されて凝縮され（低温の熱源に熱を放出），もとの水になってボイラーに戻る．

このように，サイクルは作業物質がやがてもとの状態に戻る過程であって，等温過程，断熱過程，等圧過程，等積過程を組み合わせたいろいろなサイクルが考案されている．

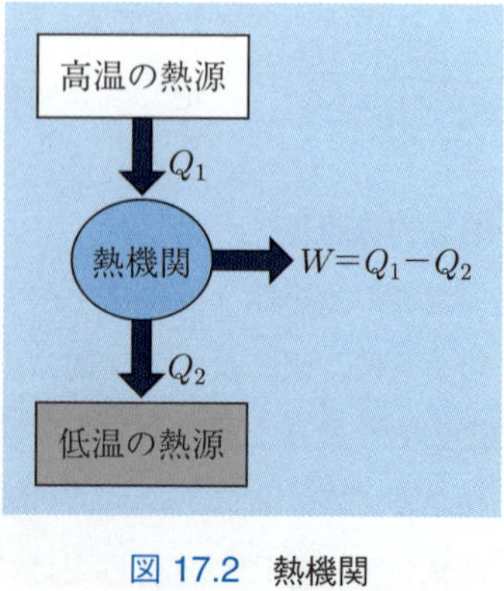

図17.2 熱機関

どのような熱機関でも，サイクルのどこかで，高温の熱源から熱 Q_1 を受け取って，その一部を仕事 W に変え，残りの内部エネルギー $Q_2 = Q_1 - W$ を熱として低温の熱源に放出する．これを図示すると図 17.2 のようになる．

熱機関の効率

熱機関では，サイクルを一巡すると作業物質は最初の状態に戻るため，サイクルのはじめと終わりの作業物質の内部エネルギーは等しくなり，$\Delta U = 0$ となる．また，熱量の符号については，Q_1 は熱源から吸収する場合を正，Q_2 は熱源に放出する場合を正とすると，サイクルが一巡する間に作業物質が吸収する正味の熱量は $Q_1 - Q_2$ である．したがって，熱力学の第 1 法則から，熱機関によってなされる仕事 W は，

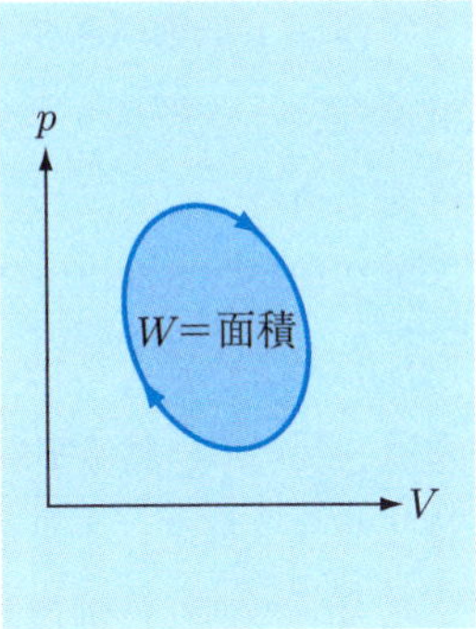

図 17.3　熱機関がする仕事

$$W = Q_1 - Q_2 \tag{17.1}$$

となる．作業物質が気体の場合には，サイクルは p–V 図上では閉曲線で表される．したがって，1 サイクルの間に熱機関がする仕事 W は，図 17.3 のように p–V 図上で閉曲線によって囲まれた面積になる．

1 サイクルの間に，熱機関が高温の熱源から受け取る熱量 Q_1 と外部にする仕事 W との比

$$\eta = \frac{W}{Q_1} = \frac{Q_1 - Q_2}{Q_1} \tag{17.2}$$

を**熱機関の効率**という．

熱力学の第 2 法則

(17.2) から，熱機関は $Q_2 = 0$ のときのみ効率 η が 1 となる．このような効率 100%の熱機関は，1 つの熱源から熱を受け取って，それをすべて仕事に変える以外に，何の効果も生み出さない装置である．もし，そのような熱機関があれば，たとえば海洋を航行する船舶は，海水から熱を受け取って，それを仕事に変えてスクリューを回すことができるので，燃料が要らなくなる．このような熱機関は**第 2 種永久機関**と呼ばれる．

これに対して，外部から熱の供給を受けないで（$Q_1 = 0$），しかも外部には仕事をする装置を**第 1 種永久機関**という．これは，明らかに熱力学の第 1 法則（エネルギー保存則）に反しているので，このような装置を作ることは勿論不可能である．

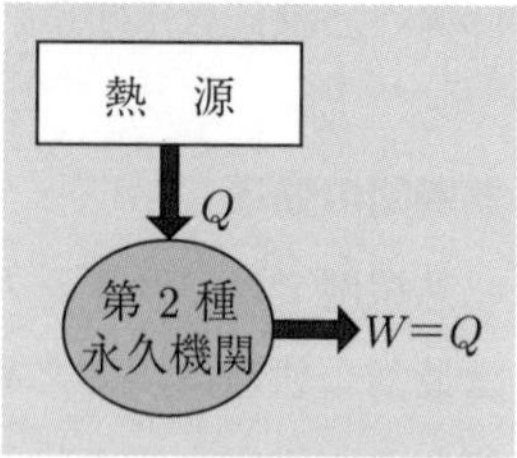

図 17.4　**第 2 種永久機関**

第 2 種永久機関は，$Q = W$（図 17.4）であるから熱力学の第 1 法則には矛盾しない．そのため一見実現が可能のように見える．しかし，熱力学の第 2 法則は，熱から仕事への変換には制約があって，第 2 種永久機関は不可能であることを経験則として主張している．

熱力学の第 2 法則は，それぞれ**トムソンの原理**および**クラウジウスの原理**と呼ばれる 2 通りの異なった形の表現がされている．しかし，2 つの原理はまったく同じことを述べており，トムソンの原理からクラウジウスの原理を導き出すことも，また逆にクラウジウスの原理からトムソンの原理を導き出すこともできる（演習問題［9］）.

トムソンの原理：ただ 1 つの熱源から熱をとり，それをすべて仕事に変えるだけで，他に何も変化を残さない過程は存在しない．
（第 2 種永久機関は存在しない．**オストワルドの原理**）

クラウジウスの原理：低温の物体から熱を受け取り，それをすべて他の物体に移すだけで，他になんら変化を残さない過程は存在しない．

17.2　カルノーサイクル

カルノーサイクル

フランスの技術者カルノーは，熱機関の効率の限界を思考実験によって研究し，**カルノーサイクル**と呼ばれる理想的な熱機関を発見した．この熱機関はすべての熱機関の効率の上限を定めており，また，このサイクルからは熱力学的絶対温度が定義される．

カルノーサイクルは，作業物質として理想気体を用い，これを摩擦の無いピ

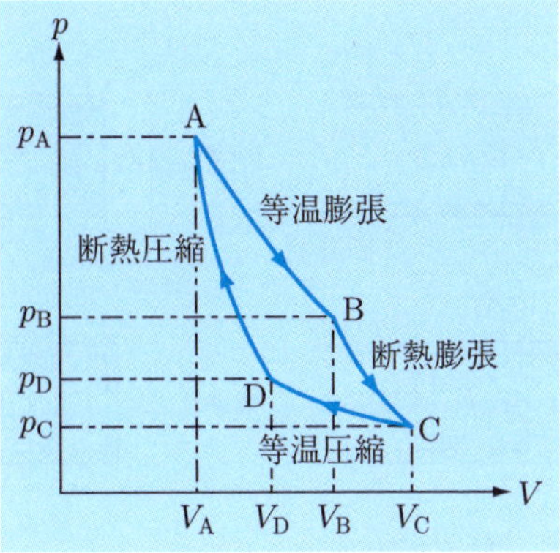

図 17.5　カルノーサイクルの $\boldsymbol{p}$–$\boldsymbol{V}$ 図

ストンのついたシリンダーに入れて，高温熱源（温度 T_1）と低温熱源（温度 T_2）との間を，等温過程と断熱過程をそれぞれ 2 回ずつ行って元に戻す可逆サイクルである．p–V 図で表すと図 17.5 のようになる．等温膨張（A → B），断熱膨張（B → C），等温圧縮（C → D），断熱圧縮（D → A）の 4 つの過程を経て 1 サイクルが完了する．

カルノーサイクルの 4 つの過程

(1)　A → B 過程：等温膨張過程（$\boldsymbol{T = T_1}$）

図 17.6(a) のように，この過程では，シリンダーを温度 T_1 の熱源に接触させながら，気体を準静的に膨張させる．すなわち，気体は高温熱源から熱量 Q_1 を受け取って状態 A $(p_{\mathrm{A}}, V_{\mathrm{A}}, T_1)$ から状態 B $(p_{\mathrm{B}}, V_{\mathrm{B}}, T_1)$ へ変化する．理想気体を 1 mol とすると，この変化の状態方程式は

$$pV = RT_1 \tag{17.3}$$

と表される．等温変化なので内部エネルギーの変化はなく，気体が外部へする仕事 W_{AB} は高温熱源から吸収する熱量 Q_1 に等しくなる．すなわち，

$$W_{\mathrm{AB}} = Q_1 = \int_{V_{\mathrm{A}}}^{V_{\mathrm{B}}} p dV = \int_{V_{\mathrm{A}}}^{V_{\mathrm{B}}} \frac{RT_1}{V} dV = RT_1 \log \frac{V_{\mathrm{B}}}{V_{\mathrm{A}}} \tag{17.4}$$

$V_{\mathrm{B}} > V_{\mathrm{A}}$ であるから，この過程では気体は外に正の仕事をする．

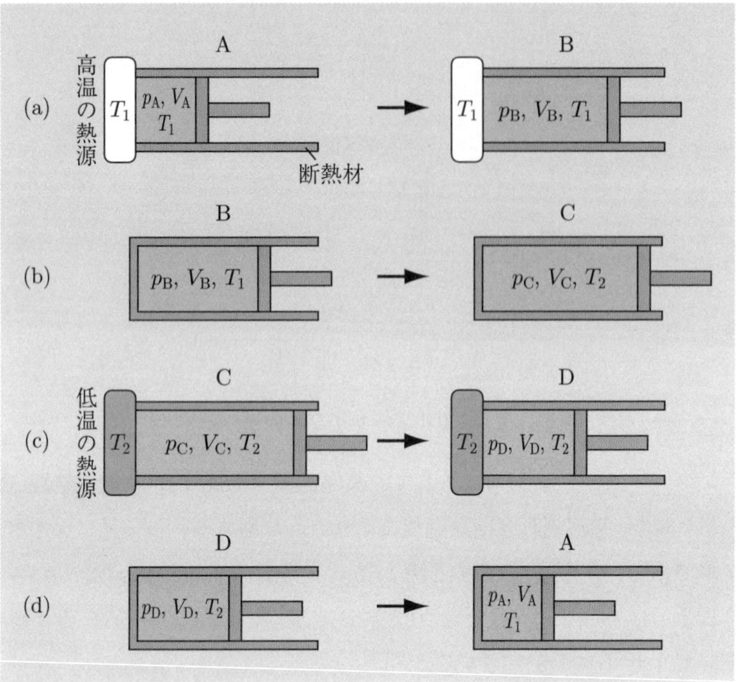

図17.6　カルノーサイクルの4つの過程

(2)　B → C 過程：断熱膨張過程

図17.6(b) のように，シリンダーを熱源から切り離し，気体を準静的に断熱膨張させて温度を $T_2\,(< T_1)$ まで下げる．この過程で気体の状態は $\mathrm{B}(p_\mathrm{B}, V_\mathrm{B}, T_1)$ から $\mathrm{C}(p_\mathrm{C}, V_\mathrm{C}, T_2)$ に変わる．断熱変化であるから熱の出入りはなく，この過程における内部エネルギーの変化は，熱力学の第1法則より，

$$U(T_2) - U(T_1) = -W_\mathrm{BC} \tag{17.5}$$

となる．これより，この断熱膨張過程で気体が外部にする仕事 W_BC は，

$$W_\mathrm{BC} = \frac{U(T_2) - U(T_1)}{T_2 - T_1}(T_1 - T_2) = c_V(T_1 - T_2) \tag{17.6}$$

と表される．ここで，右辺の変形には (16.21) が使われている．

(3)　C → D 過程：等温圧縮過程（$\boldsymbol{T = T_2}$）

図17.6(c) のように，こんどはシリンダーを温度 T_2（$< T_1$）の低温熱源に

接触させながら，気体を準静的に圧縮する．気体は低温熱源へ熱量 Q_2 を放出し，状態 $\mathrm{C}(p_\mathrm{C}, V_\mathrm{C}, T_2)$ から状態 $\mathrm{D}(p_\mathrm{D}, V_\mathrm{D}, T_2)$ へ変化する．この過程は等温過程なので内部エネルギーの変化はなく，(1) の過程と同様に，気体が外部へする仕事 W_CD は，気体が吸収する熱量 $-Q_2$ に等しくなる．すなわち，

$$\begin{aligned} W_\mathrm{CD} &= -Q_2 \\ &= RT_2 \log \frac{V_\mathrm{D}}{V_\mathrm{C}} \end{aligned} \tag{17.7}$$

となる．$V_\mathrm{D} < V_\mathrm{C}$ であるから，気体は外に負の仕事 W_CD をして，低温熱源に正の熱量 Q_2 を放出する．

(4)　D → A 過程：断熱圧縮過程

図 17.6(d) のように，シリンダーを低温熱源から切り離して，温度が元の T_1 に戻るまで気体を準静的に断熱圧縮する．断熱変化であるからこの過程で熱の出入りはなく，気体が外にする仕事 W_DA は，(2) の過程と同様に

$$\begin{aligned} W_\mathrm{DA} &= c_V(T_2 - T_1) \\ &= -W_\mathrm{BC} \end{aligned} \tag{17.8}$$

となり，これは負の値をとる．

気体の断熱過程

気体の断熱過程では，状態変数である圧力 p，体積 V，温度 T のすべてが変化する．とくに，断熱過程の任意の時点における p と V，V と T，p と T は，それぞれ断熱過程の定数と呼ばれる次の式によって結ばれている．

$$pV^\gamma = 一定 \tag{17.9}$$

$$TV^{\gamma-1} = 一定 \tag{17.10}$$

$$\frac{T^\gamma}{p^{\gamma-1}} = 一定 \tag{17.11}$$

ここで，γ は気体の比熱比である．これらの式は熱力学の第 1 法則と理想気体の状態方程式から導かれる．

例題 17.1

断熱過程の定数の 1 つである (17.9) を証明せよ．

解答　n mol の理想気体が断熱膨張（圧縮）する場合を考える．この断熱過程で，無限小の体積変化を dV，無限小の温度変化を dT とする．このとき気体がした仕事は pdV であるから，熱力学の第 1 法則により，

$$dU = nc_V dT = -pdV$$

である．いま，理想気体の状態方程式 $pV = nRT$ の両辺を微分すると，

$$pdV + Vdp = nRdT$$

である．これらの 2 つの方程式から dT を消去すると，

$$pdV + Vdp = -\frac{R}{c_V}pdV$$

となる．これは，さらに両辺を pV で割り，R に (16.26) を代入すると

$$\begin{aligned}\frac{dV}{V} + \frac{dp}{p} &= -\left(\frac{c_P - c_V}{c_V}\right)\frac{dV}{V} \\ &= (1-\gamma)\frac{dV}{V} \\ \therefore \quad \frac{dp}{p} + \gamma\frac{dV}{V} &= 0\end{aligned}$$

が得られる．この式は積分すると

$$\ln p + \gamma \ln V = \text{定数}$$

となる．これは (17.9) と等価である．こうして (17.9) が導かれる．

カルノーサイクルの効率

前節で述べたように，一般に熱機関の効率 η は，

$$\eta = \frac{W}{Q_1} = 1 - \frac{Q_2}{Q_1} \tag{17.12}$$

で与えられる．とくに，カルノーサイクルの場合は右辺に現れる熱量比 Q_2/Q_1 は，

$$\frac{Q_2}{Q_1} = \frac{T_2}{T_1} \tag{17.13}$$

とおくことができる．まず，このことを次の例題で証明しておこう．

例題 17.2

温度 T_1 の高温の熱源から熱量 Q_1 を吸収して，温度 T_2 の低温の熱源に熱量 Q_2 を放出するカルノーサイクルの熱量比 Q_2/Q_1 は，(17.13) で与えられることを示せ．

解答 (17.4) と (17.7) から，熱量比 Q_2/Q_1 は

$$\frac{Q_2}{Q_1} = -\frac{T_2 \log \frac{V_D}{V_C}}{T_1 \log \frac{V_B}{V_A}} \tag{17.14}$$

と表される．一方，カルノーサイクルの 2 つの断熱過程 B → C および D → A に (17.10) を適用すると，次式が得られる．

$$T_1 V_B^{\gamma} = T_2 V_C^{\gamma}, \qquad T_1 V_A^{\gamma} = T_2 V_D^{\gamma}$$

これらの方程式の両辺を割り算すると，

$$\left(\frac{V_B}{V_A}\right)^{\gamma} = \left(\frac{V_C}{V_D}\right)^{\gamma} \qquad \therefore \quad \frac{V_B}{V_A} = \frac{V_C}{V_D} \tag{17.15}$$

が得られる．そこで，(17.15) を (17.14) に代入すると，対数が相殺されて (17.13) が得られる．

(17.12) に (17.13) を代入すると，**カルノーサイクルの熱効率**は

$$\eta = 1 - \frac{Q_2}{Q_1} = 1 - \frac{T_2}{T_1} = \frac{T_1 - T_2}{T_1} \tag{17.16}$$

と表される．(17.16) は，気体に限らず，2 つの熱源の間でカルノーサイクルを行うすべての作業物質に適用することができる．したがって，カルノーサイクルの熱効率は 2 つの熱源の温度差が大きくなると増大する．

一般に可逆サイクルの熱効率は (17.16) で与えられる．しかし，現実の熱機関はすべて不可逆であり，そのような不可逆サイクルの効率は (17.16) よりは小さくなる．それは，現実の熱機関は，実際上の問題として摩擦や熱伝導による熱の損失を含むからである．したがって，任意の熱機関の熱効率は

$$\eta \leq \frac{T_1 - T_2}{T_1} \tag{17.17}$$

となる．ただし，等号は可逆サイクルの場合にのみ成り立つ．したがって，(17.16) で与えられる可逆サイクルの効率は**熱機関の効率の上限**を与える．

熱力学的絶対温度

(17.13) は熱量比 Q_2/Q_1 が 2 つの熱源の温度のみに依存していることを表している．このことを利用すると，物質の性質とは独立な温度目盛が定義できる．すなわち，基準の温度 T_0 の物体 $\mathrm{S_0}$ と未知の温度 T の物体 S を 2 つの熱源として，それらの間でカルノーサイクルを行わせ，$\mathrm{S_0}$ から受け取る熱量 Q_0 と S へ放出する熱量 Q を注意深く測定することによって，未知の温度 T を

$$T = \frac{Q}{Q_0} T_0 \tag{17.18}$$

と目盛ることができる．このようにして定義された温度目盛を**熱力学的絶対温度目盛**あるいは**ケルビン温度目盛**という．国際単位系では T_0 として，水の三重点の温度（273.16 K）が採用されている．

17.3　エントロピー

これまで，系の熱力学的状態を記述するために，温度と内部エネルギーという 2 つの状態量（状態変数）を用いてきた．これらは，それぞれ熱力学の第 0 法則および第 1 法則に関係して導入された概念である．本節では，熱力学の第 2 法則に関係したもう 1 つの新しい状態量を導入する．この新しい状態量は，それを最初に定義したクラウジウスによって**エントロピー**と名付けられている．

本節では，クラウジウスが最初に定義したときと同じように，系の巨視的な熱力学的状態量としてエントロピー定義する．ここであえて熱力学的と断った訳は，熱力学の後に登場した統計力学の発展によって，エントロピーの統計力学的な意味が解釈できるようになったからである．

エントロピー変化の定義

熱力学の第 1 法則

$$\varDelta U = U_\mathrm{B} - U_\mathrm{A} = Q - W \tag{15.9}$$

で定義されているのは，内部エネルギー U そのものではなく，内部エネルギーの変化 $\varDelta U$ である．それと同様に，エントロピー S もまた S そのもの

ではなく，エントロピーの変化 ΔS が定義される．すなわち，

エントロピーの変化：系が温度 T の熱源から熱量 Q を吸収して，状態 A から状態 B に準静的に等温変化するとき，熱量 Q を絶対温度 T で割った量を系のエントロピー変化 ΔS として定義する：

$$\Delta S = S_{\mathrm{B}} - S_{\mathrm{A}} = \frac{Q}{T} \tag{17.19}$$

したがって，エントロピーは内部エネルギーと類似の状態量である．熱力学的状態量としての内部エネルギーが，その基準点を問題にしないで，変化量と他の物理量との関係だけを問題にしたように，熱力学的なエントロピーもまたその変化量だけを問題にする．ただ，(15.9) は A から B への変化の仕方には無関係に成り立ったが，(17.19) は A → B が可逆過程である場合しか成り立たない．

ある特定の可逆過程で起こるエントロピー変化を計算しようとする場合は，温度は一般には一定ではなく，むしろ連続的に変化している．そのような場合にも，過程を微小部分（変化）に分割して，各微小区間において系が吸収する熱量を δQ，そのときの系の絶対温度を T とすると，微小区間の両端の 2 つの熱平衡状態におけるエントロピー変化（完全微分）dS が次のように定義される．

$$dS = \frac{\delta Q}{T} \tag{17.20}$$

ここでも熱量の変化は状態量の変化に当たらないので，不完全微分で表されている．

したがって，状態 A および状態 B の間の任意の可逆過程におけるエントロピー変化は dS の和を積分で表して

$$\Delta S = S_{\mathrm{B}} - S_{\mathrm{A}} = \int_{\mathrm{A}}^{\mathrm{B}} dS = \int_{\mathrm{A}}^{\mathrm{B}} \frac{\delta Q}{T} \quad \text{（可逆過程）} \tag{17.21}$$

と書ける．(17.21) の積分の値は，可逆過程であれば途中の経路によらないことが証明されている．すなわち，系のエントロピー変化は，始状態と終状態の状態変数だけに依存する．

可逆サイクルのエントロピー変化

可逆過程では，エントロピーに関係するのは始状態と終状態における状態変数だけであるから，始状態からはじまって再び始状態に戻る任意の可逆サイクルに対しては，$\Delta S = 0$ となる．このことを式で表すと，

$$\oint \frac{\Delta Q}{T} = 0 \tag{17.22}$$

となる．ここで，$\oint$ はサイクルに沿って一回り積分することを意味している．

断熱過程のエントロピー変化

可逆断熱過程の場合は，外部との熱の受け渡しが一切ない（$\delta Q = 0$）ので，(17.21) から $\Delta S = 0$ である．このように，可逆断熱過程はエントロピーの変化がないので，しばしば**等エントロピー過程**（**変化**）と呼ばれる．ただし，理想気体の断熱自由膨張のように，過程の途中で熱の出入りがまったくなくても，過程が可逆的でなければエントロピーは変化するが，その場合エントロピーは決して減少することはない．

エントロピーの変化については次のように言い表すことができる．

> **エントロピー増大の原理**：孤立系が変化をするとき，系の全エントロピーは減少することはない．もし，その過程が不可逆であれば，その孤立系の全エントロピーは常に増大する．

これは，熱力学の第 2 法則の別の表現である．

第 III 部演習問題

第 14 章　熱平衡と温度

[1]　**(温度計と温度目盛)**　華氏温度目盛と摂氏温度目盛とが同じ読みを示すのは何度か.

[2]　**(固体と液体の熱膨張)**　パリ近郊の国際度量衡局に保管されている歴史上最初のメートル原器は 0°C の長さがちょうど 1 m である. この旧メートル原器はプラチナとインジュウムの合金製で, 平均線膨張係数 α は $8.9\times10^{-6}(°\mathrm{C})^{-1}$ である. α が一定であるとして, 36°C のときのこのメートル原器の長さを求めよ.

[3]　**(熱容量と比熱)**　断熱した容器内で, 0°C の氷 250 g に 18°C の水 600 g を加えたところ最終的に何 °C になるか.

第 15 章　熱力学の第 1 法則

[4]　**(仕事と熱)**　日光の華厳の滝の落差は 97 m である. 滝を落下する水になされた重力の仕事はすべて, 水が滝つぼに衝突する際に熱エネルギーに変換される. 滝の上と滝つぼの中との水の温度の差はいくらか. ただし, 重力加速度の大きさは $9.8\,\mathrm{m\cdot s^{-2}}$, 水の比熱は $4.2\,\mathrm{J\cdot g^{-1}\cdot K^{-1}}$ とする.

[5]　**(熱力学の第 1 法則)**　大気圧 $(1.013\times10^{5}\,\mathrm{N\cdot m^{-2}})$ の下で 1 g の水は沸騰すると $1671\,\mathrm{cm^3}$ の水蒸気になる. 100°C の水 1 g が 100°C の水蒸気 1 g になる際の内部エネルギーの変化を求めよ. ただし, 大気圧のもとでの水の気化熱は $2.26\times10^{6}\,\mathrm{J\cdot kg^{-1}}$ である.

[6]　**(熱力学の第 1 法則)**　5 mol の理想気体がある. いま, 温度を 127°C に保ったまま体積が 4 倍になるまで等温膨張をさせた. この過程で気体が外部にした仕事を求めよ. ただし, 気体定数 R は $8.31\,\mathrm{J\cdot mol^{-1}\cdot K^{-1}}$ である.

第 16 章　気体の分子運動論

[7]　**(温度の分子論的解釈)**　体積 $0.5\,\mathrm{m^3}$ の容器に 20°C, 2 mol のヘリウムガスが入っている. ヘリウムガスは理想気体として振る舞うと仮定して, 以下の量を求めよ.

(1)　容器内のヘリウムガスの全内部エネルギー

(2)　ヘリウム 1 分子あたりの平均並進運動エネルギー

(3)　ヘリウム分子の 2 乗平均速度

[8]　**(温度の分子論的解釈)**　体積 $4.00\,\mathrm{m^3}$ の風船に, 内部圧力 $1.2\times10^{5}\,\mathrm{N\cdot m^{-2}}$ でヘリウムガスが詰められている. ヘリウム分子の平均運動エネルギーが $3.6\times10^{-22}\,\mathrm{J}$ であるとするとすると, 風船の中には何 mol のヘリウムがあるか.

第 17 章　熱力学の第 2 法則

[9] **（熱力学の第 2 法則）** 熱力学の第 2 法則にはトムソンの原理およびクラウジウスの原理と呼ばれる 2 通りの異なった表現がある．

(1) トムソンの原理からクラウジウスの原理を導け．

(2) クラウジウスの原理からトムソンの原理を導け．

[10] **（熱力学の第 2 法則）** 摩擦を伴う過程は不可逆過程であることをトムソンの原理を用いて証明せよ．

[11] **（エントロピー）** 定積熱容量 C_V の気体を，体積を一定に保ったまま，温度 T_{A} の状態 A から温度 T_{B} の状態 B へ変化させた．2 つの状態 A，B のエントロピーの差を求めよ．

第IV部

電磁気学

第 18 章
電荷と静電界

乾燥した冬などにセーターを脱いだり，プラスチック製の下敷きをこすったりすると，いわゆる「静電気」が起きる．このような現象は，摩擦電気として古くから知られており，ギリシャの七賢人の一人タレスは，琥珀（こはく）を毛皮で強くこすると，火花が発生したり，軽いものを引き寄せたりすることを知っていたと言われている．英語で「電気」を表す electro-は，琥珀のギリシャ語 $\eta\lambda\varepsilon\kappa\tau\rho o\nu$（ēlectron）に由来する．

この章では，この静電気による力をもとに，静電界という物理的な空間を導入する．

18.1 電　　荷

第 3 章で学んだように，万有引力の源は，日頃「重さ」として感じる質量にあるが，それに相当する静電気力の源を**電荷**（charge）という．電荷は質量と共に素粒子のもつ基本量であると考えられている．電荷をもった素粒子の典型は**電子**であるが，このように点と見なされる電荷を**点電荷**という．

電気量

質量と同様に電荷にも量がある．それを**電気量**という．単に電荷あるいは「電荷の大きさ」ともいう．「電荷 Q」とは電気量 Q をもった電荷を意味する．

さて電子や陽子はある決まった電荷をもっており，その大きさはおおよそ

$$e = 1.6 \times 10^{-19}\,\mathrm{C}$$

である．ここで C（クーロンと読む）は電荷の単位である．これは後の章で触れる．

日常経験する電気的な現象はほとんどが電子に起因するので，電気量は一般に e の整数倍になる．それゆえこの e の値を**電気素量**という．また電荷にこのような最小単位が存在することを，

電荷は量子化されている

という．

さて，電気量が定義できるということは，電気量には**相加性**があることを意味する．すなわち，電気量 Q と電気量 q を合わせると，その電気量は，代数和 $Q + q$ によって与えられる．

電荷の正負

静電気による力をよく観察すると，引力だけでなく斥力が働くことがある．これは，電荷には 2 種類あり，同種の電荷間には斥力，異種の電荷間には引力が働くと考えると矛盾なく説明できる．またこう考えれば，通常の物質が電気的に中性であることも，2 種類の電荷が等量ずつ含まれていて，斥力と引力が互いに相殺されて巨視的な静電気力が現れないためであると説明できる．これを電気的な**中和**という．

このような中和は，2 種類の電荷を正負で表すことにより，電気量の相加性と合わせて次のように表現できる．すなわち，

互いに等量で異種の電荷をそれぞれ Q，$-Q$ と表せば，両者の混合による中和は，代数和 $Q - Q = 0$ によって表される．

ただし，電荷の正負には絶対的な意味はない．電子の電荷は負とされているが，これは歴史的な経緯による．

帯電

通常の物質は，正負の電荷が混ざり合い，電気的に中性であると述べたが，実際，物質は正電荷の原子核と負電荷の電子から構成され，通常の状態では正負の電気量は等しい．しかし，物体同士の接触により，一部の電子が物体間で移動することがあり，その場合，物体中の正負の電気量に差が生じて巨視的に電荷が現れる．

たとえば，図 18.1 のようにエボナイト棒を毛皮でこすると，エボナイト棒に電子の一部が移動し，エボナイト棒は全体として負の電気を帯びる．こ

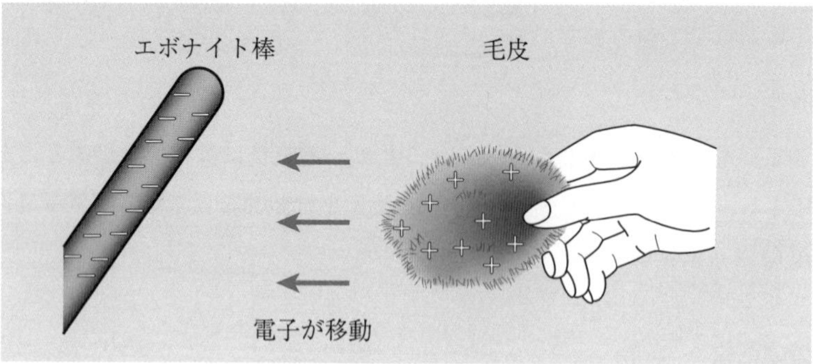

図 18.1　**帯電**

のように正負の電荷のバランスが崩れ，巨視的に電荷が現れた状態を一般に**帯電**という．最初に紹介した静電気は，まさにこの現象である．

電荷保存の法則

帯電は，電子の移動が原因であるから，電子の移動元と移動先を含む系全体を考えれば電荷の総量は変わらない．これを**電荷保存の法則**という．この法則は，実は

電荷自身が変化することはない

ことを示しており，これは非常に普遍的に成り立つ真理と考えられているが，ここでは深く立ち入らないでおく．

18.2　クーロン力

電荷の間には，引力や斥力が働くことを述べたが，その大きさについてはじめて明らかにしたのはクーロンである．クーロンは，第 3 章で述べたニュートンの万有引力の法則との類推から，距離 r だけ離れた点電荷 Q と点電荷 q との間には，

$$F = k\frac{Qq}{r^2} \quad \text{（ただし，}k\text{ は比例定数）} \tag{18.1}$$

のような式で与えられる力（**静電気力**）が働くと考え，精密なねじり秤を用いて以下のことを実験的に示した．すなわち，

クーロンの法則：距離 r だけ離れた点電荷 Q と点電荷 q との間に働く力は，図 18.2 のように

1. 向きは同一作用線上反対向きで，大きさは互いに等しい（作用・反作用の法則）
2. その大きさは電荷間の距離 r の 2 乗に反比例する（逆 2 乗則）
3. その大きさは電荷 Q, q それぞれに比例し（すなわち積 Qq に比例し），Q と q が同符号の場合は斥力，異符号ならば引力になる．

これを**クーロンの法則**という．またこれにちなんで，電荷に働く静電気力を**クーロン力**と呼ぶ．

(a) 同符号（$Qq>0$）　(b) 異符号（$Qq<0$）

図 18.2　**クーロン力**

以上をまとめると，点電荷 Q が距離 r だけ離れた点電荷 q に及ぼすクーロン力は，ベクトル的に

$$\boldsymbol{F} = \frac{1}{4\pi\varepsilon_0}\frac{Qq}{r^2}\hat{\boldsymbol{r}} \tag{18.2}$$

と表すことができる．ただし $\hat{\boldsymbol{r}}$ は点電荷 Q から点電荷 q に向かう単位ベクトルである．また，比例定数 k を

$$k = \frac{1}{4\pi\varepsilon_0}$$

としているが，これは SI 単位系における比例定数である．ここで，ε_0 は**真空の誘電率**と呼ばれ，その値は

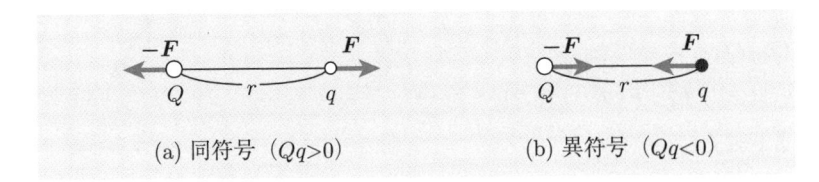

$$\varepsilon_0 = \frac{1}{c^2 \times 4\pi \times 10^{-7}}$$
$$\fallingdotseq 8.85 \times 10^{-12}\,\mathrm{F \cdot m^{-1}} \quad \text{（ファラッド／メートル）}$$

である．$c \fallingdotseq 3.0 \times 10^8\,\mathrm{m \cdot s^{-1}}$ は真空中の光速度である．したがって，

$$k = \frac{c^2}{10^7} \fallingdotseq 9.0 \times 10^9\,\mathrm{N \cdot m^2 \cdot C^{-2}}$$

になる．すなわち，1 m 離れた 1C の電荷同士には，9×10^9 N もの巨大な力が働く．

クーロン力の重ね合わせ

点電荷 q が 2 つの点電荷 Q_1，Q_2 からクーロン力を受ける場合，その合力 $\boldsymbol{F}$ は，図 18.3 のように，点電荷 q が点電荷 Q_1, Q_2 からそれぞれ受けるクーロン力 $\boldsymbol{F}_1$，$\boldsymbol{F}_2$ を，(18.2) により独立に

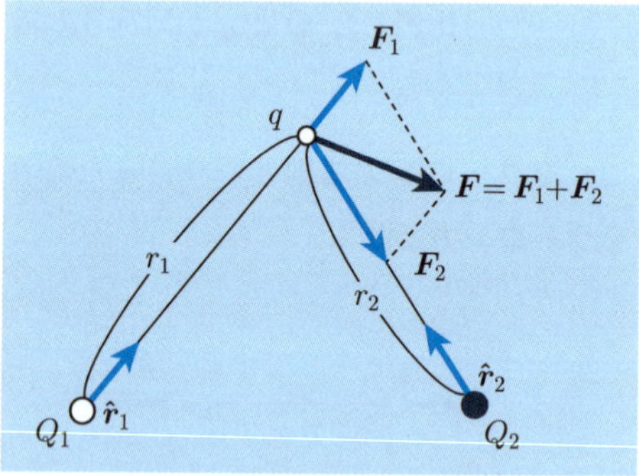

図 18.3　クーロン力の重ね合わせ

$$\boldsymbol{F}_1 = \frac{1}{4\pi\varepsilon_0}\frac{Q_1 q}{r_1^2}\hat{\boldsymbol{r}}_1, \qquad \boldsymbol{F}_2 = \frac{1}{4\pi\varepsilon_0}\frac{Q_2 q}{r_2^2}\hat{\boldsymbol{r}}_2$$

のように求め，それらをベクトル的に（平行四辺形法により）合成すれば求めることができる．3 つ以上の点電荷 Q_i $(i = 1, 2, 3, \cdots)$ がある場合も同様に考えることができる．すなわち，クーロン力には**重ね合わせの原理**が成り立つ．

18.3 静　電　界

クーロン力は (18.2) で与えられることを述べたが，この式は形式的に

$$\boldsymbol{F} = q\boldsymbol{E} \tag{18.3}$$
$$\boldsymbol{E} = \frac{1}{4\pi\varepsilon_0}\frac{Q}{r^2}\hat{\boldsymbol{r}} \tag{18.4}$$

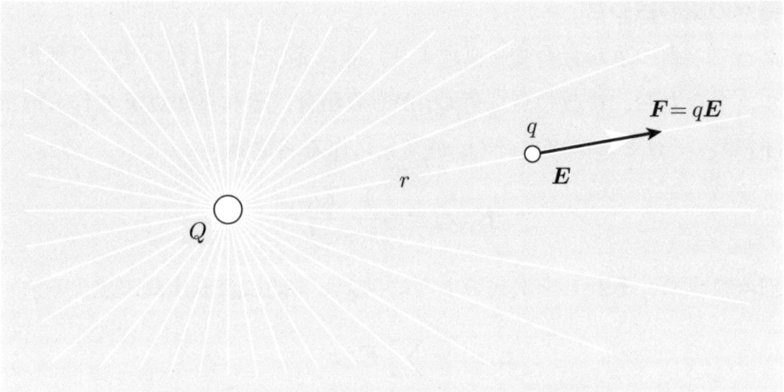

図 18.4 **点電荷 Q のまわりの静電界**

と書き換えることができる．ここで (18.4) をみると，$\boldsymbol{E}$ は点電荷 q には依存せず，点電荷 Q とそこからの相対的な位置のみで決まる．すなわち点電荷 Q が与えられれば，そのまわりのすべての点についてベクトル $\boldsymbol{E}$ が定義できる．一方，(18.3) をみると，点電荷 q に働くクーロン力は，点電荷 q の位置におけるベクトル $\boldsymbol{E}$ によって与えられる．したがって，図 18.4 のように，点電荷 Q のまわりにはベクトル $\boldsymbol{E}$ で表される何らかの空間が生じ，点電荷 q は，その空間から力を受けると考えることができる．このような空間を**電界**という．また，とくに時間的に変化しない電界を**静電界**という．電界 $\boldsymbol{E}$ は空間の各点 $\boldsymbol{r} = (x, y, z)$ において定義されるので，空間座標の関数である．したがって，それを明示して $\boldsymbol{E}(\boldsymbol{r})$ あるいは $\boldsymbol{E}(x, y, z)$ のように書かれることもある．しかし通常は単に $\boldsymbol{E}$ と書かれることが多い．なお一般に，各点にベクトル量が定義された空間を**ベクトル界**という．すなわち電界はベクトル界である．

電界の単位

(18.3) より，電界の単位は $\mathrm{N \cdot C^{-1}}$ であるが，実用的には後に説明する電圧の単位 V（ボルト）を用いて，$\mathrm{V \cdot m^{-1}}$ と表される．すなわち以下の関係がある．

$$[E] = \mathrm{N \cdot C^{-1}} = \mathrm{V \cdot m^{-1}}$$

静電界の重ね合わせ

クーロン力の重ね合わせの原理より，静電界にも重ね合わせの原理が成り立つ．すなわち，複数の点電荷 Q_i がある場合，それらが点 $\boldsymbol{r}$ に作る静電界 $\boldsymbol{E}(\boldsymbol{r})$ は，それぞれの点電荷 Q_i が点 $\boldsymbol{r}$ に作る静電界

$$\boldsymbol{E}_i(\boldsymbol{r}) = \frac{1}{4\pi\varepsilon_0}\frac{Q_i}{r_i^2}\hat{\boldsymbol{r}}_i$$

を別々に求め，それらを次式のようにベクトル的に合成すれば求まる．

$$\begin{aligned}\boldsymbol{E}(\boldsymbol{r}) &= \sum_i \boldsymbol{E}_i(\boldsymbol{r}) \\ &= \frac{1}{4\pi\varepsilon_0}\sum_i \frac{Q_i}{r_i^2}\hat{\boldsymbol{r}}_i \qquad (18.5)\end{aligned}$$

ただし，r_i は点電荷 Q_i から点 $\boldsymbol{r}$ までの距離，$\hat{\boldsymbol{r}}_i$ は点電荷 Q_i から点 $\boldsymbol{r}$ に向かう単位ベクトルである．この式から，

> 静電界は電荷 Q_i の配置（**電荷分布**）のみで確定する

ことがわかる．

連続的な電荷分布による電界

電荷は量子化されており，基本的に離散的であるが，非常に多くの電荷を巨視的に扱う場合，それを連続的な電荷分布として扱うと便利である．たと

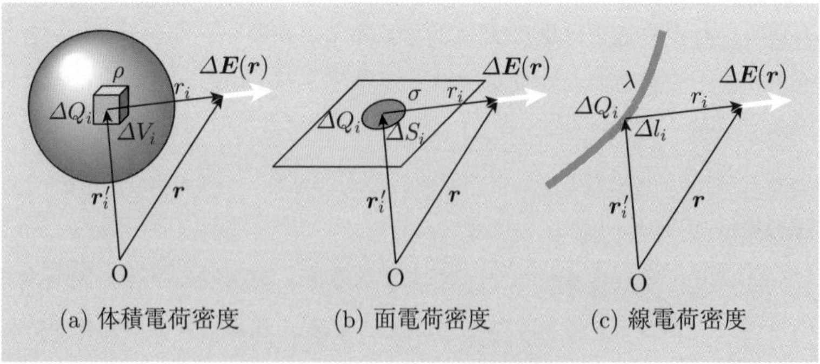

図 18.5 いろいろな電荷密度

えば図 18.5(a) のように物体中に電荷が分布している場合，位置 $\boldsymbol{r}'_i$ における単位体積あたりの電気量（体積電荷密度 $\rho(\boldsymbol{r}'_i)$）を考えると，その点を中心とする微小体積 ΔV_i 中に含まれる電気量は $\Delta Q_i = \rho(\boldsymbol{r}'_i)\Delta V_i$ である．物体をこのような微小体積の集まりとみなすと (18.5) は，

$$\boldsymbol{E}(\boldsymbol{r}) = \frac{1}{4\pi\varepsilon_0}\sum_i \frac{\rho(\boldsymbol{r}'_i)\Delta V_i}{r_i^2}\hat{\boldsymbol{r}}_i \tag{18.6}$$

になる．いまこの微小体積を無限に小さくした極限を考えると，上式は

$$\boldsymbol{E}(\boldsymbol{r}) = \frac{1}{4\pi\varepsilon_0}\int_V \frac{\rho(\boldsymbol{r}')\hat{\boldsymbol{r}}}{r^2}dV \tag{18.7}$$

のような体積積分で与えられる．ただし，$\boldsymbol{r}'$ は微小体積 dV の位置，$r = |\boldsymbol{r} - \boldsymbol{r}'|$，$\hat{\boldsymbol{r}} = (\boldsymbol{r} - \boldsymbol{r}')/r$ である．

なお，図 18.5(b) のように電荷が 2 次元的に面電荷密度 $\sigma(\boldsymbol{r}'_i)$ で分布している場合は，その点を中心とする微小面積 ΔS_i 中に含まれる電気量は $\Delta Q_i = \sigma(\boldsymbol{r}'_i)\Delta S_i$ になる．また図 18.5(c) のように電荷が 1 次元的に線電荷密度 $\lambda(\boldsymbol{r}'_i)$ で分布している場合には，その点を中心とする微小な線分 Δl_i 中に含まれる電気量は $\Delta Q_i = \lambda(\boldsymbol{r}'_i)\Delta l_i$ になる．すなわち，2 次元的あるいは 1 次元的な電荷分布の場合は，(18.7) の $\rho(\boldsymbol{r}')dV$ をそれぞれ $\sigma(\boldsymbol{r}')dS$，$\lambda(\boldsymbol{r}')dl$ に置き換え，面積分あるいは線積分を計算すればよい．

電界の意義

クーロン力を考える際，クーロンの法則 (18.2) をそのまま用いると，力を及ぼす側と及ぼされる側の両方の電荷を同時に考慮する必要があり面倒である．一方，電界を考えれば，点電荷 q に働くクーロン力はその近傍の電界 $\boldsymbol{E}$ だけで決まり，その電界がどのように作られているかは知らなくてよい．

このように電界 $\boldsymbol{E}$ は便利であるが，実は電界には大きな物理的意味がある．すなわち，クーロンの法則は，2 つの点電荷の間に直接作用する**遠隔力**について述べたものであり，この場合の空間は単なる「幾何学的な入れ物」に過ぎない．一方，電界 $\boldsymbol{E}$ を考えることは，空間全体に電界という物理量を定義することであり，空間はもはや単なる幾何学的な入れ物ではなく，点電荷

q に**近接力** $\boldsymbol{F} = q\boldsymbol{E}$ を及ぼす物理的な存在である．クーロン力をこのように近接力で考える立場を**媒達説**という．それに対し，クーロンの法則のように遠隔力で考える立場を**直達説**という．

静電界を考える限りどちらの立場でもよいが，第 26 章以降で扱う時間的に変化する系では違いが生じる．たとえば直達説では時間的な遅れがうまく説明できない．

例題 18.1

下図のように，電気量 Q の電荷が半径 a の球殻に一様に分布している．このとき球殻の中心から距離 r の点 P における静電界 $\boldsymbol{E}$ の大きさを求めよ．

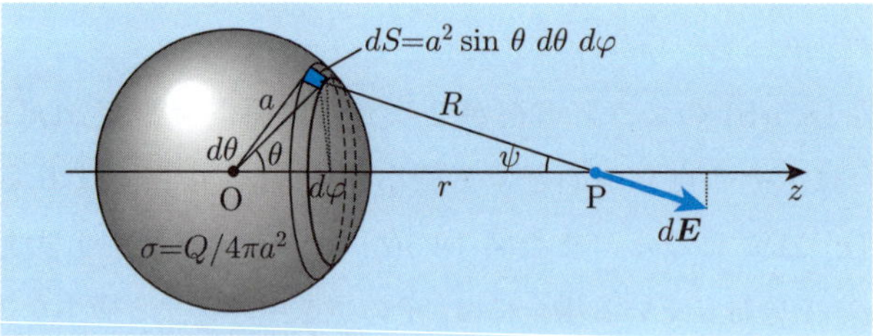

解答　電荷密度は $\sigma = Q/4\pi a^2$ なので，点 O を中心として z 軸から角 θ の位置の微小球面 $dS = a^2 \sin\theta\ d\theta\ d\varphi$ にある電荷は，$dQ = \sigma dS = (Q/4\pi)\sin\theta\ d\theta\ d\varphi$ である．よってこれが点 P に作る静電界の z 成分は，

$$dE = \frac{1}{4\pi\varepsilon_0}\frac{dQ}{R^2}\cos\psi = \frac{Q}{(4\pi)^2\varepsilon_0}\frac{\sin\theta\ d\theta\ d\varphi}{R^2}\cos\psi$$

である．これをまず z 軸のまわり，すなわち角 φ について積分すると，

$$dE = \frac{Q}{(4\pi)^2\varepsilon_0}\int_0^{2\pi}\frac{\sin\theta\ d\theta\ d\varphi}{R^2}\cos\psi = \frac{Q}{8\pi\varepsilon_0}\frac{\sin\theta\ d\theta}{R^2}\cos\psi$$

になる．一方，静電界の z 軸に垂直な成分は，対称性により積分の結果 0 になる．よって求める静電界は z 軸方向を向き，その大きさは上式を角 θ で積分すれば求まる．すなわち次式を得る．

$$E = \frac{Q}{8\pi\varepsilon_0}\int_0^{\pi}\frac{\sin\theta\ \cos\psi\ d\theta}{R^2}$$

ここで，第 2 余弦定理 $R^2 = a^2 + r^2 - 2ar\cos\theta$ を θ で微分すると，a，r は定数だから，

$$RdR = ar\sin\theta\ d\theta$$

であり，また $a^2 = R^2 + r^2 - 2Rr\cos\psi$ より，$\cos\psi$ を R で書き換えると，

(1)　点 P が球の外側のとき

$$E = \frac{Q}{4\pi\varepsilon_0 r^2}\frac{1}{4a}\int_{r-a}^{r+a}\left(1+\frac{r^2-a^2}{R^2}\right)dR$$
$$= \frac{Q}{4\pi\varepsilon_0 r^2}\frac{1}{4a}\left[R-\frac{r^2-a^2}{R}\right]_{r-a}^{r+a} = \frac{Q}{4\pi\varepsilon_0 r^2}$$

(2)　点 P が球の内側のとき

$$E = \frac{Q}{4\pi\varepsilon_0 r^2}\frac{1}{4a}\int_{a-r}^{r+a}\left(1+\frac{r^2-a^2}{R^2}\right)dR$$
$$= \frac{Q}{4\pi\varepsilon_0 r^2}\frac{1}{4a}\left[R-\frac{r^2-a^2}{R}\right]_{a-r}^{r+a} = 0$$

になる．すなわち球内の静電界は 0，球外は中心に点電荷 Q を置いた電界に等しい．

18.4　荷電粒子の運動

荷電粒子とは，電荷をもった粒子である．質量 m，電気量 q の荷電粒子が，重力加速度 $\boldsymbol{g}$ の重力を受けながら，電界 $\boldsymbol{E}$ の中を運動する場合，それは運動方程式

$$m\boldsymbol{a} = m\boldsymbol{g} + q\boldsymbol{E} \tag{18.8}$$

に従う．ただし荷電粒子の場合は一般に重力 $m\boldsymbol{g}$ はクーロン力 $q\boldsymbol{E}$ に比べてはるかに小さいので，$m\boldsymbol{a} = q\boldsymbol{E}$ とする場合も多い．(18.8) の両辺を質量 m で割ると，q/m という量が現れる．これを**比電荷**という．荷電粒子の運動はこの比電荷によって表される．

ところで，クーロンの法則は万有引力の法則と同じ形であるので，原点に固定された電荷のまわりを運動する点電荷の運動は，ケプラー問題に帰着する．ラザフォードは，この理論を用いて，アルファ粒子を金箔に照射した時の散乱を計算し，その実験結果から，原子の正電荷は中心に集中していること，すなわち原子核の存在を示した．

第 19 章 静電界の性質

前章で，クーロン力から静電界という物理的な空間を定義した．この章では，静電界の性質についてさらに詳しく調べ，電界に関するガウスの法則に到達する．

19.1 電気力線

電界は目に見えないので，**電気力線**によって表されることが多い．前章の図 18.4 で示した放射状の白い線は，実は電気力線である．電気力線は，**試験電荷**が電界から受ける力の向きに沿って描かれた曲線であり，電界の様子を視覚的にとらえるのに便利である．試験電荷とは，自身の影響をまわりに及ぼさないような無限に小さな電気量をもつ仮想的な点電荷である．図 19.1 は，2 つの点電荷 Q，$-Q$ が作る電界の様子を電気力線（白い線）によって表したものである．

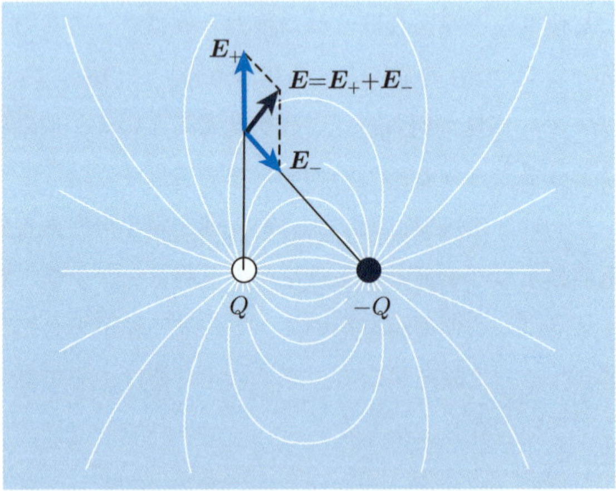

図 19.1　点電荷 Q，$-Q$ のまわりの電気力線

電気力線は電荷の受ける力の向きをもとに描かれているので，次の性質がある．すなわち，電気力線は

1. 正電荷から負電荷に向かう
2. 途中で途切れない
3. 途中で分岐や交差はしない（よどみ点を除く）．

1の性質は，「電気力線は正電荷から生じ，負電荷に到達して消える」といってもよい．また2の性質は，電荷以外の場所で電気力線が生じたり消えたりすることはないことをいっている．3の性質は，電気力線が力の向きを表していることから明らかである．すなわち，分岐や交差があれば，その点では力の向きが複数存在することになるが，それは必ず合成されて1つの向きに定まるはずであり，その方向こそ電気力線の方向だからである．

ただし，合力が0になるような点においては，電気力線が交差する（図19.2の◯の位置）．このような点を**よどみ点**という．

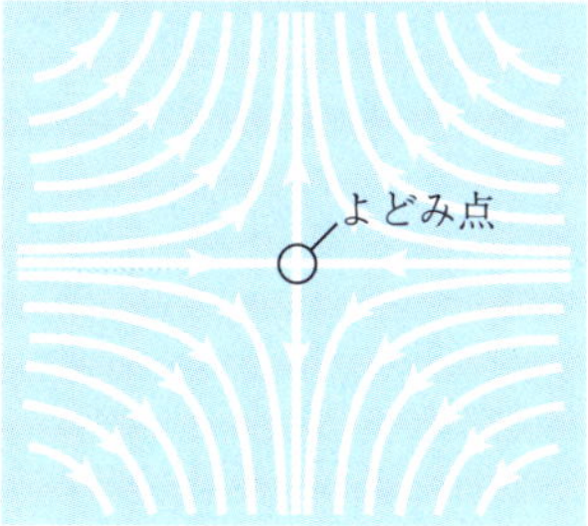

図 19.2　よどみ点

電気力線の密度と電界

図19.1を見ると，電界の強さと電気力線の密度には関連がありそうである．そこでこの両者の関係を調べてみよう．簡単のために図18.4で示したような点電荷 Q を考え，そこから N 本の電気力線が出ているとする．このとき点電荷 Q を中心とする半径 r の球面を通過する単位面積あたりの電気力線の本数（すなわち電気力線の本数の密度）は，電気力線が点電荷 Q から等方的に出ているとすれば，

$$n = \frac{N}{4\pi r^2} \tag{19.1}$$

になる．一方，その球面の位置における電界の大きさは，$E = (1/4\pi\varepsilon_0)Q/r^2$ である．この両者を比べると，その比は距離 r によらず一定になる．すなわち，任意の位置において，電気力線の本数の密度と電界は比例関係にあり，

$$N \propto \frac{Q}{\varepsilon_0} \tag{19.2}$$

の関係を得る．そこで，比例定数を調整して (19.2) を等号で結んでしまえば，

電荷 Q から生じる電気力線の本数は Q/ε_0 本

と決めることができる．

このように決めると，(19.1) より，n は E に等しくなるので，

電界の大きさが E の点における電気力線の本数密度は E である

ということができる．またこの場合，電気力線に対して垂直な微小面積 ΔS を考え，その位置における電界の大きさを E とすると，そこを通過する電気力線の本数 $\Delta\Phi$ は $E\Delta S$ 本になる．面 ΔS が電気力線に対して垂直になっていない場合は，面 ΔS の法線方向と電気力線の向きとのなす角を θ とすると，面 ΔS を通過する電気力線の本数は $\Delta\Phi = E\Delta S\cos\theta$ となる．ここで，向きが面 ΔS の法線方向で大きさが面積 ΔS の**面積ベクトル** $\Delta\boldsymbol{S}$ を導入すると，面 ΔS を通過する電気力線の本数は，

$$\Delta\Phi = E\Delta S\cos\theta = \boldsymbol{E}\cdot\Delta\boldsymbol{S} \tag{19.3}$$

のように，電界 $\boldsymbol{E}$ と面積ベクトル $\Delta\boldsymbol{S}$ の内積によって表すことができる．

一般に曲面 S を通過する電気力線の束を**電気力束**というが，その本数 Φ は，曲面 S を微小な面積 ΔS_i（$i = 1, 2, \cdots, N$）に分割して，それぞれの微小面積 ΔS_i を通過する電気力線の本数 $\Delta\Phi_i$ を計算し，分割を無限に細かくした極限における $\Delta\Phi_i$ の合計によって与えられる．これを式で表すと次のようになる．

$$\Phi = \lim_{N\to\infty}\sum_{i=1}^{N}\boldsymbol{E}_i\cdot\Delta\boldsymbol{S}_i = \int_{\mathrm{S}}\boldsymbol{E}\cdot d\boldsymbol{S} \tag{19.4}$$

ここで右辺の積分は，中辺の極限を意味し，これを電界 $\boldsymbol{E}$ の**面積分**という．この積分は一般に計算困難であるが，対称性がよい場合には計算することができる．

なお，面積ベクトルの向きを，面のどちら向きに取るかによって，(19.3) の正負が逆になるので，あらかじめ面の表と裏を定義し，面積ベクトルは面の表向きに取るように決めておく．また，(19.4) は任意の曲面 S を通過する電気力線の本数を与えるが，それは，

（面の裏から表に貫く本数）−（面の表から裏に貫く本数）

を表している．

例題 19.1

点電荷 Q を中心とする半径 r の球面 S を通過する電気力線の本数を求めよ．

解答　半径 r の球面上における静電界の大きさは，球面のどこでも一定の $E = (1/4\pi\varepsilon_0)Q/r^2$ であり，向きは球面に垂直であるから，球面上の微小な面積 ΔS を通過する電気力線の本数は，

$$\Delta\Phi = E\Delta S$$

である．したがって，球面全体についてこれを積分すると，

$$\Phi = \oint_{\mathrm{S}} \boldsymbol{E}\cdot d\boldsymbol{S} = \oint_{\mathrm{S}} EdS = E\oint_{\mathrm{S}} dS = 4\pi r^2 E = \frac{Q}{\varepsilon_0}$$

を得る．これが求める電気力線の本数であるが，これは，電荷 Q から生じた電気力線の本数に他ならない．なお，積分記号に付けられた ◯ は，閉じた曲面（**閉曲面**）全体についての積分を意味する．

19.2　ガウスの法則

例題 19.1 においては，電荷 Q を中心とする球面 S を考え，それについて (19.4) を計算したが，実は，電荷 Q を含んだ閉曲面であれば，どのような閉曲面を選んでも，その曲面を通過する電気力線の総数（閉曲面から出る本数から閉曲面に入る本数を引いた本数）は変わらないはずである．したがって電荷 Q を含んだ任意の閉曲面 S について，

$$\Phi = \oint_{\mathrm{S}} \boldsymbol{E}\cdot d\boldsymbol{S} = \frac{Q}{\varepsilon_0} \tag{19.5}$$

が成り立つ．一方，電荷 Q を含まないような閉曲面 S を考えると，一般に電気力線は電荷が無い場所では本数は変化しないので，閉曲面 S に入った電気

力線は必ずそこから出るはずであり，電気力線の正味の出入りは0本である．すなわち，

$$\Phi = \oint_S \boldsymbol{E} \cdot d\boldsymbol{S} = 0 \tag{19.6}$$

である．以上をまとめると，次の**ガウスの法則**が導かれる．

$$\Phi = \oint_S \boldsymbol{E} \cdot d\boldsymbol{S} = \frac{1}{\varepsilon_0} \times (\text{閉曲面 S が囲んだ電荷}) \tag{19.7}$$

上の考察は1つの点電荷についてのものだが，重ね合わせの原理により，ガウスの法則 (19.7) は任意の電荷分布について成り立つ．ガウスの法則を用いると，ある種の対称性のよい電界を簡単に求めることができる．

例題 19.2

電気量 Q の電荷が，半径 a の球殻上に一様に分布している．この電荷が，球殻の中心 O から距離 r の点 P に作る静電界を，ガウスの法則を用いて求めよ．

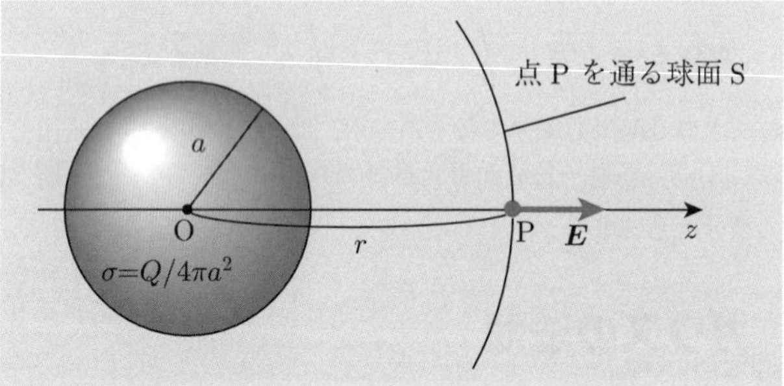

解答 系は中心 O に対して点対称なので，電界の方向は中心 O に対して半径方向で，中心 O からの距離 r が等しい場所での電界の大きさは等しい．したがってガウスの法則を適用するための閉曲面として，上図のように，点 P を通り点 O を中心とする球面 S を考える．

(1) $r > a$（球の外側）の場合

球面 S を内側から外側に貫く電気力線の本数は，中心 O から距離 r の場所での電界の大きさを E とすれば，

$$\Phi = 4\pi r^2 E$$

である．一方，この球面 S によって囲まれる全電気量は Q である．よってガウスの法則より $4\pi r^2 E = Q/\varepsilon_0$，すなわち，

$$E = \frac{1}{4\pi\varepsilon_0}\frac{Q}{r^2}$$

を得る．

(2) $r < a$（球の内部）の場合

この球面 S によって囲まれる全電気量は 0 である．よってガウスの法則より，

$$E = 0$$

である．

これは，例題 19.1 で求めた結果に一致する．

連続的な電荷分布におけるガウスの法則

電荷が連続的な体積電荷密度 $\rho(\boldsymbol{r})$ で分布している場合，閉曲面 S 内部に含まれる電荷は，

$$Q = \int_{\mathrm{V}} \rho dV$$

で与えられる．ここで V は閉曲面 S を表面にもつ立体を表し，上式はその立体について体積積分することを意味する．したがって，(19.7) は

$$\varPhi = \oint_{\mathrm{S}} \boldsymbol{E}\cdot d\boldsymbol{S} = \frac{1}{\varepsilon_0}\int_{\mathrm{V}} \rho dV \tag{19.8}$$

と書くことができる．

19.3 電界の発散

電気力線は，正電荷から生じ負電荷に到達して消えるので，電気力線を流線とみなし，正電荷を湧き出し，負電荷を吸い込みと見ることができる．

いま，点 $\boldsymbol{r}$ に微小体積 ΔV を考え，その微小体積の表面 ΔS を貫いて外に出る電気力線の本数を考えると，それは

$$\Delta\varPhi = \oint_{\Delta S} \boldsymbol{E}\cdot d\boldsymbol{S}$$

で与えられるが，これを ΔV で割り，$\Delta V \to 0$ の極限を取ったものは，点 $\boldsymbol{r}$ における，単位体積あたりの，ΔS から外に出る電気力線の本数，すなわち点 $\boldsymbol{r}$ における電気力線の湧き出しの強さを与える．これを $\mathrm{div}\,\boldsymbol{E}$ と書き表し，電界 $\boldsymbol{E}$ の**発散**という．すなわち

$$\mathrm{div}\,\boldsymbol{E} = \lim_{\Delta V \to 0} \frac{\Delta \Phi}{\Delta V} \tag{19.9}$$

である．ただし，ここでいう発散は，極限が発散するという意味とは関係ない．

ところで，点 $\boldsymbol{r}$ に考えた微小体積 ΔV 内における体積電荷密度を $\rho(\boldsymbol{r})$ とすると，この微小体積の表面 ΔS を貫いて外に出る電気力線の本数 $\Delta \Phi$ は，ガウスの法則により，

$$\Delta \Phi = \oint_{\Delta S} \boldsymbol{E} \cdot d\boldsymbol{S} = \frac{1}{\varepsilon_0} \int_{\Delta V} \rho dV$$

である．これを (19.9) に代入すると，

$$\mathrm{div}\,\boldsymbol{E} = \lim_{\Delta V \to 0} \frac{\Delta \Phi}{\Delta V} = \frac{1}{\varepsilon_0} \lim_{\Delta V \to 0} \frac{1}{\Delta V} \int_{\Delta V} \rho dV$$

になる．ここで $\Delta V \to 0$ の極限においては，$\rho(\boldsymbol{r})$ は ΔV 内で一定とみなすことができるので，ρ は積分の外に出すことができ，体積積分は単なる体積を求める積分になり，その結果は ΔV である．これと分母の ΔV が約分により消えるので，結果的に上式の右辺は ρ/ε_0 になる．すなわち，

$$\mathrm{div}\,\boldsymbol{E} = \frac{\rho}{\varepsilon_0} \tag{19.10}$$

という式を得る．これは，非常に小さな領域（巨視的にみれば点とみなせる領域）についてのガウスの法則を表しているので，(19.10) を**ガウスの法則の微分形**という．

この式は，導出の過程を振り返ればわかるように，ある点における電気力線の湧き出しは，その点における電荷密度に比例することを述べており，簡単にいえば，

電気力線は電荷から湧き出している

ということを数式的に表したものである．

ガウスの法則は，物理的にはクーロンの法則と等価であり，クーロンの法則の別表現に過ぎない．しかし，直達説であるクーロンの法則を媒達説で表したこと，すなわち電界 $\boldsymbol{E}$ という空間（媒質）の式として表したことに大きな価値がある．

ガウスの定理

(19.10) を (19.8) に代入すると

$$\oint_{S} \boldsymbol{E} \cdot d\boldsymbol{S} = \int_{V} \mathrm{div}\, \boldsymbol{E} dV \tag{19.11}$$

という関係式を得る．これを**ガウスの定理**という．**ガウスの発散定理**ともいう．これは (19.9) を積分することにより直接得ることもできる．

点電荷の電荷密度

点電荷は体積がないので，電荷密度 ρ は無限大である．そこでこれを扱うためにディラックの δ 関数というものを導入する．δ 関数は，たとえば 1 次元空間では

$$\delta(x) = \begin{cases} \infty & (x = 0) \\ 0 & (x \neq 0) \end{cases} \quad \text{かつ} \quad \int_{-\infty}^{\infty} \delta(x) dx = 1$$

を満たす特別な関数である．これを用いると，点 $\boldsymbol{r}$ にある点電荷 Q は，電荷密度

$$\rho(\boldsymbol{r}) = Q\delta(\boldsymbol{r}) \tag{19.12}$$

によって表現することができる．ただし $\delta(\boldsymbol{r})$ は 3 次元空間における δ 関数である．

参考：発散の具体的な表式

発散を $\mathrm{div}\, \boldsymbol{E}$ と書いたが，ここで $\mathrm{div}\, \boldsymbol{E}$ の具体的な表式を求めてみよう．ただし簡単のために，デカルト座標系（xyz 座標系）について考える．

図 19.3 のように点 A(x,y,z) を頂点とし，Δx，Δy，Δz の幅をもつ微小体積 $\Delta V = \Delta x \Delta y \Delta z$ を考えると，点 A(x,y,z) を通り x 軸に垂直な面 $\Delta S_{\mathrm{A}} = \Delta y \Delta z$ を面の内側から外側に貫く電気力線の本数は，$-E_x(x, y, z)\Delta y \Delta z$ である．ただし $E_x(x, y, z)$ は面 ΔS における電界 $\boldsymbol{E}$ の x 成分である．また，点 B($x + \Delta x, y, z$) を通り x 軸に垂直な面 $\Delta S_B = \Delta y \Delta z$ を面の内側から外側に貫く電気力線の本数は，$E_x(x + \Delta x, y, z)\Delta y \Delta z$ である．よって，この 2 つの面を貫く正味の電気力線の本数は，

$$\Delta\Phi_x = E_x(x+\Delta x, y, z)\Delta y\Delta z - E_x(x,y,z)\Delta y\Delta z$$
$$= \frac{E_x(x+\Delta x, y, z) - E_x(x,y,z)}{\Delta x}\Delta x\Delta y\Delta z = \frac{\partial E_x}{\partial x}\Delta x\Delta y\Delta z + \cdots$$

である．同様に y 方向，z 方向についても考えると，

$$\Delta\Phi_y = E_y(x, y+\Delta y, z)\Delta z\Delta x - E_y(x,y,z)\Delta z\Delta x$$
$$= \frac{E_y(x, y+\Delta y, z) - E_y(x,y,z)}{\Delta y}\Delta x\Delta y\Delta z = \frac{\partial E_y}{\partial y}\Delta x\Delta y\Delta z + \cdots$$
$$\Delta\Phi_z = E_z(x, y, z+\Delta z)\Delta x\Delta y - E_z(x,y,z)\Delta x\Delta y$$
$$= \frac{E_z(x, y, z+\Delta z) - E_z(x,y,z)}{\Delta z}\Delta x\Delta y\Delta z = \frac{\partial E_z}{\partial z}\Delta x\Delta y\Delta z + \cdots$$

であり，これらをまとめると，微小体積 $\Delta V = \Delta x\Delta y\Delta z$ から出る電気力線の総数は，

$$\Delta\Phi = \Delta\Phi_x + \Delta\Phi_y + \Delta\Phi_z = \left(\frac{\partial E_x}{\partial x} + \frac{\partial E_y}{\partial y} + \frac{\partial E_z}{\partial z}\right)\Delta V + \cdots$$

になる．したがって，(19.9) より

$$\operatorname{div}\boldsymbol{E} = \lim_{\Delta V\to 0}\frac{\Delta\Phi}{\Delta V} = \frac{\partial E_x}{\partial x} + \frac{\partial E_y}{\partial y} + \frac{\partial E_z}{\partial z} \tag{19.13}$$

を得る．これが求める xyz 座標系における $\operatorname{div}\boldsymbol{E}$ の表式である．なお，ベクトル微分演算子

$$\nabla = \left(\frac{\partial}{\partial x}, \frac{\partial}{\partial y}, \frac{\partial}{\partial z}\right) \tag{19.14}$$

を使用すれば，$\operatorname{div}\boldsymbol{E}$ は ∇ と $\boldsymbol{E} = (E_x, E_y, E_z)$ との内積によって与えられる．すなわち

$$\operatorname{div}\boldsymbol{E} = \nabla\cdot\boldsymbol{E}$$

である．ベクトル微分演算子 ∇ はヘブライ人の竪琴（nebel）の形に因んで**ナブラ**（nabla）と読む．

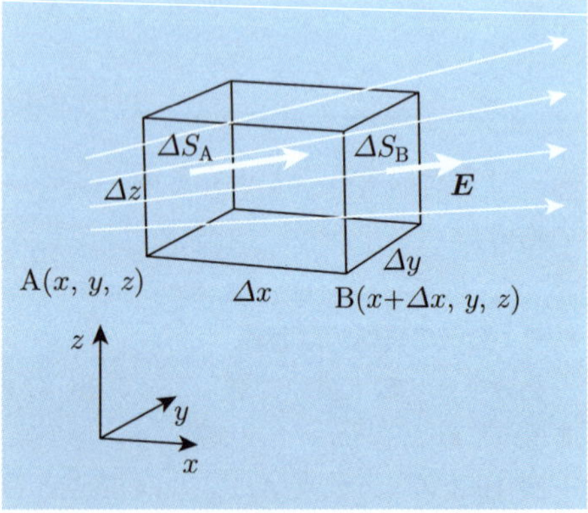

図 19.3　**xyz** 座標系における発散の計算

第 20 章
電　　　位

静電界中では，電荷にはクーロン力が働くので，電荷を移動するには仕事が必要である．この章では，電荷の移動に必要な仕事から，静電ポテンシャルすなわち電位を導入する．また電位の空間的な変化率と静電界との関係を明らかにする．

20.1 電荷の移動と仕事

静電界 $\boldsymbol{E}$ のもとでは，点電荷 q にはクーロン力 $q\boldsymbol{E}$ が働く．したがって，その中で点電荷を移動するにはクーロン力とつり合う力 $\boldsymbol{F} = -q\boldsymbol{E}$ を加え続ける必要がある．ところで第 5 章で学んだように，物体に力 $\boldsymbol{F}$ を加えながら $\Delta\boldsymbol{l}$ だけ微小変位させるのに必要な仕事 ΔW は，$\boldsymbol{F}$ と $\Delta\boldsymbol{l}$ とのなす角を α とすれば

$$\Delta W = F\Delta l\cos\alpha = \boldsymbol{F}\cdot\Delta\boldsymbol{l} \tag{20.1}$$

のように $\boldsymbol{F}$ と $\Delta\boldsymbol{l}$ との内積によって与えられる．したがって，静電界 $\boldsymbol{E}$ のもとで点電荷 q を $\Delta\boldsymbol{l}$ だけ微小変位させるのに必要な仕事は，(20.1) に $\boldsymbol{F} = -q\boldsymbol{E}$ を代入して

$$\Delta W = -q\boldsymbol{E}\cdot\Delta\boldsymbol{l} = -qE\Delta l\cos\theta \tag{20.2}$$

によって与えられる．ここで θ は $\boldsymbol{E}$ と $\Delta\boldsymbol{l}$ のなす角である．

(20.2) を用いれば，任意の経路 C に沿って点電荷 q を点 A から点 B まで移動させるのに必要な仕事 W を求めることができる．すなわち，経路 C を図 20.1 のような N 個の微小区間に分割すれば，それぞれの微小変位 $\Delta\boldsymbol{l}_i$ $(i = 1, 2, \cdots, N)$ に必要な微小仕事は $\Delta W_i = -q\boldsymbol{E}_i\cdot\Delta\boldsymbol{l}_i$ になるので，$N\to\infty$（すなわち $\Delta l\to 0$）として分割を無限に細かくしたときの ΔW_i $(i = 1, 2, \cdots, N)$ を合計すれば，それが求める仕事 W になる．ここで，$\boldsymbol{E}_i$ は微小区間 $\Delta\boldsymbol{l}_i$ における静電界であり，微小区間 $\Delta\boldsymbol{l}_i$ の間では一定とみなす．以上を数式的に表現すると次式のようになる．

$$W = \lim_{N\to\infty}\sum_{i=1}^{N}\Delta W_i = -q\lim_{\Delta l\to 0}\sum_{i=1}^{N}\boldsymbol{E}_i\cdot\Delta\boldsymbol{l}_i \equiv -q\int_{\mathrm{A(C)}}^{\mathrm{B}}\boldsymbol{E}\cdot d\boldsymbol{l} \qquad (20.3)$$

ここで最後の式は，点 A から点 B までの経路 C に沿った静電界 $\boldsymbol{E}$ の線積分である．第 5 章で説明した通り，任意のベクトルの線積分の値は，一般には積分経路 C の選び方に依存する．

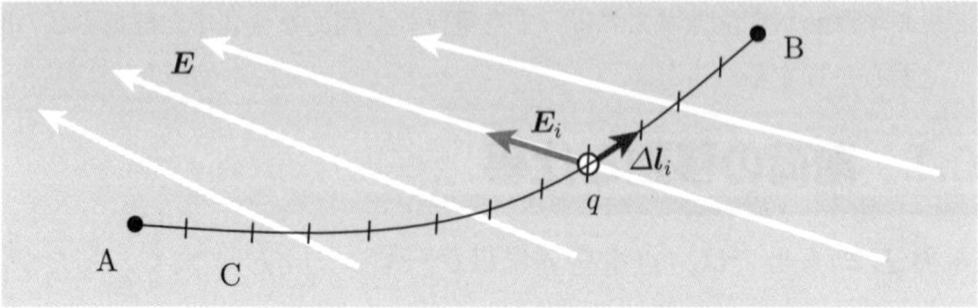

図 20.1 静電界 $\boldsymbol{E}$ の線積分の計算

例題 20.1

下図のように，x 方向の一様な静電界 $\boldsymbol{E}$ のもとで，点電荷 q を点 A$(a, 0)$ から点 B$(0, a)$ まで 3 つの経路 C_1，C_2，C_3（円弧）に沿って移動させるのに必要な仕事をそれぞれ求めよ．

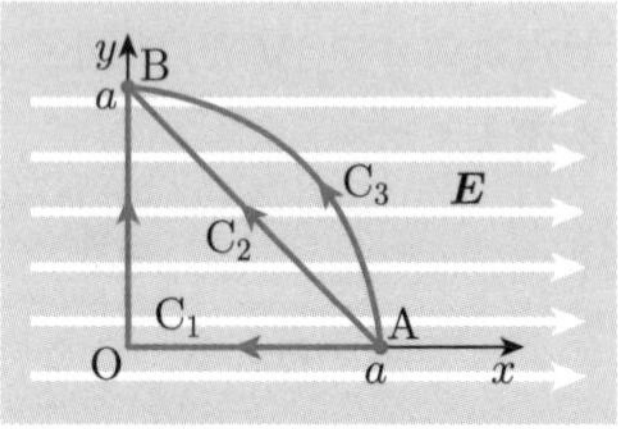

解答 静電界 $\boldsymbol{E}$ の大きさを E と書くと，各経路に沿った仕事は次のようになる．

経路 C_1：A から O までの仕事は $W_{\mathrm{A\to O}} = -qEa\cos\pi = qEa$, O から B までの仕事は, $W_{\mathrm{O\to B}} = -qEa\cos(\pi/2) = 0$ であるから, $W_{\mathrm{A\to B}} = W_{\mathrm{A\to O}} + W_{\mathrm{O\to B}} = qEa$ である．

経路 C_2：有向線分 AB と静電界 $\boldsymbol{E}$ とのなす角は 135°（$3\pi/4$）であり，線分の AB の長さは $\sqrt{2}a$ であるから，仕事は $W_{\mathrm{A\to B}} = -qE\sqrt{2}a\cos(3\pi/4) = qEa$ である．

経路 C_3：経路上の点 P について，OP と x 軸とのなす角を θ とすると，円周に沿った微小変位は，$dl = ad\theta$ であり，その位置における $d\boldsymbol{l}$ と静電界 $\boldsymbol{E}$ とのなす角は，$\theta + \pi/2$ であるから，

$$W_{\mathrm{A\to B}} = -q\int_{\mathrm{A(C)}}^{\mathrm{B}}\boldsymbol{E}\cdot d\boldsymbol{l} = -q\int_0^{\pi/2}E\cos\left(\theta+\frac{\pi}{2}\right)ad\theta$$

$$= qEa\int_0^{\pi/2}\sin\theta d\theta = qEa$$

である．

この例題で3つの経路の仕事はすべて同じであったが，これは偶然ではなく，実はこの仕事は任意の経路について同じである．実際，$\boldsymbol{E} = (E, 0, 0)$ であるから，(20.3) の $\boldsymbol{E} \cdot d\boldsymbol{l}$ は Edx になり，線積分は点A，点Bの x 座標 $x_{\rm A}$，$x_{\rm B}$ だけで与えられ，結果は経路によらなくなる．さらに E が一定であれば，

$$
\begin{aligned}
W_{\rm A \to B} &= -q \int_{\rm A(C)}^{\rm B} \boldsymbol{E} \cdot d\boldsymbol{l} = -q \int_{x_{\rm A}}^{x_{\rm B}} E dx \\
&= -qE \int_{x_{\rm A}}^{x_{\rm B}} dx = -qE(x_{\rm B} - x_{\rm A})
\end{aligned}
\tag{20.4}
$$

のように，$x_{\rm A}$，$x_{\rm B}$ の差だけで与えられる．

点電荷 Q が作る静電界中で電荷を移動させるのに必要な仕事

上の例題では一様な静電界を考えたが，次に点電荷 Q が作る静電界 $\boldsymbol{E}$ のもとで，点電荷 q を移動させる際に必要な仕事を求めてみよう．この場合，

$$
\boldsymbol{E} = \frac{1}{4\pi\varepsilon_0} \frac{Q}{r^2} \hat{\boldsymbol{r}}
$$

のように $\boldsymbol{E}$ は $\boldsymbol{r}$ と共に変化するので，微小変位させた場合の仕事を求める必要がある．そこで図20.2のように微小変位 $d\boldsymbol{l}$ を考えると，それに必要な仕事は (20.2) により計算できるが，円周方向の変位 $rd\theta$ については静電界 $\boldsymbol{E}$ に垂直であるから仕事を必要としない．すなわち仕事は半径方向の変位 dr のみに依存する．したがって，求める微小仕事は，静電界 $\boldsymbol{E}$ の大きさ（$= r$ 方向成分）を E とすれば

$$
dW = -q\boldsymbol{E} \cdot d\boldsymbol{l} = -qEdr
$$

になる．よって，点Aから点Bまで点電荷 q を移動するのに要する仕事は，

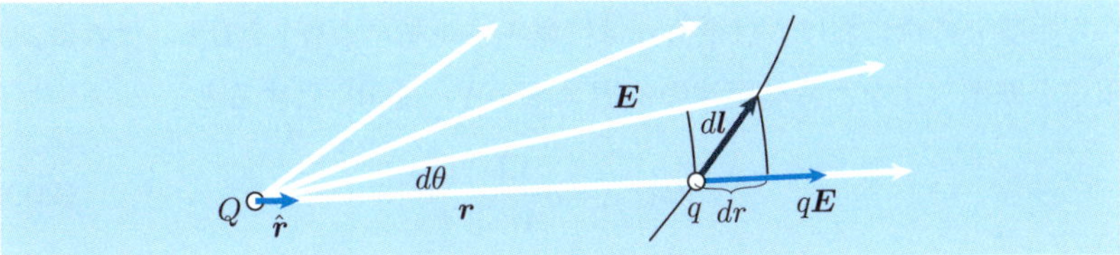

図20.2　点電荷の作る静電界 $\boldsymbol{E}$ の線積分

$$W=-q\int_{\mathrm{A(C)}}^{\mathrm{B}}\boldsymbol{E}\cdot d\boldsymbol{l}=-q\int_{r_{\mathrm{A}}}^{r_{\mathrm{B}}}Edr \tag{20.5}$$

のような r のみの積分になり，経路Cによらなくなる．実際，(20.5) に静電界 E の式を代入すると，次式のように始点と終点の座標だけで表され，経路にはよらない．

$$W=-q\int_{r_{\mathrm{A}}}^{r_{\mathrm{B}}}Edr=-q\frac{Q}{4\pi\varepsilon_0}\int_{r_{\mathrm{A}}}^{r_{\mathrm{B}}}\frac{1}{r^2}dr=q\frac{Q}{4\pi\varepsilon_0}\left(\frac{1}{r_{\mathrm{B}}}-\frac{1}{r_{\mathrm{A}}}\right) \tag{20.6}$$

このように，点電荷が作る静電界中においても仕事は経路に依存しないが，静電界には重ね合わせの原理が成り立つので，

任意の静電界において，その中で電荷を移動する仕事は経路によらない

といえる．すなわち，クーロン力は第5章で説明した保存力であり，与えられた仕事は位置エネルギー（ポテンシャルエネルギー）U として蓄えられる．したがって一般に，静電界 $\boldsymbol{E}$ 中で点電荷 q を $d\boldsymbol{l}$ だけ移動した場合，蓄えられるエネルギー dU は，(20.2) の仕事に等しく

$$dU=-q\boldsymbol{E}\cdot d\boldsymbol{l} \tag{20.7}$$

であることがわかる．

さて，(20.6) において，r_{A} を無限遠にとり，r_{B} を単に r と書くと，

$$W(r)=q\frac{1}{4\pi\varepsilon_0}\frac{Q}{r}$$

のように点電荷 Q からの距離 r だけの関数になる．これは，点電荷 Q に対して無限遠にあった点電荷 q を，距離 r の点まで運ぶのに必要なエネルギーであって，それが位置エネルギー U として蓄えられる．すなわち，点電荷 Q から距離 r の点における点電荷 q は位置エネルギー $U(r)$ をもち，それは，無限遠を基準（すなわち無限遠の位置エネルギーを0）とすると

$$U(r)=q\frac{1}{4\pi\varepsilon_0}\frac{Q}{r} \tag{20.8}$$

のように与えられる．これは (20.7) を積分しても得ることができる．

20.2 電　　位

(20.8) を変形すると，

$$U(r) = q\phi(r), \qquad \phi(r) = \frac{1}{4\pi\varepsilon_0}\frac{Q}{r} \tag{20.9}$$

のように書くことができる．ここで導入された $\phi(r)$ は，点電荷 q には依存せず，点電荷 Q を与えれば，そのまわりの空間の各点において一義的に定義される量になる．この $\phi(r)$ を点電荷 Q による**静電ポテンシャル**または**電位**という．電位は空間の座標 $\boldsymbol{r} = (x, y, z)$ の関数なので，一般には $\phi(\boldsymbol{r})$ のように書かれるが，(20.9) のように r のみに依存するような場合は $\phi(r)$ のように書かれる．

電位 $\phi(r)$ を用いれば，点 A から点 B まで点電荷 q を移動するために必要な仕事は，(20.6) より

$$W = q(\phi(r_{\mathrm{B}}) - \phi(r_{\mathrm{A}})) \equiv qV \tag{20.10}$$

のように，点 A と点 B における電位 $\phi(r_{\mathrm{A}})$，$\phi(r_{\mathrm{B}})$ の差

$$V = \phi(r_{\mathrm{B}}) - \phi(r_{\mathrm{A}}) \tag{20.11}$$

によって与えられる．この V を 2 点 A，B の**電位差**という．これを用いれば，点 A を基準とする点 B の位置エネルギーは

$$U = qV \tag{20.12}$$

のように書くことができる．第 5 章でも述べたように，位置エネルギーは絶対値ではなく差が意味をもつので，必ず基準点が必要である．たとえば (20.12) では，点 A がその基準点になる．

同様に，一様な電界においても，$x = a$ から座標 x までの仕事は (20.4) より

$$W_{\mathrm{A}\to\mathrm{B}} = -qE(x - a)$$

となるので，$x = a$ を基準とする電位は

$$\phi(x) = -E(x - a) \tag{20.13}$$

のように与えられ，(20.4) は

$$W_{\mathrm{A}\to\mathrm{B}} = q(\phi(x_{\mathrm{B}}) - \phi(x_{\mathrm{A}})) = qV$$

と書くことができる．この $\phi(x)$ は (20.9) とは異なる式であるが，点 A から点 B までの移動に必要な仕事は qV であり，やはり電位差 V で決まる．

電位は，点電荷 Q を与えれば，その周りの空間において一義的に定義される量であることを述べたが，それは，電界と同じように電位も空間に生じた性質であることを意味している．ただし電界がベクトル量であるのに対し，電位はスカラー量である．電位のようにスカラー量で定義される空間を**スカラー界**と呼ぶ．

なお，(20.7) と (20.9) の第 1 式より

$$d\phi = -\boldsymbol{E} \cdot d\boldsymbol{l} \tag{20.14}$$

である．(20.9) の第 2 式や (20.13) は，これを積分することにより得ることができる．

電位の単位

電位または電位差の単位は，(20.10) より $\mathrm{J \cdot C^{-1}}$ であるが，これをとくに V（ボルト）という単位で表す．すなわち，

$$[\phi] = \mathrm{J \cdot C^{-1}} = \mathrm{V}$$

である．また, (20.14) からわかるように, 電界の単位は V を用いると $\mathrm{V \cdot m^{-1}}$ になる．

ポテンシャルと渦なしの界

電界の線積分の値は始点 A と終点 B の値のみで決まり，積分経路 C によらないことを述べた．すなわち，図 20.3(a) のような 2 つの異なる経路 $\mathrm{C_1}$，$\mathrm{C_2}$ についての線積分は互いに等しい．

$$\int_{\mathrm{A(C_1)}}^{\mathrm{B}} \boldsymbol{E} \cdot d\boldsymbol{l} = \int_{\mathrm{A(C_2)}}^{\mathrm{B}} \boldsymbol{E} \cdot d\boldsymbol{l} \tag{20.15}$$

ところで，経路 $\mathrm{C_1}$，$\mathrm{C_2}$ は，図 20.3(b) のように 1 つの閉曲線（ループ）C

を形成するので，ループ C 一周についての線積分 Γ を考えることができる．

$$\Gamma = \oint_{\mathrm{C}} \boldsymbol{E}\cdot d\boldsymbol{l} = \int_{\mathrm{A(C_1)}}^{\mathrm{B}} \boldsymbol{E}\cdot d\boldsymbol{l} + \int_{\mathrm{B(C_2)}}^{\mathrm{A}} \boldsymbol{E}\cdot d\boldsymbol{l}$$

ここで，積分記号の ◯ は第 19 章で説明したようにループ C を一周することを意味し，このような積分を**周回積分**という．

さて一般に積分経路を逆にたどると，その値は符号が逆になるので，上式の C_2 の積分の向きを逆にとり，(20.15) を用いると，周回積分 Γ は

$$\Gamma = \oint_{\mathrm{C}} \boldsymbol{E}\cdot d\boldsymbol{l} = \int_{\mathrm{A(C_1)}}^{\mathrm{B}} \boldsymbol{E}\cdot d\boldsymbol{l} + \int_{\mathrm{B(C_2)}}^{\mathrm{A}} \boldsymbol{E}\cdot d\boldsymbol{l}$$
$$= \int_{\mathrm{A(C_1)}}^{\mathrm{B}} \boldsymbol{E}\cdot d\boldsymbol{l} - \int_{\mathrm{A(C_2)}}^{\mathrm{B}} \boldsymbol{E}\cdot d\boldsymbol{l} = 0$$

のように 0 であることがわかる．後で述べるように，Γ はループ C の内部にある渦の大きさを反映する量で，**循環**と呼ばれる．循環が 0 であるということは，渦がないことを表し，このようなベクトル界を**渦なしの界**という．すなわち静電界は渦なしの界である．

一方，線積分が経路によらないことからクーロン力のもとで電荷は位置エネルギー（ポテンシャルエネルギー）をもつということを述べた．したがって，「渦なしの界」ならば「ポテンシャルをもつ」といえる．またこの逆も成り立つ．

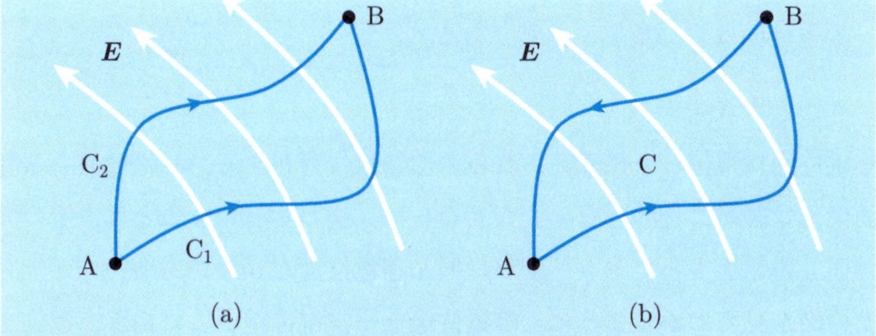

図 20.3　静電界 $\boldsymbol{E}$ の周回積分

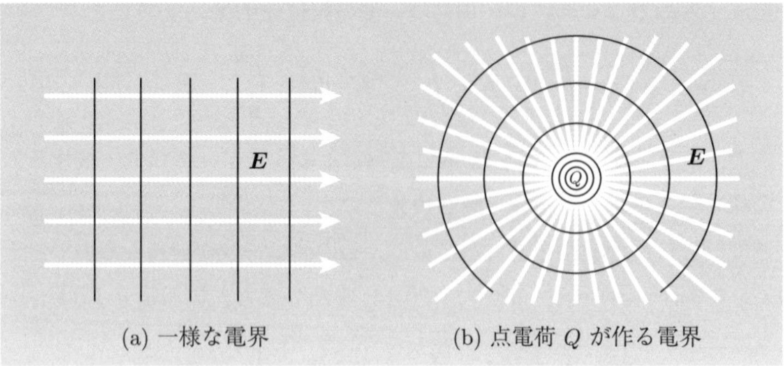

図 20.4　電気力線（白線）と等電位線（黒線）

等電位面

3 次元空間においては，電位が等しい点の集合は，1 つの面を形成する．これを**等電位面**という．たとえば例題 20.1 の場合，電位は (20.13) で与えられるので，等電位面は，$x =$（一定）すなわち，x 軸に垂直な平面になる（図 20.4(a)）．また，点電荷が作る電界の場合，(20.9) より，等電位面は点電荷の位置を中心とする球面になる（図 20.4(b)）．

なお，3 次元的に等電位面を描くことは難しいので，図は断面を表示している．その場合，等電位面は等電位線になる．

等電位面は，電位の等しい点の集合であるから，等電位面内の電荷の移動には仕事を必要としない．これは，

> 等電位面は常に電界に垂直である

ということを意味する．

等電位面は電位ごとに考えられるので無数に存在する．しかし異なる等電位面同士は絶対に交差しない．なぜならば，交わるということは，その面同士は同じ電位をもっており．それは同じ等電位面だからである．

上の図を見てわかるように，等電位線を一定電位差ごとに描き，電位を高さにたとえると，等電位線は地図の等高線や天気図の等圧線と同じように，電位の高低を視覚的に表すことができる．図 20.5 に 2 つの点電荷 Q，$-Q$ に

図 20.5 **2** つの点電荷 $\boldsymbol{Q}$, $-\boldsymbol{Q}$ のまわりの電界

よる電位および電気力線の様子を白線で示す．(b) は電位を高さで表したものである．

20.3 電位の勾配

電位には山のように高低があるので，その勾配を考えることができる．たとえば，一様な静電界の電位 (20.13) について $x = a$ から $x = a + \Delta l$ まで微小に変位させた場合の微小区間 Δl における電位の変化 $\Delta\phi$ は

$$\Delta\phi = -E\Delta l$$

になるので，その方向の電位 ϕ の勾配は

$$\frac{d\phi}{dl} = -E \tag{20.16}$$

になる．(20.14) からもわかるように，(20.16) は Δl の向きが静電界 $\boldsymbol{E}$ の向きと同じであれば，一般的に成り立つ．すなわち，

> 静電界に沿った電位の勾配（にマイナスをつけたもの）は，そこの静電界の大きさになる

ことがわかる．

次に一般の向き $d\boldsymbol{l} = (dx, dy, dz)$ について電位の勾配を求めてみよう．そ

のために一般の電位 $\phi(x,y,z)$ を考え，位置が $\boldsymbol{dl}$ だけ異なったときの電位の変化 $d\phi$ を考えてみると，それは次のような全微分によって与えられる．

$$d\phi = \frac{\partial\phi}{\partial x}dx + \frac{\partial\phi}{\partial y}dy + \frac{\partial\phi}{\partial z}dz \tag{20.17}$$

ここで，

$$\mathrm{grad}\,\phi = \left(\frac{\partial\phi}{\partial x}, \frac{\partial\phi}{\partial y}, \frac{\partial\phi}{\partial z}\right) \tag{20.18}$$

というベクトル（グラジエント ϕ）を考えると，(20.17) は次のように $\mathrm{grad}\,\phi$ と $\boldsymbol{dl}$ との内積で書くことができる．

$$d\phi = \mathrm{grad}\,\phi \cdot \boldsymbol{dl} \tag{20.19}$$

さて，微小変位 $\boldsymbol{dl}$ の向きを等電位面内にとってみると，「等電位」ゆえに $d\phi = 0$ になるので，(20.19) より $\boldsymbol{dl}$ と $\mathrm{grad}\,\phi$ は垂直であるが，$\boldsymbol{dl}$ は等電位面内で任意に選べるので，

ベクトル $\mathrm{grad}\,\phi$ は等電位面に垂直

であることがわかる．

一方，$\boldsymbol{dl}$ を等電位面に垂直かつ電位が増加する向きに選ぶと，$\boldsymbol{dl}$ と $\mathrm{grad}\,\phi$ は平行なので，(20.19) より電位の傾き $d\phi/dl$ は $\mathrm{grad}\,\phi$ の大きさになり，それが電位の傾きの最大値になる．そこで，$\mathrm{grad}\,\phi$ を電位の**勾配**と呼ぶ．

ところで，静電界 $\boldsymbol{E}$ も等電位面に垂直なので $\boldsymbol{E}$ と $\mathrm{grad}\,\phi$ は平行であり，(20.19) と (20.14) より

$$\boldsymbol{E} = -\,\mathrm{grad}\,\phi \tag{20.20}$$

の関係があることがわかる．(20.20) は，静電界 $\boldsymbol{E}$ は，電位 ϕ の勾配（にマイナスをつけたもの）で与えられることを示しており，それは電位の勾配がもっとも急な方向を向いている．

なお，$\mathrm{grad}\,\phi$ は，第19章で導入したベクトル微分演算子

$$\nabla = \left(\frac{\partial}{\partial x}, \frac{\partial}{\partial y}, \frac{\partial}{\partial z}\right) \tag{20.21}$$

を使って，$\nabla\phi$ と書くことができるので，(20.20) は

$$\boldsymbol{E} = -\nabla\phi \tag{20.22}$$

と書かれることもある．

20.4　電気双極子

等量で異符号の 2 つの電荷を非常に接近させたものを**電気双極子**という．また，双極子を構成する正負の電荷を $\pm q$，負電荷から正電荷に向かう微小変位ベクトルを $\boldsymbol{l}$ とするとき，

$$\boldsymbol{p} = q\boldsymbol{l} \tag{20.23}$$

を**電気双極子モーメント**という．

双極子まわりの静電界

図 20.6 のように，z 軸上の原点 O から $\pm l/2$ の点 A，B に，それぞれ $\pm q$ の点電荷を置くと，点 P における電位は，

$$\phi = \frac{1}{4\pi\varepsilon_0}\left(\frac{q}{r_\mathrm{A}} - \frac{q}{r_\mathrm{B}}\right) \tag{20.24}$$

となる．ここで r_A，r_B は，それぞれ点 A，B から点 P までの距離であり，原点 O から点 P までの距離を r，有向線分 BA と OP とのなす角を θ とすると，

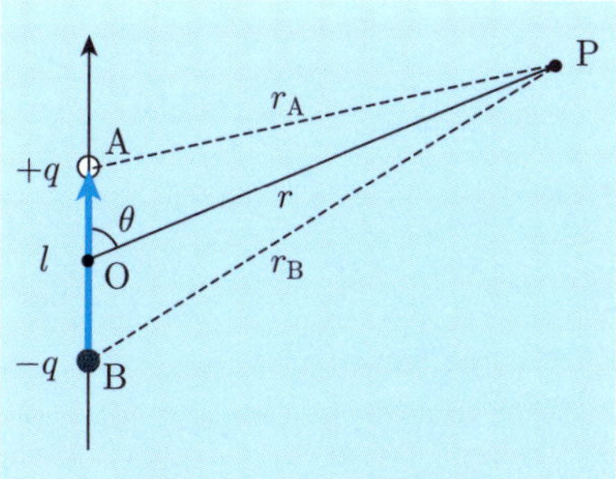

図 20.6　電気双極子

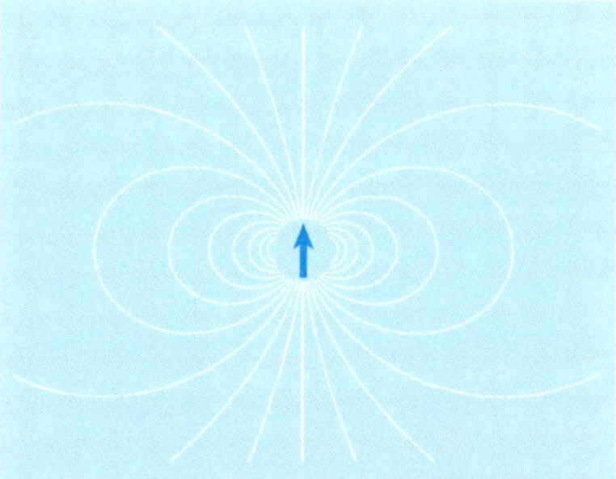

図 20.7　双極子のまわりの静電界

$$
\begin{aligned}
r_\mathrm{A} &= \sqrt{r^2 + \left(\frac{l}{2}\right)^2 - rl\cos\theta} = r\sqrt{1 - \frac{l}{r}\cos\theta + \left(\frac{l}{2r}\right)^2} \\
r_\mathrm{B} &= \sqrt{r^2 + \left(\frac{l}{2}\right)^2 + rl\cos\theta} = r\sqrt{1 + \frac{l}{r}\cos\theta + \left(\frac{l}{2r}\right)^2}
\end{aligned}
\tag{20.25}
$$

となる．とくに $r \gg l$ の場合，これらは

$$
\begin{aligned}
\frac{1}{r_\mathrm{A}} &\sim \frac{1}{r}\left(1 + \frac{1}{2r}\cos\theta\right) \\
\frac{1}{r_\mathrm{B}} &\sim \frac{1}{r}\left(1 - \frac{1}{2r}\cos\theta\right)
\end{aligned}
\tag{20.26}
$$

となるから，式 (20.24) は

$$
\phi = \frac{1}{4\pi\varepsilon_0}\left(\frac{q}{r_\mathrm{A}} - \frac{q}{r_\mathrm{B}}\right) = \frac{1}{4\pi\varepsilon_0}\frac{ql\cos\theta}{r^2} = \frac{1}{4\pi\varepsilon_0}\frac{p\cos\theta}{r^2} \tag{20.27}
$$

と書ける．または，OP の向きの単位ベクトル $\hat{\boldsymbol{r}}$ を定義すれば，これは

$$
\phi = \frac{\boldsymbol{p}\cdot\hat{\boldsymbol{r}}}{4\pi\varepsilon_0 r^2} \tag{20.28}
$$

と書くこともできる．静電界 $\boldsymbol{E}$ はこの ϕ の勾配より求まる．双極子のまわりの静電界（電気力線）の様子を図 20.7 に示す．

第21章
導　　体

物質には，金属のように電気が流れやすいものと，ゴムのように電気がほとんど流れないものがある．前者を**導体**，後者を**絶縁体**あるいは**誘電体**という．この章では，導体についてその静電的な性質を調べる．電流については第23章で扱う．

21.1 導　　体

電気が流れやすい物質を一般に導体というが，その代表は金属である．金属は，図21.1(a)のように原子が格子状に並んで**結晶格子**を作っており，その隙間に，結晶全体を比較的自由に動き回ることができる電子が存在する．これを**自由電子**という．それに対し，原子内に束縛され自由に移動できない電子を**束縛電子**という．

金属の電気的な性質は，主に自由電子によって引き起こされるが，金属中には非常に複雑な電界が存在するので，自由電子の運動も非常に複雑である．そこで図21.1(b)のように，原子のサイズ(a)よりははるかに大きく一様とみなせるが，巨視的なサイズ(c)から見れば十分微小な領域を考える．この領域では，結晶中の複雑な電界も，自由電子の速度も平均的には0になる．そこで，これをその微小領域における電界と電子の状態と考える．すなわちこの状態では，自由電子は静止し，電界も存在しないと考える．これが電磁気学における導体のモデルである．

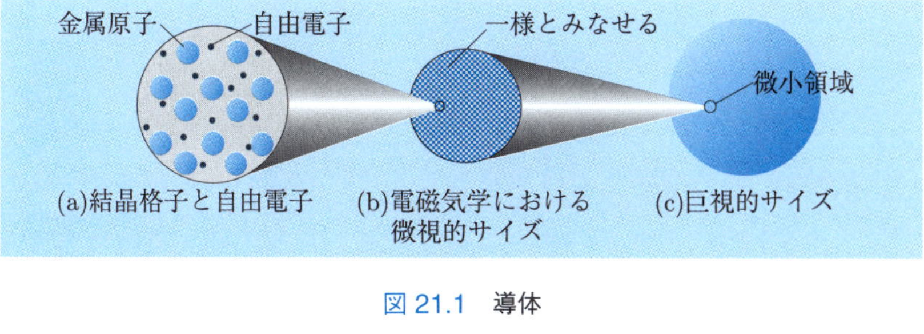

図21.1　導体

静電誘導

導体に，たとえば図 21.2(a) のように右向きの外部静電界 $\boldsymbol{E}$ をかけると，自由電子 $(-e)$ の 1 つ 1 つにクーロン力 $-e\boldsymbol{E}$ が働き，自由電子は全体的に左向きの力を受ける．しかし自由電子は金属の外に出ることができないので，自由電子全体は，その平均位置がわずかに左にずれる程度である．しかしその結果，図 21.2(b) のように，負電荷が左端に現れ，その分，右端には正電荷が現れる．このような現象を**静電誘導**という．また，静電誘導により導体表面に現れた電荷を**誘導電荷**という．

孤立した導体球では，外界との電荷の出入りはないので，電荷保存の法則により，静電誘導により現れた電荷は，正負同量である．

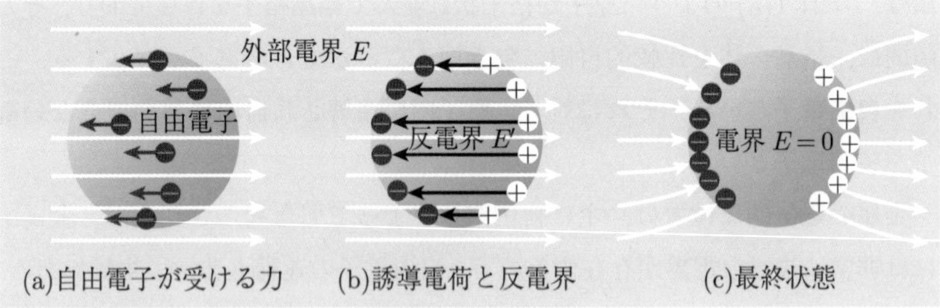

図 21.2 **静電誘導**

さて誘導電荷が現れると，図 21.2(b) のように外部静電界 $\boldsymbol{E}$ を打ち消すような反電界 $\boldsymbol{E}'$ が生じるので，静電誘導が進むにつれ導体内部の電界は弱まる．しかし導体内部に電界がある限り電荷の移動は続くので，静電誘導の最終状態は，図 21.2(c) のように反電界が外部静電界をちょうど打ち消し，導体内の静電界がいたるところ 0 になった平衡状態である．ただしこの平衡状態には瞬時に達すると考えてよい．

ところで，導体内の静電界が 0 ということは，実は

導体内に電荷が存在しない

ということを意味する．なぜなら，ガウスの法則により，電荷があればそこから静電界が生じてしまうからである．したがって，

誘導電荷はすべて導体の表面に分布する

ことになる．すなわち誘導電荷は，導体がいかなる形状でも，導体内部に侵入した外部静電界をくまなく打ち消すように導体表面にうまく分布するのである．

なお，「導体内部に電荷が存在しない」とは，正負の電荷が一様に混ざり合い巨視的に電荷が現れないという意味であり，導体中にはもちろん自由電子などの電荷は存在している．

導体の電位

導体内部には静電界がないことを述べたが，電界は電位の勾配であるから，これは，導体内部における電位の勾配が 0 であること，すなわち

導体内部は静電的には等電位

であることを示している．また導体表面についても，面内に電位の勾配が存在すれば，それを打ち消すように電荷の移動が起きるので，静電界においては導体表面内も等電位であり，

導体表面は等電位面

になる．この導体表面の電位を**導体の電位**と定義することができる．

導体の帯電

導体はふつう電気的に中性であるが，何らかの方法で電荷を与えれば帯電する．しかしその場合でも，導体内の電界が 0 になるまで電荷の移動は続くので，平衡状態では導体内の静電界は 0 になる．その結果，導体内部には電荷は存在せず，与えられた電荷はすべて導体表面に分布する．またこの場合でも，導体表面は等電位面になる．

例題 21.1

電荷 Q で帯電した半径 a の孤立導体球の電位 ϕ を求めよ．ただし，無限遠を電位の基準とする．

解答 与えられた電荷 Q は，導体球の表面に分布し，また球対称性より表面に一様に分布する．したがって，導体外部の電界は，例題 20.2 で示したように，導体球の中心に電荷 Q を置いたときの静電界に一致する．また，導体球の電位は表面の電位に他ならないので，無限遠を基準とした電位は，単位電荷を無限遠から導体表面まで運ぶのに要する仕事として

$$\phi = -\int_{\infty}^{a} E dr = \frac{1}{4\pi\varepsilon_0}\frac{Q}{a}$$

のように求められる．電位は帯電量に依存するが，導体球の径にも依存する．

導体同士の接触

電位の異なる導体同士を接触させると，電位の勾配によって導体間に電荷の移動が生じ，最終的には両導体の電位は等しくなる．たとえば，電荷 Q_{A} で帯電した半径 a の導体球 A と，電荷 Q_{B} で帯電した半径 b の導体球 B を考えると，例題 21.1 からもわかるようにこれらの電位は互いに異なるので，この両者を接触させると，電位の差が 0 になるまで電荷が移動する．同電位になった状態における導体球 A，B の帯電量をそれぞれ Q_{A}'，Q_{B}' とすると，両導体の電位が等しいことより

$$\frac{1}{4\pi\varepsilon_0}\frac{Q_{\mathrm{A}}'}{a} = \frac{1}{4\pi\varepsilon_0}\frac{Q_{\mathrm{B}}'}{b}$$

であり，また電荷保存則により，$Q_{\mathrm{A}}' + Q_{\mathrm{B}}' = Q_{\mathrm{A}} + Q_{\mathrm{B}}$ であるので，これらより

$$Q_{\mathrm{A}}' = \frac{a}{a+b}(Q_{\mathrm{A}} + Q_{\mathrm{B}}), \qquad Q_{\mathrm{B}}' = \frac{b}{a+b}(Q_{\mathrm{A}} + Q_{\mathrm{B}})$$

を得る．これらの電荷は導体表面に分布するが，球 A，B の表面積はそれぞれ $4\pi a^2$，$4\pi b^2$ であるから，表面電荷密度は，半径の逆数にほぼ比例する．すなわち，半径が小さいほど，表面電荷密度が高くなる．これは導体表面一般にいえる傾向であり，導体表面の電荷は，曲率半径の小さい尖った部分に集まりやすい．

接地

われわれが住んでいる地球は必ずしも金属のような良導体ではないが，静電的には導体とみなすことができる．したがって，ある導体を地球に接触さ

せると，その導体と地球は同電位になる．ところで地球は巨大であるので，導体を接触しても地球の電位の変化は無視でき，実質的には，導体の電位が地球の電位に等しくなる．そこで，地球の電位を電位の基準（電位 0 V）に選べば，導体を地球に接触させることにより，その導体の電位を 0 V にすることができる．これを，**接地**あるいは**アース**という．また電位 0 の地面などを**グランド**という．

導体表面の電界

導体表面は等電位面であるので，

導体表面における静電界や電気力線は必ず導体表面に垂直

である．また導体内部の電界は 0 である．

以上を考慮して，導体表面を含むように，図 21.3 のような微小な直円柱状の領域を考え，その表面から出る電気力線を勘定すると，導体内部にある底面 S_1 および側面 S_2 を横切る電気力線はないので，電気力線はすべて導体外部にある底面 S_3 を通過する．そこで，導体表面の電界の大きさを E とすると，電界と導体表面が常に垂直であることから，面 S_3 を通過する電気力線の本数は ES 本である．ここで S は面 S_3 の面積である．

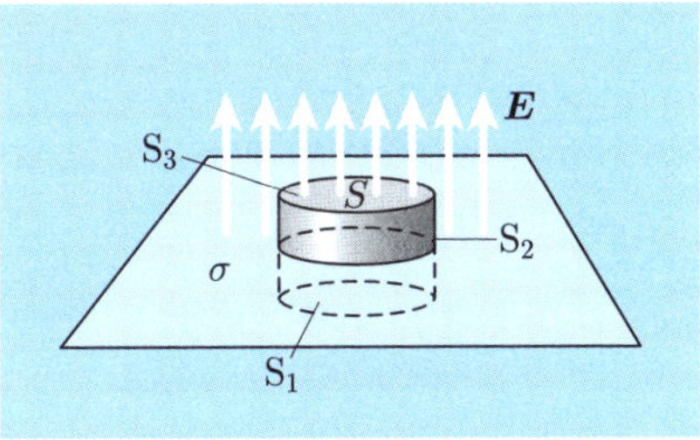

図 21.3　導体表面の静電界

一方，表面電荷密度を σ とおくと，この円柱内部の電気量は σS なので，ガウスの法則より $ES = \sigma S/\varepsilon_0$ となる．すなわち，

$$E = \frac{\sigma}{\varepsilon_0} \tag{21.1}$$

を得る．これを**クーロンの定理**という．すなわち，

クーロンの定理：導体表面の静電界の大きさは，その点の表面電荷密度だけで決まり，それに比例する．

静電遮蔽

図 21.4 のように，導体内部に空洞がある場合，外部から静電界をかけても，空洞内部の電界は 0 に保たれる．これを**静電遮蔽**（しゃへい）という．これは空洞の表面が等電位面であることを用いれば簡単に示すことができる．

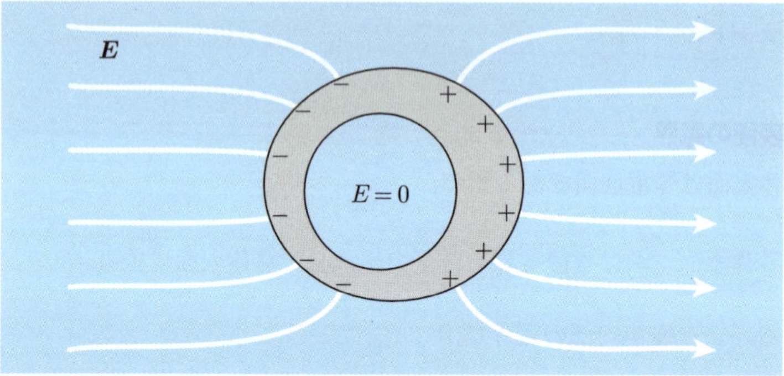

図 21.4 静電遮蔽

21.2 コンデンサ

静電容量

例題 21.1 からもわかるように，導体に電荷 Q を与えると電位 ϕ をもつ．ところで，電荷が 2 倍になれば，導体球が作る電界も 2 倍になり，電位も 2 倍になる．また，逆に電位を 2 倍にすると，導体の電荷も 2 倍になる．すなわち，電荷 Q は ϕ に比例する．この比例係数を**静電容量**あるいは**電気容量**という．それを C と書くと，

$$Q = C\phi \tag{21.2}$$

になる．たとえば，半径 a の孤立した導体球の静電容量は例題 21.1 より $C = 4\pi\varepsilon_0 a$ である．

静電容量の単位は，(21.2) より $\mathrm{C \cdot V^{-1}}$ であるが，これをとくに F（ファラッド）という．これを用いれば，真空の誘電率 ε_0 の単位は $\mathrm{F \cdot m^{-1}}$ と書くことができる．

コンデンサ

同種の電荷は互いに反発するので，単独の導体ではあまり電荷を蓄えることはできない．しかし，2 つの導体を近づけてそこに電位差を与えると，正負の電荷は互いに引き合うので，+ 側の導体に正電荷，− 側の導体に負電荷が誘導され，非常に多くの電荷を蓄えることができる．このように電荷を蓄える装置を**コンデンサ**という．コンデンサを構成する 2 つの導体（**電極**）に蓄えられた電荷をそれぞれ $\pm Q$，電極間の電位差を V としたとき，Q は V に比例し，この比例定数を，**コンデンサの静電容量**という．すなわち，コンデンサの静電容量を C とすると，

$$Q = CV \tag{21.3}$$

の関係がある．静電容量はコンデンサの幾何学的な構造のみで定まる量である．

平行板コンデンサ

図 21.5 のように，2 枚の導体板を互いに平行に配置したものを**平行板コンデンサ**という．極板の面積を S，極板間の距離を d として，この平行板コンデンサの静電容量を求めてみよう．ただし，極板同士の間隔は極板の大きさに比べて非常に小さく，極板間の電界は一様であるとする．

静電容量を求めるためには，極板間に電位差 V を与え，そのとき極板にたまる電気量 $\pm Q$ を求めればよいが，そのためにまず極板間の電界を求めると，それは + 極から − 極に向かい，その大きさは

$$E = \frac{V}{d} \tag{21.4}$$

である．一方，極板に蓄えられた電荷の表面電荷密度は $\sigma = Q/S$ であるので，クーロンの定理により，電極表面の電界は

$$E = \frac{\sigma}{\varepsilon_0} = \frac{Q}{\varepsilon_0 S}$$

である．これは極板間の電界 (21.4) に他ならないので，これらより

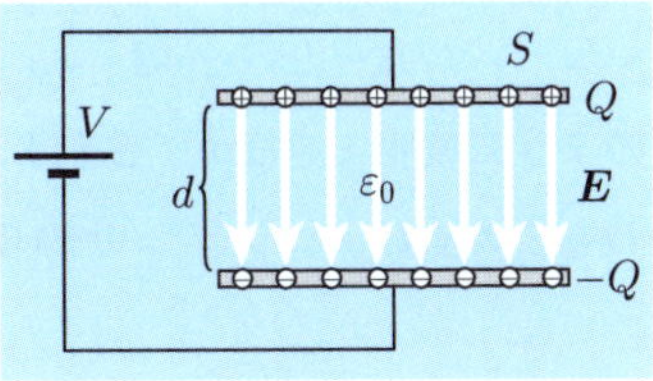

図 21.5　平行板コンデンサ

$$Q = \varepsilon_0 \frac{S}{d} V$$

を得る．したがって，(21.3) より，求める静電容量は

$$C = \varepsilon_0 \frac{S}{d} \tag{21.5}$$

である．すなわち，平行板コンデンサの静電容量は極板面積 S に比例し，極板の間隔 d に反比例する．

静電エネルギー

クーロン力は保存力であるから，静電容量 C のコンデンサに電荷 $\pm Q$ を与えるのに要した仕事は，静電エネルギーとしてコンデンサに蓄えられる．

ところで，極板の電荷が $\pm q$ の状態を考えると，極板間の電位差は $V = q/C$ であるから，この状態で $-$ 極から $+$ 極まで微小な電荷 Δq を移動するのに要する微小仕事は $\Delta W = (q/C)\Delta q$ である．したがって，極板の電荷を 0 から Q にするまでに必要な仕事は，微小仕事 ΔW を $q = 0$ の状態から Q の状態まで加え合わせ，$\Delta q \to 0$ の極限を考えれば求めることができる．すなわち次の積分によって与えられる．

$$W = \int_0^Q \frac{q}{C} dq = \frac{1}{2} \frac{Q^2}{C}$$

この仕事が静電エネルギー U としてコンデンサに蓄えられる．すなわち

$$U = \frac{1}{2} \frac{Q^2}{C} = \frac{1}{2} CV^2 = \frac{1}{2} QV \tag{21.6}$$

である．ただし，後半の変形には (21.3) を用いた．

ところで，平行板コンデンサの場合，(21.4)，(21.5) より

$$U = \frac{1}{2} CV^2 = \frac{1}{2} \varepsilon_0 \frac{S}{d} (Ed)^2 = \frac{1}{2} \varepsilon_0 E^2 Sd$$

のように変形できるが，Sd はコンデンサの極板間の体積に他ならない．すなわちこの式は，コンデンサの極板間の空間に単位体積あたり

$$u = \frac{1}{2} \varepsilon_0 E^2 \tag{21.7}$$

のエネルギーが蓄えられていると解釈することもできる．

静電張力

導体表面内外の電界 E は，図 21.6(a) のように，外部電界 E_2 と表面電荷密度 σ が作る電界 E_1 との合成と考えられる．ところで表面電荷密度 σ によって両側に作られる電界は $E_1 = \sigma/(2\varepsilon_0)$ であるが（第 IV 部演習問題［1］参照），導体内で電界が 0 であることから，外部電界は $E_2 = \sigma/(2\varepsilon_0)$ であることがわかり，これは導体表面の電界 $E = \sigma/\varepsilon_0$ とも矛盾しない．

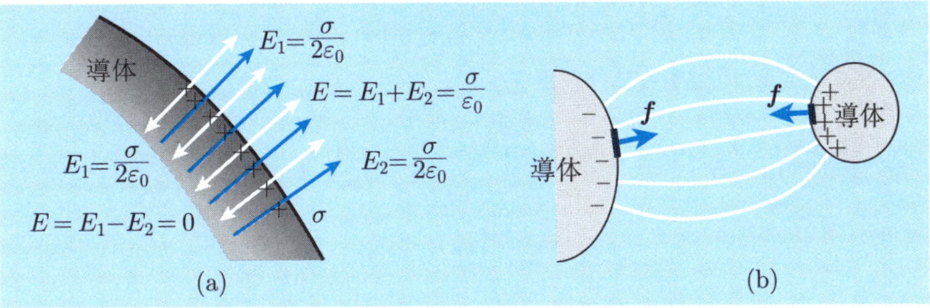

図 21.6　静電張力

さて，表面電荷にクーロン力を及ぼす電界は外部電界 E_2 であるから，導体表面が単位面積あたり受ける力の大きさ f は，

$$f = \sigma E_2 = \frac{\sigma^2}{2\varepsilon_0} \tag{21.8}$$

になる．ここで導体表面の電界は$E = \sigma/\varepsilon_0$であるから，(21.8) を E で表すと

$$f = \frac{1}{2}\varepsilon_0 E^2 \tag{21.9}$$

になる．すなわち導体表面は，単位面積あたり (21.9) で表される力で引っ張られている（図 21.6(b)）．これを**静電張力**という．

21.3　ラプラス方程式

第 19 章で，ガウスの法則の微分形を導いた．すなわち，ある点における電界 $\boldsymbol{E}$ と電荷密度 ρ の間には

$$\mathrm{div}\,\boldsymbol{E} = \frac{\rho}{\varepsilon_0} \quad \text{あるいは} \quad \nabla\cdot\boldsymbol{E} = \frac{\rho}{\varepsilon_0} \tag{21.10}$$

の関係があった．また，第20章で，ある点における電界 $\boldsymbol{E}$ と電位 ϕ との間には，

$$\boldsymbol{E} = -\,\mathrm{grad}\,\phi \quad \text{あるいは} \quad \boldsymbol{E} = -\nabla\phi \tag{21.11}$$

の関係があることを示した．さて (21.11) の $\boldsymbol{E}$ を (21.10) に代入すると，

$$\mathrm{div}\,\mathrm{grad}\,\phi = -\frac{\rho}{\varepsilon_0} \quad \text{あるいは} \quad \nabla\cdot\nabla\phi = -\frac{\rho}{\varepsilon_0} \tag{21.12}$$

という式を得る．この式を具体的に xyz 座標系で書くと，(19.13)，(20.18) より

$$\frac{\partial^2\phi}{\partial x^2} + \frac{\partial^2\phi}{\partial y^2} + \frac{\partial^2\phi}{\partial z^2} = -\frac{\rho}{\varepsilon_0} \tag{21.13}$$

になる．これを**ポアソン方程式**という．この微分方程式を解くことにより，空間の電位 ϕ を求めることができる．ところで，対象にする空間の多くは，電荷は局在しており，ほとんどの点においては $\rho = 0$ である．したがって，

$$\frac{\partial^2\phi}{\partial x^2} + \frac{\partial^2\phi}{\partial y^2} + \frac{\partial^2\phi}{\partial z^2} = 0 \tag{21.14}$$

を考えることが多い．これを**ラプラス方程式**という．なお，

$$\Delta = \frac{\partial^2}{\partial x^2} + \frac{\partial^2}{\partial y^2} + \frac{\partial^2}{\partial z^2} \tag{21.15}$$

のような微分演算子を導入すると，ラプラス方程式およびポアソン方程式は，

$$\Delta\phi = 0, \qquad \Delta\phi = -\frac{\rho}{\varepsilon_0} \tag{21.16}$$

のようにそれぞれ書くことができる．この Δ を**ラプラス演算子**または**ラプラシアン**という．ラプラシアンは微分演算子 ∇ 同士の内積 $\nabla\cdot\nabla$ で表すこともできるので，それを ∇^2 と書くこともある．

参考：ポアソン方程式の解の一意性

導体を含む静電界の問題は，導体表面が等電位面であるという**境界条件**のもとにポアソン方程式を解くという数学的な問題に帰着するが，ポアソン方程式の解は

唯一であることがわかっており，1 つ解が見つかればそれが求める解である．この**解の一意性**は以下のように示すことができる．

いま，ポアソン方程式が，2 つの異なる解 ϕ_1, ϕ_2 をもったとすれば，$\Delta\phi_1 = -\rho/\varepsilon_0$, $\Delta\phi_2 = -\rho/\varepsilon_0$ が成り立つ．ここで $\phi = \phi_1 - \phi_2$ という関数を考えると，ラプラシアンの線形性より，$\Delta\phi = 0$ が成り立つが，導体表面等の境界においては，$\phi_1 = \phi_2$ ゆえに $\phi = 0$ である．ところで，$\Delta\phi = 0$ を満たす ϕ は極値をもたない．なぜなら，この ϕ がある点で極値を取ると仮定すると，その点は電気力線の湧き出し・吸い込みがあること，すなわちその点に電荷があることを表すが，それは $\Delta\phi = 0$（電荷なし）と矛盾するからである．したがって，境界において $\phi = 0$ を満たす解は，全域で $\phi = 0$ という解しかない．すなわち，常に $\phi_1 = \phi_2$ であり，これは解が 1 つであることを示している．

鏡像法

たとえば，図 21.7(a) のように無限に広い導体板から距離 a の位置に点電荷 q がある場合，境界条件は「導体表面で電位 0」である．しかし，これと同じ境界条件は，図 21.7(b) のように導体表面の反対側に点電荷 $-q$ を置くことによっても実現できる．そして解の一意性より，これは求める解に他ならない．したがって，求める (a) の電界は，導体のかわりに (b) のように点電荷を $-q$ を置いて考えても得ることができる．この仮想的な点電荷 $-q$ は，導体表面を鏡と考えた場合の鏡像になっているので，このような方法により導体系の静電界を求める方法を**鏡像法**という．また導体のかわりに置かれる仮想的な電荷を**鏡像電荷**という．

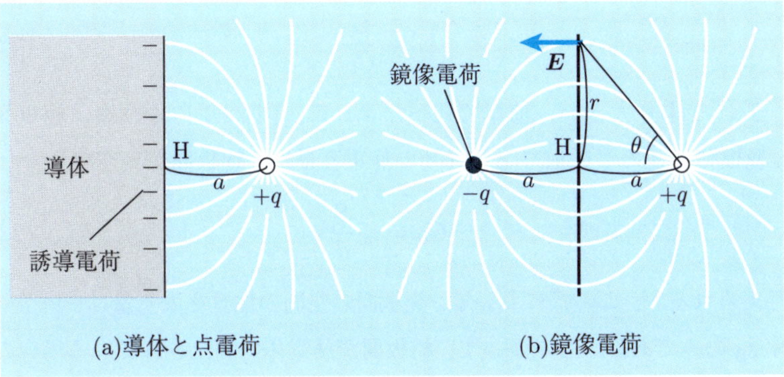

図 21.7 鏡像法

第 22 章 誘 電 体

前章では導体の静電的な性質を取り上げたが，この章では絶縁体（誘電体）の静電的な性質を取り扱う．

22.1 誘 電 体

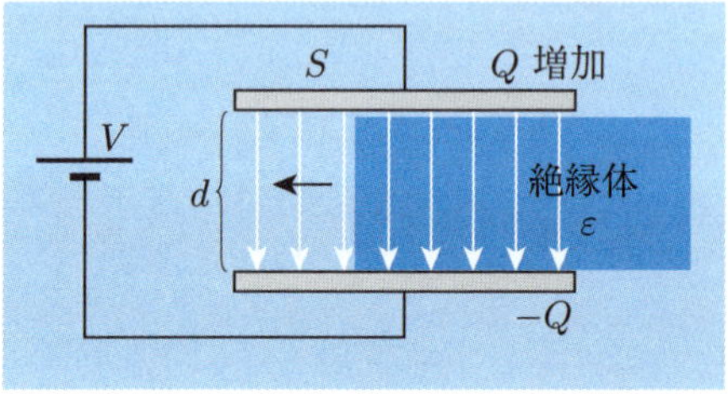

図 22.1

絶縁体は電気をほとんど流さない物質であるが，図 22.1 のように，コンデンサの極板間に絶縁体を挿入すると，コンデンサの静電容量が増加する．これは，絶縁体といえども何がしかの電気的な性質をもつことを示しており，このような性質を問題にするとき，その物質を**誘電体**と呼ぶ．

比誘電率

コンデンサの極板間に誘電体を挿入する前（真空）の静電容量を C_0，完全に誘電体で満たした後の静電容量を C とすると，その比

$$\varepsilon_{\mathrm{r}} = \frac{C}{C_0} \tag{22.1}$$

は一般に 1 より大きい．前章で述べたように，図 22.1 のような，極板面積 S，極板間隔 d の平行板コンデンサの静電容量は，極板間が真空の場合

$$C_0 = \varepsilon_0 \frac{S}{d} \tag{22.2}$$

で与えられるが，この式において，極板間の空間の性質を表す量は，真空の誘電率 ε_0 のみである．したがって，極板間が誘電体で満たされている場合の静電容量は，真空の誘電率のかわりに誘電体の**誘電率** ε という量を考えれば，

$$C = \varepsilon \frac{S}{d} \tag{22.3}$$

のように表すことができる．この場合，上で定義した ε_r は

$$\varepsilon_r = \frac{\varepsilon}{\varepsilon_0} \tag{22.4}$$

のように誘電率の比になる．よって ε_r を**比誘電率**という．比誘電率は物質に固有の量であり，形状などに依存しない．表 22.1 に代表的な物質の比誘電率を示す．定義から明らかなように，比誘電率には単位がない．電極間に挿入する物質の比誘電率が大きいほど，そのコンデンサの静電容量が増加する．

表 22.1　代表的な物質の比誘電率（20°C）（理科年表 2010 年度版による）

物質名	比誘電率	物質名	比誘電率
空気	1.000536	シリコーンゴム	8.5〜8.6
水	80.36	雲母	7.0
変圧器油	2.2	チタン酸バリウム	〜5000

22.2 誘 電 分 極

誘電体を挿入するとコンデンサの静電容量が増加することを述べたが，それは何故であろうか．ここでは少し微視的に誘電体内部を考えてみよう．

誘電分極

導体では，電界をかけると自由電子がクーロン力を受けて移動し，静電誘導を生じた．それに対し，自由電子をもたない絶縁体では，電界をかけても電子は巨視的には移動しない．しかし原子核を回る束縛電子にもクーロン力は働くので，図 22.2 のように，原子核をとりまく電子雲の中心がわずかに移動する．その結果，原子の中において正電荷の中心と負電荷の中心がずれて，原子が 1 つの**電気双極子**になる．このような現象を**誘電分極**という．

誘電分極には上の機構を含め，およそ次の 3 つの機構がある．

(1)　電子分極

これは，上述のように原子内の正電荷の中心（原子核）と電子雲（負電荷）

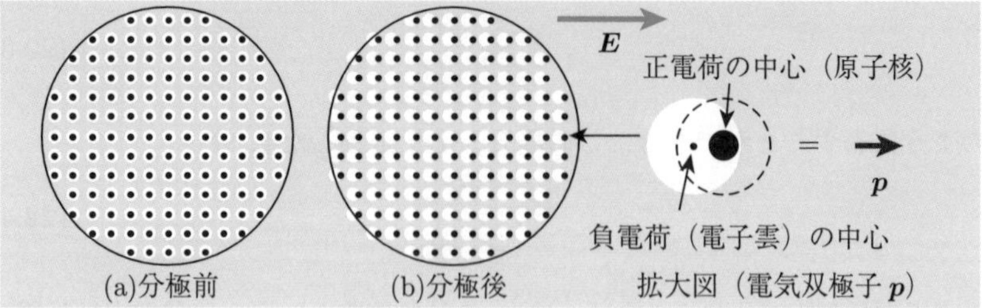

図 22.2 **誘電分極（電子分極）**

の中心がずれるために，原子自体が双極子になることで生じる分極である．

(2) イオン分極

これは，イオン結晶に電界をかけると，図 22.3(a) のように，陽イオンと陰イオンがクーロン力を受けて逆向きに変位することにより生じる分極である．

(3) 配向分極

これは，たとえば水分子のように，もともと双極子モーメントをもっている分子（**極性分子**）を含む物質において，図 22.3(b) のように電界によって分子の双極子モーメントの向きが揃って起こる分極である．

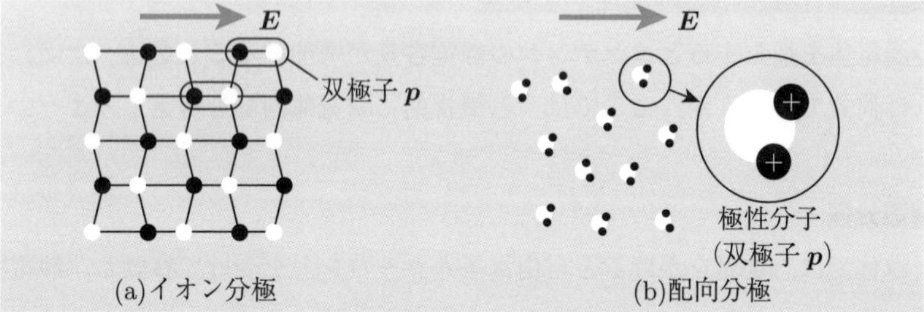

図 22.3 **イオン分極と配向分極**

分極

誘電分極の機構は様々であるが，いずれも電気双極子 $\boldsymbol{p}$ の集合体と考えられる．そこで定量的に，単位体積あたりに含まれる電気双極子モーメントの量を考えることができる．これを**分極**という（「分極」は，誘電分極という“現象”と，物質の単位体積あたりの電気双極子モーメントという“物理量”の両方に使われる）．すなわち，微小体積 ΔV の位置における分極は

$$\boldsymbol{P} = \frac{1}{\varDelta V} \sum_{i \in \varDelta V} \boldsymbol{p}_i \quad (\boldsymbol{p}_i \text{ は } \varDelta V \text{ の内部の電気双極子}) \tag{22.5}$$

のように表される．分極 $\boldsymbol{P}$ は平均量であるが，それは微小体積 $\varDelta V$ という局所的な場所における平均であるので，一般に分極 $\boldsymbol{P}$ は誘電体中の場所の関数である．この局所的な分極の向きを連ねると，1 本の曲線を描く．これを**分極指力線**という．

電気双極子モーメントの単位は C·m，体積の単位は m^3 であるから，分極の単位は $\mathrm{C{\cdot}m^{-2}}$ である．すなわち，

$$[P] = \mathrm{C \cdot m^{-2}} \tag{22.6}$$

である．これは面電荷密度の単位に等しい．

一様な分極

図 22.4(a) のように誘電体のいたるところで分極 $\boldsymbol{P}$ が一定の場合を**一様な分極**という．この場合，分極指力線は図 22.4(b) のように平行で等間隔になる．

さて，誘電分極によって誘電体内に生じた電気双極子を $\boldsymbol{p}_i = q_i \delta \boldsymbol{l}$ とおくと，式 (22.5) は

$$\boldsymbol{P} = \rho\, \delta \boldsymbol{l} \tag{22.7}$$

と書くことができる．ここで ρ は

$$\rho = \frac{1}{\varDelta V} \sum_{i \in \varDelta V} q_i \tag{22.8}$$

であり，正電荷（または負電荷）のみの電荷密度である．すなわち図 22.4(b) は，図 22.4(c) のように，正負の電荷分布 $\pm\rho$ を $\delta \boldsymbol{l}$ だけずらして重ねたものと考えることができる．

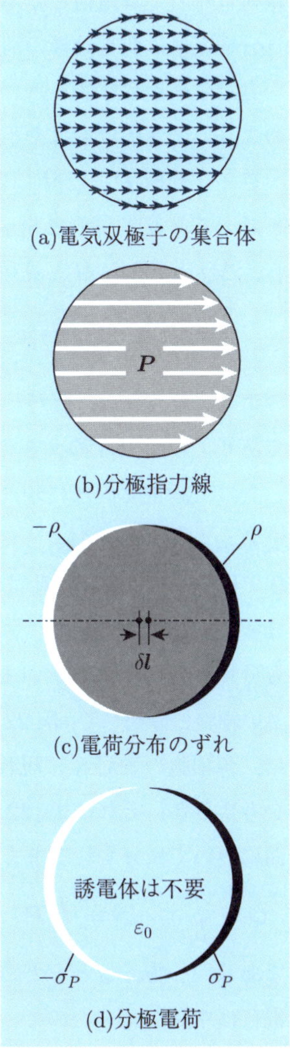

図 22.4　平行板コンデンサ

分極電荷

分極を図 22.4(c) のように考えると，一様な分極の場合，誘電体内部の電荷は中和され，図 22.4(d) のように表面には中和されない電荷（$\pm\sigma_P$）が残る．これを**分極電荷**という．ただし，分極電荷は自由電子のように単独で取り出すことはできない．そこで，単独で取り出すことができる電荷を，分極電荷に対して**真電荷**と呼ぶ．

分極電荷は誘電分極の別表現であるので，分極電荷と誘電分極はどちらか一方だけを考えればよい．すなわち，分極電荷が求まっていれば，図 22.4(d) のように誘電体はもはや不要である．

さて，分極 $\boldsymbol{P} = \rho\delta\boldsymbol{l}$ によって誘電体表面 $\Delta\boldsymbol{S}$ に現れる分極電荷の量 ΔQ を考えてみると，図 22.5(a) のようにはみ出る電荷の体積は $\Delta\boldsymbol{S}\cdot\delta\boldsymbol{l}$ になるから，$\Delta Q = \rho\Delta\boldsymbol{S}\cdot\delta\boldsymbol{l}$ と見積もられる．すなわち表面に現れる分極電荷密度は

$$\sigma_P = \frac{\Delta Q}{\Delta S} = \rho\delta\boldsymbol{l}\cdot\frac{\Delta\boldsymbol{S}}{\Delta S} = \boldsymbol{P}\cdot\boldsymbol{n} \tag{22.9}$$

のように表される．ただし，$\boldsymbol{n}$ は表面外向きの法線ベクトル（単位ベクトル）であり，表面 $\Delta\boldsymbol{S}$ の大きさを ΔS とすると，$\Delta\boldsymbol{S} = \Delta S\boldsymbol{n}$ である．

次に，誘電体内部に現れる分極電荷を考えよう．前述のように，一様な分極では内部には分極電荷は現れないが，分極が一様でない場合，誘電体内部にも分極電荷が現れる．いま誘電体を小さい細胞に分割して，図 22.5(b) のように，各細胞の表面 S に現れる分極電荷を考えると，それは式 (22.9) を細胞表面について積分すれば求まり，

$$Q = \oint_S \sigma_P\, dS = \oint_S \boldsymbol{P}\cdot d\boldsymbol{S} \tag{22.10}$$

である．一方，もともとこの細胞内の電荷は中和していたので，電荷保存則により，細胞内部の電荷は $-Q$ になる

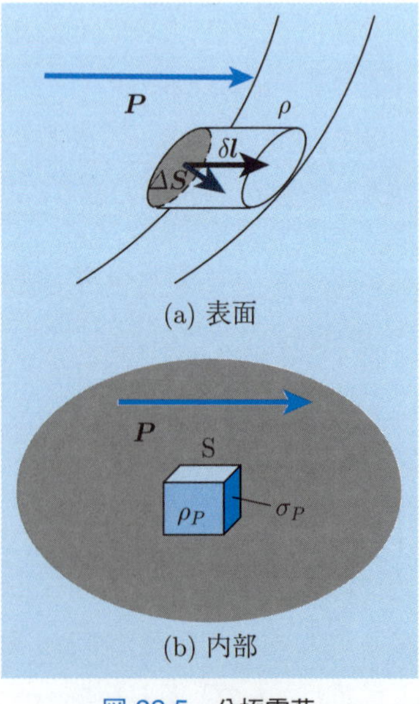

図 22.5　分極電荷

はずである．すなわち，

$$\int_V \rho_P dV = -Q \tag{22.11}$$

である．ここで，ρ_P は細胞内部の分極電荷密度である．したがって，

$$\oint_S \boldsymbol{P} \cdot d\boldsymbol{S} = -\int_V \rho_P dV \tag{22.12}$$

という関係が成り立つ．これにガウスの定理を適用すれば，

$$\rho_P = -\operatorname{div} \boldsymbol{P} \tag{22.13}$$

と書くこともできる．分極が一様な場合はこの値は 0 になり，誘電体内部に電荷は現れないが，分極が一様でない場合，この式に従って誘電体内部にも分極電荷が現れる．またこの式は，分極指力線は負の分極電荷から湧き出し，正の分極電荷に向かうことを示している．

誘電体内の反電界

分極電荷を考えると誘電体を取り去って考えられるが，図 22.6 のように，分極電荷が作る電界 $\boldsymbol{E}_\mathrm{d}$ は外部からかけた電界 $\boldsymbol{E}_0$ と反対向きに生じる．それを**反電界**という．すなわち誘電体内部の電界 $\boldsymbol{E}$ は，かけた電界 $\boldsymbol{E}_0$ よりも反電界 $\boldsymbol{E}_\mathrm{d}$ の分だけ弱くなる．これはまた，図 22.6(b) のように，電気力線の一部が分極電荷によって止められ，誘電体内部に入らないと考えてもよい．

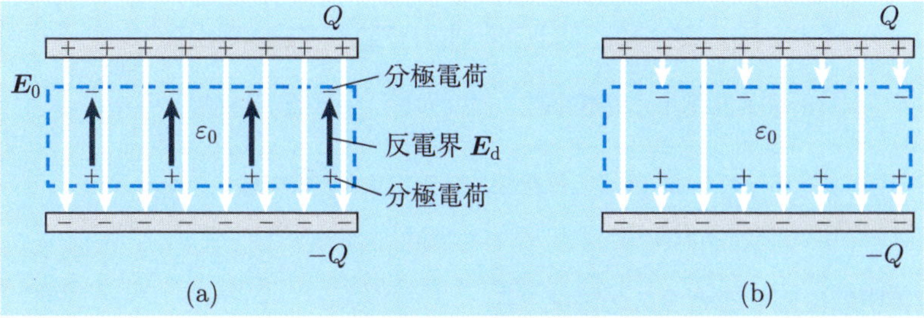

図 22.6 反電界

22.3 電束密度

電気力線は真電荷以外に分極電荷によっても生じたり消滅したりする．したがって，それぞれの電荷密度を ρ，ρ_P とおけば，ガウスの法則 (19.7) は，

$$\Phi = \oint_S \boldsymbol{E} \cdot d\boldsymbol{S} = \frac{1}{\varepsilon_0} \int_V (\rho + \rho_P) dV \tag{22.14}$$

のようになる．ここで，(22.12) を (22.14) に代入すると，

$$\varepsilon_0 \oint_S \boldsymbol{E} \cdot d\boldsymbol{S} + \oint_S \boldsymbol{P} \cdot d\boldsymbol{S} = \int_V \rho dV \tag{22.15}$$

となる．したがって

$$\boldsymbol{D} = \varepsilon_0 \boldsymbol{E} + \boldsymbol{P} \tag{22.16}$$

という量を導入すると，(22.15) は

$$\oint_S \boldsymbol{D} \cdot d\boldsymbol{S} = \int_V \rho dV \tag{22.17}$$

と書くことができる．この $\boldsymbol{D}$ を**電束密度**という．また，$\boldsymbol{D}$ の向きを連ねた曲線を**電束線**という．(22.17) からわかるように，電束線は真電荷のみから湧き出し，分極電荷では途切れることはない（図 22.7）．

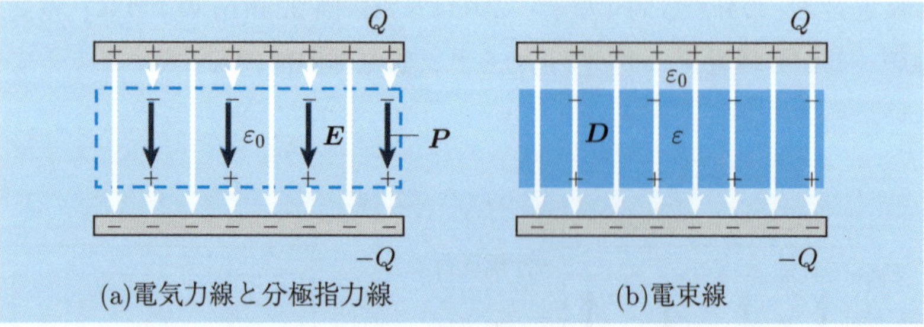

図 22.7 平行板コンデンサ内の電束線

電束密度に関するガウスの法則

ρ は真電荷の電荷密度であるから，式 (22.17) は，

$$\oint_S \boldsymbol{D} \cdot d\boldsymbol{S} = (\text{閉曲面 S によって囲まれる『真電荷』}) \tag{22.18}$$

ということを意味している．これを，**電束密度 $\boldsymbol{D}$ に関するガウスの法則**という．これを微分形で表せば，

$$\operatorname{div} \boldsymbol{D} = \rho \tag{22.19}$$

となる．これらの式は，

電束密度 $\boldsymbol{D}$ は，真電荷のみから湧き出し，分極電荷では途切れない

ことを意味している．

電気感受率

分極 $\boldsymbol{P}$ の大きさは，そこにかかる電界 $\boldsymbol{E}$ に比例すると考えられるので，

$$\boldsymbol{P} = \varepsilon_0 \chi_e \boldsymbol{E} \tag{22.20}$$

と書くことができる．ここで χ_e（ギリシャ文字のカイ）を**電気感受率**という．電気感受率は無次元（単位なし）の量である．

誘電率

上述のように，分極 $\boldsymbol{P}$ は電界 $\boldsymbol{E}$ の応答として書けるので，電束密度は

$$\boldsymbol{D} = \varepsilon_0 \boldsymbol{E} + \varepsilon_0 \chi_e \boldsymbol{E} = \varepsilon_0 (1 + \chi_e) \boldsymbol{E} \tag{22.21}$$

すなわち，

$$\boldsymbol{D} = \varepsilon \boldsymbol{E} \tag{22.22}$$

と書くことができる．ただし，

$$\varepsilon = \varepsilon_0 (1 + \chi_e) \equiv \varepsilon_0 \varepsilon_r \tag{22.23}$$

であり，これはこの章の冒頭で述べた，誘電体の誘電率である．

誘電率が大きいほど電束密度は大きくなるので，電束線は，誘電率が大きな物質を通る傾向がある．また電束線は誘電体表面などの分極電荷で切れるこ

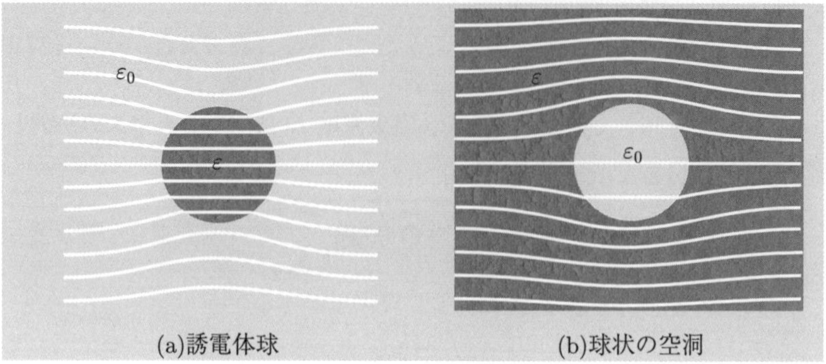

図 22.8 **電束線の様子**

とはない．たとえば，一様な電界中に誘電体球を置くと，電束線は図 22.8(a) のようになる．また，誘電体に球状の空洞があると，同図 (b) のようになる．

22.4 誘電体に蓄えられる静電エネルギー

誘電率 ε の誘電体で満たされた平行板コンデンサ（極板面積 S，極板間距離 d）に蓄えられる静電エネルギーを考えてみよう．さてこのコンデンサの静電容量 C は，誘電体を満たしていない状態の静電容量を C_0 とすれば，

$$C = \varepsilon_{\mathrm{r}} C_0 \tag{22.24}$$

で与えられる．また，電圧 V をかけたときに蓄えられる電気量は $Q = CV$ である．よって，このコンデンサに蓄えられる静電エネルギーは

$$U = \frac{1}{2}QV = \varepsilon_{\mathrm{r}} \frac{1}{2} C_0 V^2 \tag{22.25}$$

になる．このように，誘電体を挿入すると静電エネルギーは比誘電率 ε_{r} 倍される．ところで，この平行板コンデンサの極板間の電界 E は，$E = V/d$ で与えられるので，これと $C_0 = \varepsilon_0 S/d$ より，(22.25) は

$$U = \varepsilon_{\mathrm{r}} \frac{1}{2} C_0 V^2 = \frac{1}{2}\varepsilon E^2 \cdot Sd \tag{22.26}$$

と書くことができる．ここで，Sd は極板間の体積に他ならないから，この式は，誘電体内部の電界が E の場合，誘電体内部には単位体積あたり

$$u = \frac{1}{2}\varepsilon E^2 \tag{22.27}$$

の静電エネルギーが蓄えられていると見ることができる．これは，真空に蓄えられる静電エネルギー (21.7) の ε_r 倍である（ε_0 を ε に置き換えただけ）．

さてこのエネルギーは，誘電体内に電気双極子の形で蓄えられていると考えることもできる．いま一様な分極を考え，正電荷の分布と負電荷の分布を δl だけ変位させる仕事を考えよう．復元力は変位に比例すると考えられ，電界が E のときの正電荷 q あたりの復元力は，それとつり合った qE であるから，復元力と変位の比例定数は $k = qE/\delta l$ と考えられる．よってこのエネルギーは，

$$U = \frac{1}{2}k\,\delta l^2 = \frac{1}{2}qE\,\delta l = \frac{1}{2}Ep \tag{22.28}$$

である．これは双極子 1 個あたりに蓄えられるエネルギーであって，単位体積あたりに直すと，単位体積あたりの双極子 p の個数を N とすれば，

$$u = \frac{1}{2}ENp \tag{22.29}$$

になる．ここで，Np は単位体積あたりの双極子の量，すなわち分極 P であり，また $P = \varepsilon_0\chi_\mathrm{e}E$ であるから，

$$u = \frac{1}{2}EP = \frac{1}{2}\varepsilon_0\chi_\mathrm{e}E^2 \tag{22.30}$$

を得る．これが分極に蓄えられるエネルギーである．なお，実際にはこれに真空に蓄えられるエネルギーが加わるので，

$$u = \frac{1}{2}\varepsilon_0\chi_\mathrm{e}E^2 + \frac{1}{2}\varepsilon_0E^2 = \frac{1}{2}\varepsilon_0(1+\chi_\mathrm{e})E^2 = \frac{1}{2}\varepsilon E^2 \tag{22.31}$$

を得る．

22.5　誘電体の特殊効果

ピエゾ効果

水晶やロッシェル塩などの結晶に強い変形（ひずみ）を与えると分極が生じる．これを**圧電効果**または**ピエゾ効果**という．また逆に，これらの結晶に

電界をかけて分極を起こすと結晶がひずむ．すなわち圧電効果は，電気振動と機械振動の相互変換に利用できる．応用例としては，小型のクリスタルイヤホンやマイクがあるが，時計などに使われる水晶振動子も，この圧電効果を利用したものである．

例題 22.1

誘電率 ε の誘電体板に垂直に電界 E_0 をかけた．誘電体の厚さ d は板の広がりに対して十分薄いとして，誘電体内部の電界を求めよ．

解答 対称性から，誘電体板内の電界は常に板に垂直なので，大きさのみを考える．それを E，電気感受率を χ_e とすれば，現れる分極は $P=\varepsilon_0\chi_\mathrm{e}E$ である．すなわち，誘電体板の表裏の面には，それぞれ分極電荷 $\sigma=\pm P=\pm\varepsilon_0\chi_\mathrm{e}E$ が現れる．よってこの分極電荷によって作られる電界は，

$$E_\mathrm{d}=\frac{\sigma}{\varepsilon_0}=\frac{P}{\varepsilon_0}=\chi_\mathrm{e}E$$

であり，向きは E_0 と逆である．誘電体内部の電界 E は，外部電界 E_0 と反電界 E_d との重ね合わせであるから，

$$E=E_0-E_\mathrm{d}=E_0-\chi_\mathrm{e}E$$

である．よって，求める誘電体内部の電界は，

$$E=\frac{1}{1+\chi_\mathrm{e}}E_0=\frac{E_0}{\varepsilon_\mathrm{r}}=\frac{\varepsilon_0E_0}{\varepsilon}$$

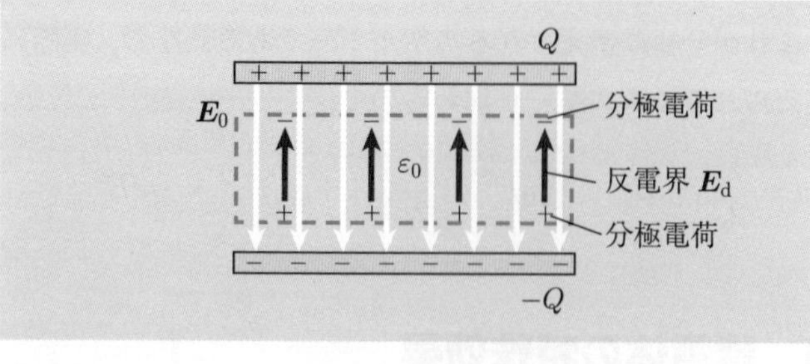

別解 誘電体表面には真電荷はないので，電束密度は誘電体内外で変化しない．すなわち，誘電体内の電界の大きさを E とすると，$D=\varepsilon_0E_0=\varepsilon E$ である．これより直ちに，$E=\varepsilon_0E_0/\varepsilon$ を得ることができる．

第 23 章
電流と磁界

方位磁石が南北に向くのは，地球の**磁界**（地磁気）が方位磁石に**磁力**を及ぼすためであるが，磁界は前章まで扱っていた電気的な現象とは別物であり，電荷との相互作用はないように思われる．しかし実は，電気と磁気は密接に結びついている．この章では，電荷の流れである**電流**と磁界との関係について考える．

23.1 電　　流

電流とは，文字通り電荷の流れであり，最も身近な例は金属等の導体中を流れる電流である．第 22 章でも述べたように，金属中には自由電子があり，その流れが電流である．

さて，これまで導体中には静電界は存在しないと述べてきたが，たとえば**導線**のような細長い導体の両端を電池の両端に接続すると，導線の両端は異なる電位のまま保たれ，導線中に定常的な電位の勾配が生じる．すなわち，導線中に静電界が存在し続け，自由電子は常に一定のクーロン力を受けながら運動する．この際，自由電子は結晶格子による抵抗力を受けながら進むので，平均的には電子は一定の速さで移動を続ける．このように定常的に流れる電流を**定常電流**という．

ある面を通る電流の大きさは，「その面を単位時間に移動する電気量」によって定義される．すなわち，時刻 t から $t+\Delta t$ までの Δt 秒間に ΔQ [C] の電荷が通過すれば，その電流は $\Delta Q/\Delta t$ で与えられる．したがって，時刻 t における電流は，$\Delta t \to 0$ の極限をとって

$$I = \frac{dQ}{dt} [\mathrm{A}] \tag{23.1}$$

のように与えられる．電流は通常 I や i などで表される．上式からわかるように，電流の単位は $\mathrm{C \cdot s^{-1}}$ であるが，これを A（アンペア）という単位で表す．これについては後にやや詳しく述べる．

さて，図 23.1 のように，導線の断面積を S とし，自由電子の電荷を $-e$，単位体積あたり自由電子の個数を n，その平均移動速度を v とすると，時間 Δt の間に断面を通過する電気量 ΔQ は，幅が $v\Delta t$ で断面積が S の体積 $v\Delta tS$ に含まれる電気量に他ならない．すなわち

$$\Delta Q = -nev\Delta tS \tag{23.2}$$

と書くことができる．よって電流は，それを時間 Δt で割って，

$$I = \frac{\Delta Q}{\Delta t} = -nevS \tag{23.3}$$

で与えられる．マイナスは，電子の移動の向きと電流の向きは逆であることを意味する．なお，電流を断面積で割った「単位断面積あたりの電流」

$$\boldsymbol{j} = -ne\boldsymbol{v} \tag{23.4}$$

を**電流密度**という．電流密度は一般に場所によって向きも異なるので，(23.4) のようにベクトルで表される．電流密度が与えられれば，断面 S を横切る電流は次のように与えられる．

$$I = \int_{\mathrm{S}} \boldsymbol{j} \cdot d\boldsymbol{S} \tag{23.5}$$

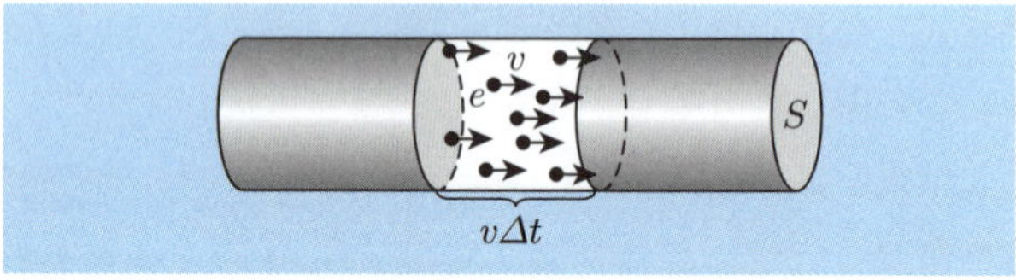

図 23.1 時間 Δt に移動する電気量

23.2 電流が作る磁界

磁石などの磁気的な現象は，静電気などの電気的な現象とともに昔から知られている．しかし，それらの関係が初めて明らかになったのは，次のエルステッドの実験による．

エルステッドの実験

エルステッドは，電気と磁気との関係を調べるために，方位磁石の上に導

線を張った図 23.2 のような装置を作り，まず導線を磁石と直角に張って東から西に電流を流した．これは方位磁石が電流に引きずられて平行になると予想しての実験であったが，方位磁石は動かなかった．そこで今度は導線を磁石と平行に張り，南から北に電流を流したところ，方位磁石は図のように左回りに大きく動いた．

この実験より，電流のまわりには，図の白矢印ように電流の向きに対して右回りに磁気力の界（磁界）が発生していると考えることができる．このような電流と磁界の向きとの関係をアンペールの**右ねじの法則**という．

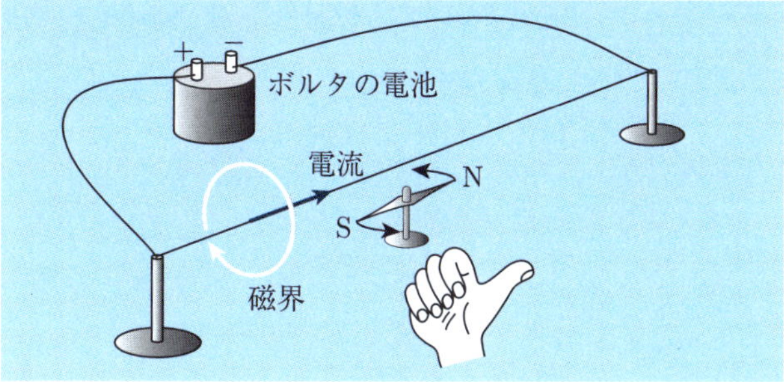

図 23.2　エルステッドの実験

2 本の平行電流に働く力

電流が磁界を発生するなら，電流間には磁界を媒介とした相互作用が働くはずである．アンペールは，図 23.3 のように 2 本の電流間に働く力を調べ，次の結果を得た．

1. 平行電流間に引力，反平行にすると斥力が働く．
2. 力は電流間の距離を r に反比例する．
3. 電流をそれぞれ I_1, I_2 とすると，力は I_1 と I_2 のそれぞれに比例する．
4. 力は平行に張られた導線の長さ l に比例する．

以上の結果は次の式にまとめることができる．

$$F = 2k_m \frac{I_1 I_2}{r} l \tag{23.6}$$

ただし，k_m は単位系によって定まる比例定数であり，SI 単位系では，

$$k_m = \frac{\mu_0}{4\pi} = 1 \times 10^{-7}\,\mathrm{N \cdot A^{-2}} \tag{23.7}$$

のように決められている．ここで $\mu_0 = 4\pi \times 10^{-7}\,\mathrm{N \cdot A^{-2}}$ は**真空の透磁率**と呼ばれている．

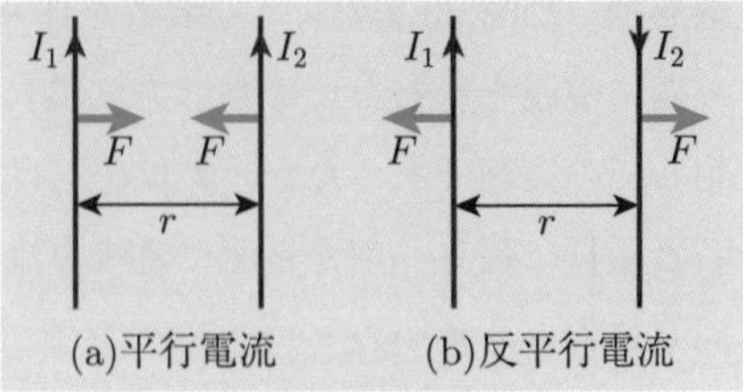

図 23.3　平行電流に働く力

1 A の定義

いままで電流の単位に A（アンペア）を用いてきたが，1 A は (23.6) により定義されている．すなわち，真空中に 1 m 離して平行に配置した導線に等量の電流を流したとき，導線 1 m あたりに働く力が 2×10^{-7} N であるとき，その電流を 1 A と定める．

第 18 章の電荷の単位でも述べたように，SI 単位系では，電磁気に関する諸単位はすべてこの 1 A から定義される．ちなみに，アンペアはアンペールに由来する．

直線電流のまわりの磁界

エルステッドとアンペールの実験より，直線電流同士の相互作用は，図 23.4 のように，直線電流はそのまわりを右ねじ方向に取り巻くように磁界を作り，その磁界により他方の直線電流が力を受けると解釈できる．

直線電流 I_1 だけを考えれば，電流のまわりの等方性から，磁界は同心円状であり，またアンペールの実験から，その磁界の大きさは，電流 I_1 に比例し，直線電流からの距離 r に反比例する．すなわち，直線電流 I_1 によって作られる磁界の大きさは

$$B = \frac{\mu_0}{2\pi}\frac{I_1}{r} \tag{23.8}$$

のように書くことができる．さらに，直線電流を中心軸として，常に円周に沿って右ねじの向きを向いた単位

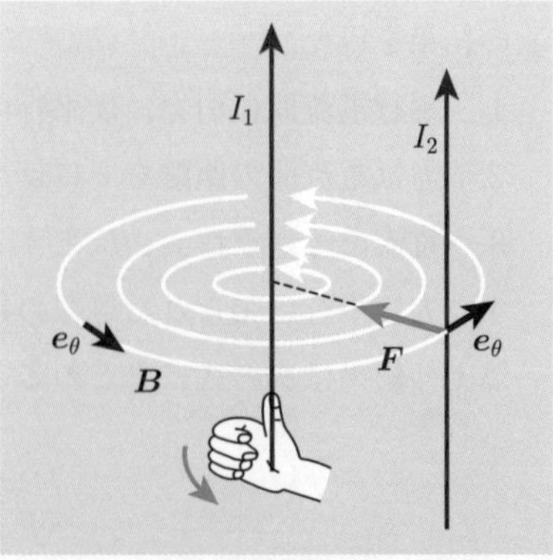

図 23.4　直線電流による磁界

ベクトル $\boldsymbol{e}_\theta$ を定義すると，直線電流 I_1 によって作られる磁界は，大きさと向きを合わせて，ベクトル的に

$$\boldsymbol{B} = \frac{\mu_0}{2\pi}\frac{I_1}{r}\boldsymbol{e}_\theta \tag{23.9}$$

のように表現することができる．この磁界 $\boldsymbol{B}$ を**磁束密度**という．

一方，直線電流 I_1 が (23.8) のような大きさの磁束密度 B を発生したと考えると，電流 I_2 に働く力の大きさは，式 (23.6) より

$$F = I_2 l B \tag{23.10}$$

のように書くことができる．これについては後で詳しく考える．

磁束密度の単位

磁束密度 $\boldsymbol{B}$ の単位は，(23.10) より $\mathrm{N \cdot A^{-1} \cdot m^{-1}}$ であるが，これを T（テスラ）という単位で表す．磁束密度の単位として耳にするガウス（G）はSI 単位系ではない．両者の関係は $1\,\mathrm{T} = 10^4\,\mathrm{G}$ である．なお，後述の磁束の単位 Wb（ウェーバ）を用いれば，磁束密度の単位は $\mathrm{Wb \cdot m^{-2}}$ と表すこともできる．すなわち以下の関係がある．

$$[\boldsymbol{B}] = \mathrm{T} = \mathrm{Wb \cdot m^{-2}} \tag{23.11}$$

23.3　ビオ–サバールの法則

直線電流のまわりには右回りに同心円状の磁界が発生することを述べたが，それは，電流の各微小部分（**電流素片**）が作る磁界の重ね合わせの結果と考えられる．そこで電流素片が作る磁界について考えてみよう．

ところで，いざ電流素片が作る磁界を観測しようと考えると，そこに電流を供給するための電線が作る磁界も観測してしまう．そこでビオとサバールは，直線電流に対して同一線上には磁

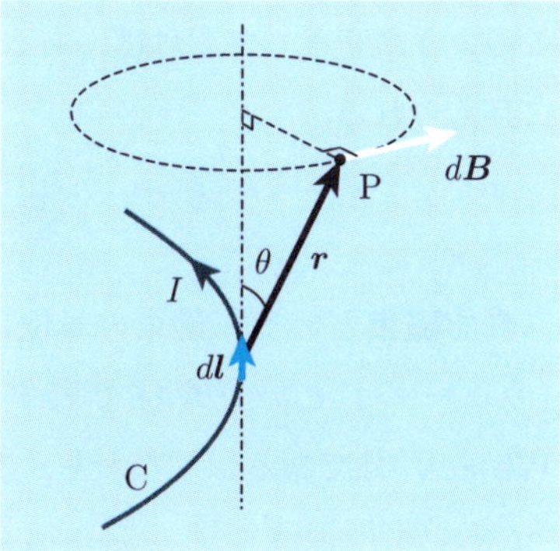

図 23.5　電流素片による磁界

界がないことに目をつけ，巧妙な実験によって，電流素片 $I d\boldsymbol{l}$ が，そこから角度 θ，距離 r の位置 P に作る磁束密度 $d\boldsymbol{B}$ は，図 23.5 のように電流素片 $I d\boldsymbol{l}$ に対して右回りで，その大きさは

$$dB = \frac{\mu_0}{4\pi}\frac{I dl}{r^2}\sin\theta \tag{23.12}$$

で与えられることを見出した．これを**ビオ–サバールの法則**という．これをベクトル的に表現すれば，電流素片 $I d\boldsymbol{l}$ がそこから $\boldsymbol{r}$ の位置に作る磁束密度は，

$$d\boldsymbol{B} = \frac{\mu_0}{4\pi}\frac{I d\boldsymbol{l} \times \hat{\boldsymbol{r}}}{r^2} \tag{23.13}$$

となる．ここで，$\hat{\boldsymbol{r}}$ は $\boldsymbol{r}$ 方向の単位ベクトルであり，$\times$ はベクトルの外積を表す．

この式を用いれば，任意の形状 C に沿って流れる電流 I が作る磁束密度は，原理的には次の積分により求めることができる．

$$\boldsymbol{B} = \frac{\mu_0 I}{4\pi}\int_{\mathrm{C}}\frac{d\boldsymbol{l} \times \hat{\boldsymbol{r}}}{r^2} \tag{23.14}$$

23.4 磁束密度に関するガウスの法則

磁束

磁束密度 $\boldsymbol{B}$ の方向を連ねていくと，1 本の線を描くことができる．これを**磁束線**という．磁束線は無数に引くことができるが，その単位面積あたりの本数（磁束線の密度）を，磁束密度 $\boldsymbol{B}$ の大きさと定めておくと便利である．このように定義しておけば，ある面 S を通過する磁束線の本数は次式のように与えられる．

$$\varPhi = \int_{\mathrm{S}} \boldsymbol{B} \cdot d\boldsymbol{S} \tag{23.15}$$

これを**磁束**という．磁束の単位は上式より $\mathrm{T \cdot m^2}$ であるが，これを Wb（ウェーバ）という単位で表す．なお，後述の電磁誘導の法則により，$\mathrm{Wb = V \cdot s}$ である．すなわち，次の関係がある．

$$[\varPhi] = \mathrm{Wb} = \mathrm{T \cdot m^2} = \mathrm{V \cdot s} \tag{23.16}$$

磁束密度に関するガウスの法則

電流が作る磁束線は，実は必ず電流を囲む閉曲線になっている．すなわち，電気力線とは異なり，磁束線には始点・終点がない．一般にこのようなベクトル界を，**ソレノイド界**という．したがって，第 19 章のガウスの法則で考えたように，閉曲面 S を出入りする磁束線の数を計算すると，その合計は閉曲面の取り方に関わらず必ず 0 である．すなわち，

$$\Phi = \oint_{\mathrm{S}} \boldsymbol{B} \cdot d\boldsymbol{S} = 0 \tag{23.17}$$

が常に成り立つ．これを**磁束密度に関するガウスの法則**という．

ガウスの法則の微分形

電界について行ったのと同様に，ガウスの定理を用いて上のガウスの法則を微分形に書き換えると，次の式を得る．

$$\mathrm{div}\,\boldsymbol{B} = 0 \tag{23.18}$$

この式は，磁束密度 $\boldsymbol{B}$ というベクトル界は，電界における電荷に相当する始点・終点が存在しないソレノイド界であることを示している．

例題 23.1

無限に長い直線電流 I から距離 a の点 P における磁束密度 $\boldsymbol{B}$ を求めよ．

解答 右図のように電流に沿って z 軸をとり，線素 dz から点 P までの距離を r，角度を θ とすると，ビオ–サバールの法則により，電流素片 Idz が点 P に作る磁束密度は，紙面に垂直で表から裏を向き，その大きさは

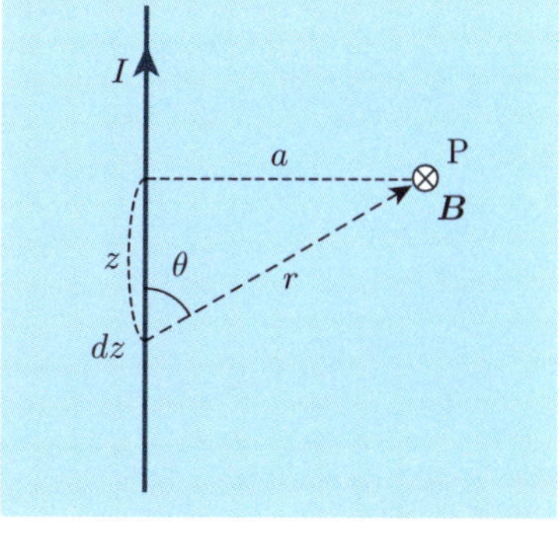

$$dB = \frac{\mu_0 I}{4\pi} \frac{\sin\theta\, dz}{r^2}$$

である．したがって，電流全体が点 P に作る磁束密度の大きさ B は，これを z について $-\infty$ から ∞ まで積分すれば得られる．

$$B = \frac{\mu_0 I}{4\pi} \int_{-\infty}^{\infty} \frac{\sin\theta\, dz}{r^2}$$

ここで，z についての積分を θ についての積分に置き換えると，$z = -a/\tan\theta$ であるから $dz = ad\theta/\sin^2\theta$，また $r = a/\sin\theta$ であるから，求める積分は，

$$B = \frac{\mu_0 I}{4\pi a}\int_0^{\pi} \sin\theta\, d\theta = \frac{\mu_0 I}{2\pi a}$$

である．これは式 (23.8) に一致する．

23.5 電流が磁界から受ける力

フレミングの左手の法則

上述したように，直線電流 I_1 のまわりに (23.9) のような磁束密度 $\boldsymbol{B}$ が発生したと考えると，その磁界から電流 I_2 が受ける力の大きさは，(23.10)，すなわち

$$F = I_2 l B \tag{23.19}$$

と書くことができた．ところで $\boldsymbol{F}$ の向きは，図 23.6 からわかる通り，電流 I_2（すなわち $\boldsymbol{l}$）と磁束密度 $\boldsymbol{B}$ の両方に垂直で，電流から磁界の向きに回転したときに右ねじが進む方向である．この電流，磁束密度，力の向きの関係は，実は一般的に成り立つ．さて，左手の中指，人差し指，親指を互いに直角に立てて，中指を電流，人差し指を磁束密度に対応させると，親指が働く力の向きを与える．これを**フレミングの左手の法則**という．これは，中指から親指の順に『電・磁・力』と覚えると便利である．

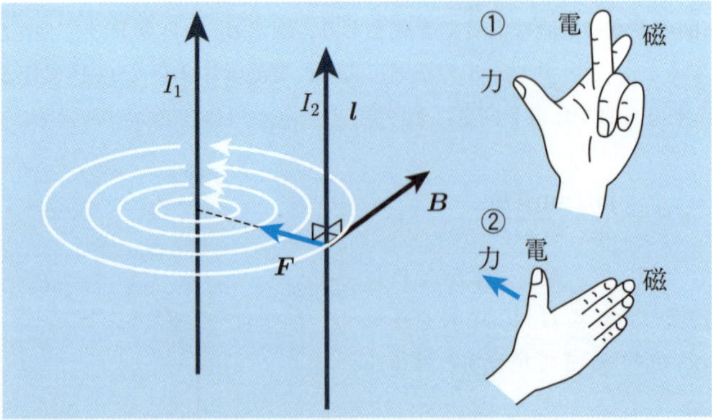

図 23.6 フレミングの左手の法則

なお，別の方法として，右手を図②のように広げて，右ねじの法則と同じく親指を電流，他の 4 本指を磁束密度に対応させると，働く力の向きは手の平の向きになる．

電流と磁界が垂直でない場合の力

上の説明は電流と磁界が互いに垂直であったが，図 23.7(a) のように，電流と磁界が互いに平行な場合，実は電流には力が働かない．すなわち，磁界と相互作用するのは，電流のうち磁界に垂直な成分のみと考えられる．したがって，図 23.7(b) のように電流と磁界が角度 θ をなす場合，磁束密度 B から電流 I（長さ l）が受ける力は

$$F = IlB\sin\theta \tag{23.20}$$

のように表すことができる．また力の向きは，図 (b) の場合，紙面の表から裏向きである．これを記号 $\otimes$ で表している．

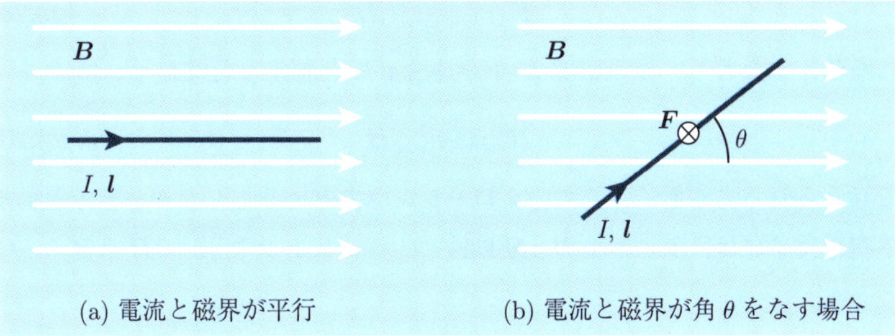

図 23.7　電流と磁界との関係

すなわち，力 $\boldsymbol{F}$ の方向は，磁束密度 $\boldsymbol{B}$ と電流 I（$\boldsymbol{l}$）の両方に垂直で，向きは電流 I（$\boldsymbol{l}$）から磁束密度 $\boldsymbol{B}$ の向きの回転に対して右ねじの進む向きである．これはベクトルの外積を用いて

$$\boldsymbol{F} = I\boldsymbol{l} \times \boldsymbol{B} \tag{23.21}$$

のように書くことができる．

任意の形状の電流が受ける力は，電流素片 $Id\boldsymbol{l}$ が受ける力

$$d\boldsymbol{F} = Id\boldsymbol{l} \times \boldsymbol{B} \tag{23.22}$$

をその形状にわたって積分すれば得ることができる．

23.6 ローレンツ力

ローレンツ力

磁束密度 $\boldsymbol{B}$ によって長さ l の電流 I が受ける力は (23.21) で与えられることを述べたが，電流は導体中の自由電子の運動であるから，この力は，運動する自由電子と磁界との相互作用と考えることができる．そこで，運動する自由電子 1 個に働く力を考察しよう．

さて，この章の最初で述べたように，自由電子の電荷を $-e$，その個数密度を n，平均移動速度を v とすれば，電流 I は $-nevS$ と表される．ここで S は導線の断面積である．これを (23.21) に代入すれば

$$\boldsymbol{F} = -nSle\boldsymbol{v} \times \boldsymbol{B} \tag{23.23}$$

となる．ただし，$v\boldsymbol{l}$ を $\boldsymbol{v}l$ と書き換えた．ここで nSl は導線の体積 Sl 中に含まれる自由電子の個数であるから，自由電子 1 個あたりが受ける力は，

$$\boldsymbol{F} = -e\boldsymbol{v} \times \boldsymbol{B} \tag{23.24}$$

になる．すなわち，磁束密度 $\boldsymbol{B}$ 中を速度 $\boldsymbol{v}$ で運動する荷電粒子 q には，

$$\boldsymbol{F} = q\boldsymbol{v} \times \boldsymbol{B} \tag{23.25}$$

で与えられる力が働く．この力を**ローレンツ力**という．したがって，運動する荷電粒子には，クーロン力 $q\boldsymbol{E}$ 以外に，ローレンツ力 $q\boldsymbol{v} \times \boldsymbol{B}$ も働く．すなわち

$$\boldsymbol{F} = q(\boldsymbol{E} + \boldsymbol{v} \times \boldsymbol{B}) \tag{23.26}$$

のような力が働く．これをローレンツ力と呼ぶこともある．

磁界中の荷電粒子の運動

磁束密度 $\boldsymbol{B}$ 中を速度 $\boldsymbol{v}$ で運動する電荷 q の粒子には，ローレンツ力 $\boldsymbol{F} = q\boldsymbol{v} \times \boldsymbol{B}$ が働くので，その荷電粒子の質量を m とすると，荷電粒子の運動は，次のような運動方程式に従う．

$$m\frac{d\boldsymbol{v}}{dt} = q\boldsymbol{v} \times \boldsymbol{B} \tag{23.27}$$

第 24 章
アンペールの法則

前章で，電流のまわりに生じる磁束密度がビオ–サバールの法則に従うことを述べたが，この章では，それと等価なアンペールの法則を導く．

24.1 アンペールの法則

アンペールの法則とは

図 24.1 のようにいろいろな電流が流れている場合，それらが作る磁束密度 $\boldsymbol{B}$ は，原理的には前章で学んだビオ–サバールの法則によって求めることができる．しかし，その計算は一般に困難である．ところが，適当なループ C を考え，そのループについて磁束密度を線積分したものは，そのループが囲んだ（正確にはループと**鎖交する**）全電流に等しくなることが知られている．これを**磁束密度 $\boldsymbol{B}$ に関するアンペールの法則**という．すなわち，

アンペールの法則：

$$\oint_{\mathrm{C}} \boldsymbol{B}\cdot d\boldsymbol{l} = \mu_0 \times (\text{ループ C と鎖交する全電流}) \qquad (24.1)$$

が成り立つ．

たとえば図 24.1 の場合は，ループ C と鎖交する電流は I_2 と I_4 であり，I_4 は I_2 と反対向きに 2 回交わるので，(24.1) は次のようになる．

$$\oint_{\mathrm{C}} \boldsymbol{B}\cdot d\boldsymbol{l} = \mu_0 \times (I_2 - 2I_4)$$

ただし，C に対し右ねじの向きを電流の正の向きとする．

電流が電流密度 $\boldsymbol{j}$ で与えられている場合は，ループ C が囲む全電流は，C を縁とする曲面 S に関する $\boldsymbol{j}$ の面積分

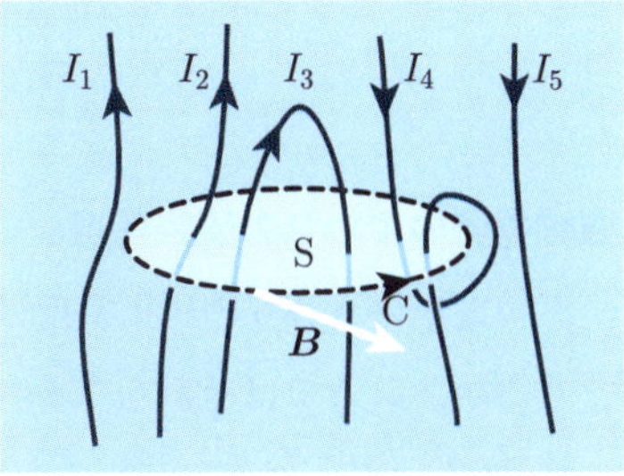

図 24.1 アンペールの法則

になるので，アンペールの法則 (24.1) は

$$\oint_{C} \boldsymbol{B} \cdot d\boldsymbol{l} = \mu_0 \int_{S} \boldsymbol{j} \cdot d\boldsymbol{S} \tag{24.2}$$

のようになる．

証明は割愛するが，アンペールの法則はビオ–サバールの法則から直接導くことができる．またその逆も証明できる．すなわち両者は等価な法則である．その関係は，電界におけるクーロンの法則とガウスの法則との関係と同様であり，ビオ–サバールの法則が実験則であるのに対し，アンペールの法則は，それを磁界の性質として整理して導かれた理論的な法則である．そして，ガウスの法則が電荷と電界の関係を与えたのと同様に，アンペールの法則は，電流と磁界の関係を与える．

鎖交

磁束線や電流や周回積分路はループであるので，それらの交わり方には，鎖の輪のように連結する場合と，連結しない場合がある．前者のような交わり方を**鎖交**という．また鎖交には複数回巻きつく場合もあり，その回数を**鎖交数**という．図 24.2 に鎖交しない例 (a) と，鎖交する例 (b) を示す．

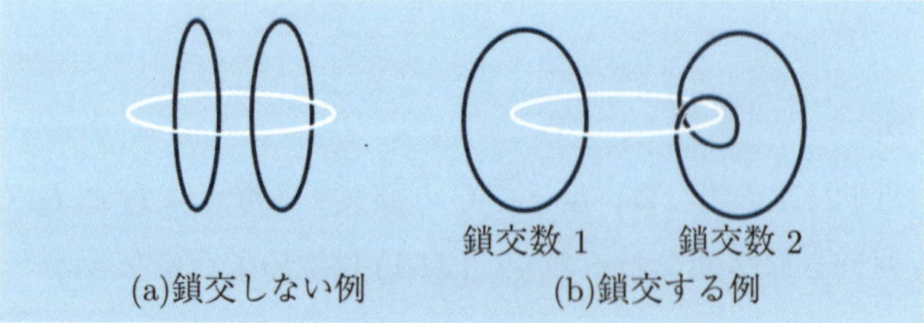

図 24.2 鎖交

直線電流のまわりの磁束密度

直線電流のまわりの磁束密度は，ビオ–サバールの法則を用いて導くことができるが，ここではそれをアンペールの法則を用いて導いてみよう．

図 24.3 のような直線電流 I を考え，そこから距離 r の点における磁束密度の大きさを B とおくと，軸対称性より，半径 r の円周上では磁束密度の大き

さはすべて B に等しい．また，その方向は常に円周に沿って，その向きは電流に対して右ねじの向きである．したがって，直線電流 I が作る磁束密度 $\boldsymbol{B}$ について，半径 r の円周を積分経路 C として $\boldsymbol{B}$ の向きの周回積分を計算すると，

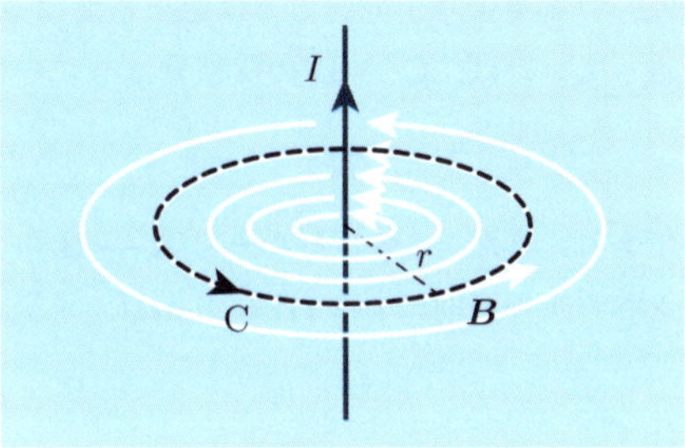

図 24.3 直線電流のまわりの磁界

$$\oint_{\mathrm{C}} \boldsymbol{B} \cdot \boldsymbol{dl} = \oint_{\mathrm{C}} B dl = B \oint_{\mathrm{C}} dl = 2\pi r B \tag{24.3}$$

となる．一方，アンペールの法則によれば，この値は（ループ C が囲んだ電流）× μ_0 に等しく，それは $\mu_0 I$ である．よって，$2\pi r B = \mu_0 I$ である．すなわち，求める磁束密度の大きさは，

$$B = \frac{\mu_0}{2\pi} \frac{I}{r} \tag{24.4}$$

となる．これはビオ–サバールの法則から求めた例題 23.1 の結果と一致する．このように，対称性がよい場合は，アンペールの法則を用いて磁束密度を簡単に求めることができる．

例題 24.1

巻き線密度 n の無限に長いソレノイドに電流 I を流したときに発生するソレノイド内外の磁束密度をアンペールの法則により求めよ．

解答 磁界は電流に垂直であるので，ソレノイド内外の磁界は軸に平行である．またソレノイドは無限に長いので，軸方向に一様である．よって，右図のようにソレノイドの内外にまたがるように矩形のループ A → B → C → D を考え，これについてアンペールの法則を適用する．いま，ソレノイド内の磁束密度の大きさを B とおくと，

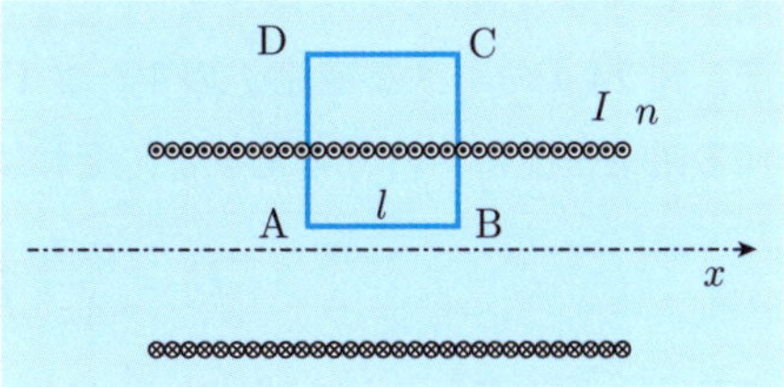

$$\text{A} \to \text{B の線積分は，} lB$$

であり，B → C，D → A の線積分は，磁界と経路が互いに垂直なので 0 である．ま

た，コイルより十分遠方では磁束密度は 0 のはずであるから，線分 CD を無限遠にもっていけば，C → D の線積分は 0 になる．よって，

$$\oint_{A\to B\to C\to D} \boldsymbol{B}\cdot d\boldsymbol{l} = lB$$

である．また，この矩形ループ A → B → C → D が囲む電流は nIl であるから，アンペールの法則により $lB = \mu_0 nIl$，すなわち

$$B = \mu_0 nI$$

である．さて，積分経路 AB はソレノイド内のどこでも構わないから，ソレノイド内の磁束密度はいたるところ一定で，その値は上式で与えられる．一方，このことから，C → D の線積分は，CD の位置によらず 0 である．よって，ソレノイド外部の磁束密度は 0 であることがわかる．すなわち，無限に長いソレノイドでは，外部に磁束は漏れない．

24.2　磁気モーメント

磁位

静電界は渦なしの界であるため，その線積分は経路によらず一定であり，電位が定義できた．それに対し磁束密度はソレノイド界であり，線積分

$$\phi_m = \int_{P_0(C)}^{P} \boldsymbol{B}\cdot d\boldsymbol{l} \qquad (24.5)$$

は一般に積分経路 C に依存する．さていま，図 24.4 のような電流 I のループ Γ が作る磁束密度について考えると，それはビオ–サバールの法則 (23.13) より

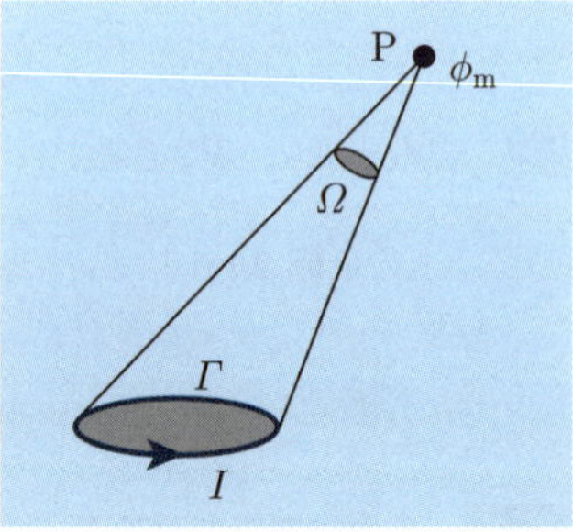

図 24.4　磁位

$$\boldsymbol{B} = \frac{\mu_0 I}{4\pi}\oint_{\Gamma}\frac{d\boldsymbol{l}\times\hat{\boldsymbol{r}}}{r^2} \qquad (24.6)$$

で与えられるが，これを式 (24.5) に代入すると，詳細は割愛するが，

$$\phi_m = \frac{\mu_0 I}{4\pi}\{\Omega(P) - \Omega(P_0)\} \qquad (24.7)$$

を得る．ただし $\Omega(P)$ は点 P からループ Γ を見込む**立体角**である．ところで平面角 θ に 2π の不定性があるように，立体角 Ω には 4π の不定性がある．

たとえば図 24.5(a) のように，電流 I に対して鎖交しないような経路に沿って点 P を $\Omega = \Omega_{\rm i} = 0$ の点から元の位置（$\Omega = \Omega_{\rm f}$）まで 1 周させると $\Omega = 0$ に戻るが，(b) のように鎖交するような経路を通って 1 周すると，$\Omega_{\rm f} = 4\pi$ になる．この不定性のため，(24.6) の $\phi_{\rm m}$ の値は経路に依存し，一義的に決まらない．しかし，P_0 から P へ至る経路として，電流ループ Γ と鎖交しないものだけを選ぶことにすれば，$\phi_{\rm m}$ は一義的に決まり，P_0 を無限遠にとれば，

$$\phi_{\rm m} = \frac{\mu_0 I}{4\pi}\Omega(\mathrm{P}) \tag{24.8}$$

となる．これを点 P の**磁位**と呼ぶ（図 24.4）．この磁位から磁束密度は

$$\boldsymbol{B} = -\,\mathrm{grad}\,\phi_{\rm m} \tag{24.9}$$

のようにその勾配として計算される．

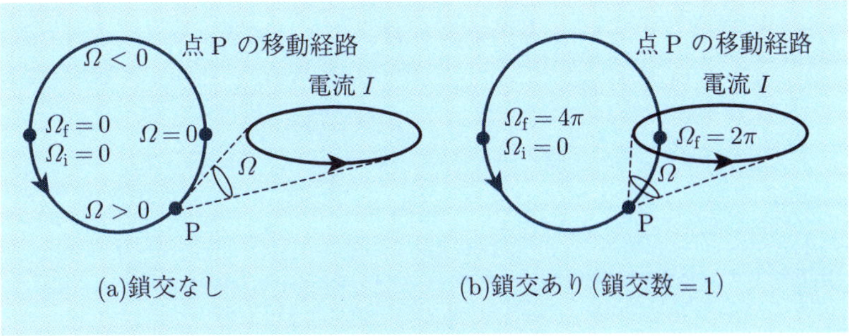

図 24.5　立体角の不定性

磁気モーメント

電流ループ Γ を非常に小さくすると，立体角は，

$$\Omega(\mathrm{P}) = \frac{d\boldsymbol{S}\cdot\hat{\boldsymbol{r}}}{r^2} \tag{24.10}$$

と表される．ここで $d\boldsymbol{S}$ は微小電流ループ Γ を縁とする面積ベクトルで，電流について右ねじの向きを向く．また r は点 P から $d\boldsymbol{S}$ までの距離，$\hat{\boldsymbol{r}}$ はその向きの単位ベクトルである．よって磁位は，(24.8) より

$$\phi_{\rm m} = \frac{\mu_0}{4\pi}\frac{\boldsymbol{m}\cdot\hat{\boldsymbol{r}}}{r^2} \tag{24.11}$$

と書くことができる．ここで

$$m = IdS \tag{24.12}$$

である．この m を**磁気双極子モーメント**または単に**磁気モーメント**と呼ぶ．

さて (24.11) をよく見ると，比例係数の違いを除けば，電気双極子モーメント p による電位 (20.28) と同じ形をしている．したがってその勾配 (24.9) で与えられる磁束密度も電界と同じ形になる．すなわち，磁気モーメントによる磁束線は，中心部を除けば電気双極子モーメントによる電気力線と同じ形になる．その概形を図 24.6 に示す．

磁気モーメント m に磁束密度 B をかけると，次のような偶力のモーメント N が作用する．

$$N = m \times B \tag{24.13}$$

これは，磁気モーメント m を磁束密度 B の向きに揃えようとする力である．

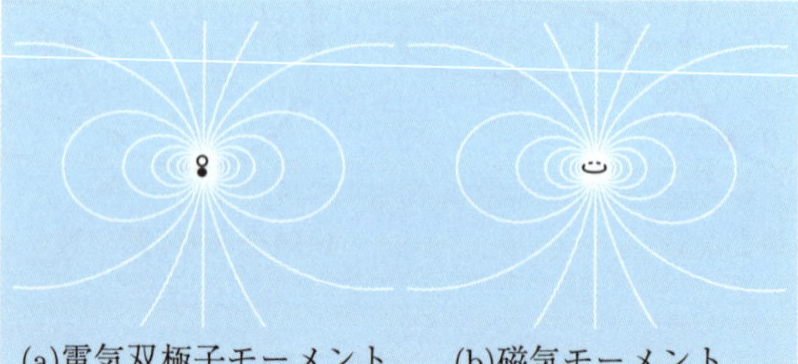

図 24.6 双極子界

24.3 磁束密度 B の回転

ソレノイド界

第 20 章で，静電界 E は渦なしであり，その循環 Γ は必ず 0 であることを述べた．すなわち，ループ C の取り方によらず，常に

$$\Gamma = \oint_C E \cdot dl = 0$$

であった．それに対し，電流の作る磁束密度 B は，図 24.7 のように，電流

のまわりにループ状になる**ソレノイド界**である．

ソレノイド界では，循環 Γ は 0 になるとは限らない．実際，電流 I と鎖交するようなループ C について磁束密度 $\boldsymbol{B}$ の循環を計算すると，アンペールの法則により，

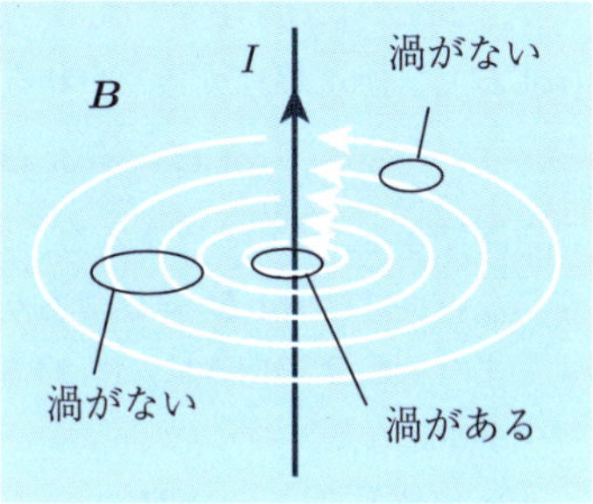

図 24.7　ソレノイド界

$$\Gamma = \oint_{\mathrm{C}} \boldsymbol{B} \cdot d\boldsymbol{l} = \mu_0 I$$

であり循環は 0 でない．一方，ループ C が電流 I と鎖交しない場合は，循環は 0 になる．すなわち，循環が 0 以外の値を取るか否かは，ループ C が電流すなわち渦の原因を囲むか否かによって決まる．したがって，循環 Γ をそのループに含まれる渦の量と定義し，循環が 0 のループ内には渦は存在しないと考えることができる．また，ループを無限に小さくすることで，その位置における渦の量や渦の有無を決めることができる．

参考：ベクトル界の回転（rot）

図 24.8 のように，微小閉曲線 ΔC についての循環

$$\Delta\Gamma = \oint_{\Delta C} \boldsymbol{B} \cdot d\boldsymbol{l} \qquad (24.14)$$

を考えてみる．これは上述のように，微小閉曲線 ΔC に含まれる渦の量を表すと考えられるので，次の量は，ΔC の位置における渦の密度（すなわち渦の強度）を表すと考えられる．

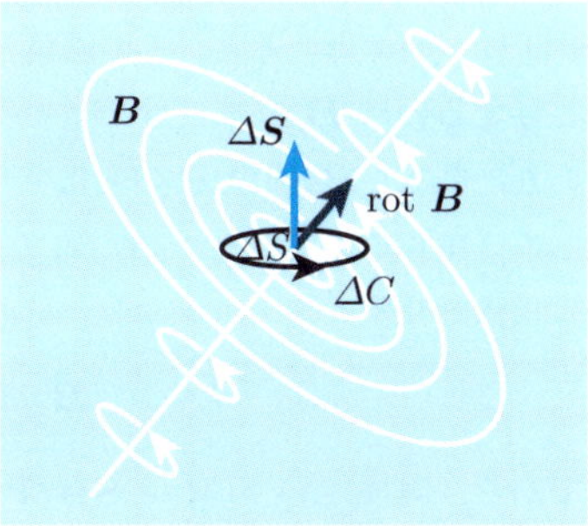

図 24.8　回転

$$(\mathrm{rot}\,\boldsymbol{B})_n = \lim_{\Delta S \to 0} \frac{\Delta\Gamma}{\Delta S} = \lim_{\Delta S \to 0} \frac{1}{\Delta S} \oint_{\Delta C} \boldsymbol{B} \cdot d\boldsymbol{l} \qquad (24.15)$$

ここで ΔS は ΔC によって囲まれる微小面積であり，極限操作 $\Delta S \to 0$ は，面積ベクトルの向きを固定して行う．面積ベクトルの向きは，微小閉曲線 ΔC に対して右ねじの方向にとる．添え字の n は，「微小閉曲線 ΔC に垂直な方向」という意味である．

この量は，微小閉曲線 ΔC の向き（すなわちその面積ベクトルの向き）に依存する

ので，たとえば xyz 座標では，x，y，z 方向のそれぞれに対して，渦の強さ $(\mathrm{rot}\,\boldsymbol{B})_x$，$(\mathrm{rot}\,\boldsymbol{B})_y$，$(\mathrm{rot}\,\boldsymbol{B})_z$ が考えられる．したがって，次のベクトル

$$\mathrm{rot}\,\boldsymbol{B} = (\mathrm{rot}\,\boldsymbol{B})_x\boldsymbol{i} + (\mathrm{rot}\,\boldsymbol{B})_y\boldsymbol{j} + (\mathrm{rot}\,\boldsymbol{B})_z\boldsymbol{k} \tag{24.16}$$

が定義できる．このベクトルを，ベクトル界 $\boldsymbol{B}$ の**回転**（rotation）という．渦が存在しない点では $\mathrm{rot}\,\boldsymbol{B} = \boldsymbol{0}$ であり，$\mathrm{rot}\,\boldsymbol{B}$ の大きさはその点における渦の強さを表す．また $\mathrm{rot}\,\boldsymbol{B}$ の向きは，図 24.8 のように，渦の回転に対して右ねじ方向を向いたベクトルになる．

xyz 座標系では，$\mathrm{rot}\,\boldsymbol{B}$ は

$$\mathrm{rot}\,\boldsymbol{B} = \left(\frac{\partial B_z}{\partial y} - \frac{\partial B_y}{\partial z}\right)\boldsymbol{i} + \left(\frac{\partial B_x}{\partial z} - \frac{\partial B_z}{\partial x}\right)\boldsymbol{j} + \left(\frac{\partial B_y}{\partial x} - \frac{\partial B_x}{\partial y}\right)\boldsymbol{k} \tag{24.17}$$

のような空間微分で表される．

参考：(24.17) の導出

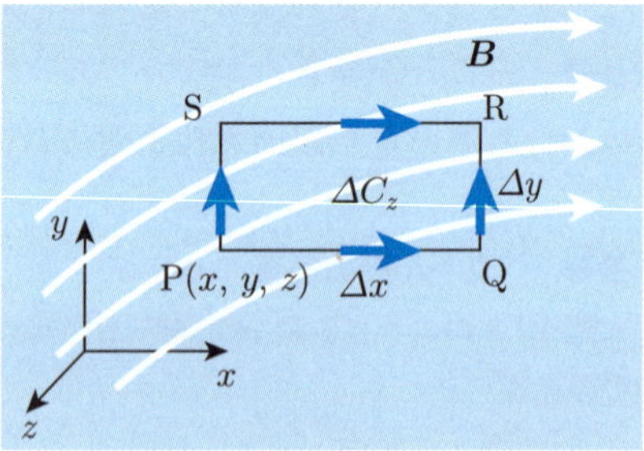

図 24.9　回転の式の導出

図 24.9 のように，点 $\mathrm{P}(x, y, z)$ のまわりに z 軸に垂直な微小矩形ループ ΔC_z（面積は $\Delta S = \Delta x \Delta y$）を考え，この循環 $\Delta\Gamma_z$ を計算する．まず線分 PQ について考えると，この線積分に寄与するのは $\boldsymbol{B}$ の x 成分 B_x のみであり，また，この間の $\boldsymbol{B}$ の変化を無視して，中点の値 $B_x(x + \Delta x/2, y, z)$ で代表させると，

$$\int_{\mathrm{P}(\Delta C_z)}^{\mathrm{Q}} \boldsymbol{B}\cdot d\boldsymbol{l} = B_x\left(x + \frac{\Delta x}{2}, y, z\right)\Delta x$$

である．同様に $\mathrm{Q} \to \mathrm{R} \to \mathrm{S} \to \mathrm{P}$ の線積分も計算し，それらをまとめると，

$$\begin{aligned}\Delta\Gamma_z = {} & B_x\left(x + \frac{\Delta x}{2}, y, z\right)\Delta x + B_y\left(x + \Delta x, y + \frac{\Delta y}{2}, z\right)\Delta y \\ & - B_x(x + \frac{\Delta x}{2}, y + \Delta y, z)\Delta x - B_y\left(x, y + \frac{\Delta y}{2}, z\right)\Delta y\end{aligned}$$

となる．ここで

$$B_x\left(x + \frac{\Delta x}{2}, y + \Delta y, z\right) - B_x\left(x + \frac{\Delta x}{2}, y, z\right) = \frac{\partial B_x}{\partial y}\Delta y + \cdots$$

$$B_y\left(x + \Delta x, y + \frac{\Delta y}{2}, z\right) - B_y\left(x, y + \frac{\Delta y}{2}, z\right) = \frac{\partial B_y}{\partial y}\Delta x + \cdots$$

であるから，

$$\Delta\Gamma_z = \oint_{\Delta C_z} \boldsymbol{B}\cdot d\boldsymbol{l} = \left(\frac{\partial B_y}{\partial x} - \frac{\partial B_x}{\partial y}\right)\Delta x\Delta y$$

を得る．よって

$$(\mathrm{rot}\,\boldsymbol{B})_z = \lim_{\Delta S\to 0}\frac{\Delta\Gamma_z}{\Delta S} = \left(\frac{\partial B_y}{\partial x} - \frac{\partial B_x}{\partial y}\right)$$

である．他の成分も同様に求めることができ，最終的に (24.17) を得る．

なお，(24.17) は，ベクトル微分演算子 ∇ を用いれば，次のような ∇ との外積によって表すこともできる．

$$\mathrm{rot}\,\boldsymbol{B} = \nabla\times\boldsymbol{B} = \begin{vmatrix} \boldsymbol{i} & \boldsymbol{j} & \boldsymbol{k} \\ \frac{\partial}{\partial x} & \frac{\partial}{\partial y} & \frac{\partial}{\partial z} \\ B_x & B_y & B_z \end{vmatrix} \tag{24.18}$$

24.4 アンペールの法則の微分形

ストークスの定理

以下の関係式をストークスの定理という．

ストークスの定理：

$$\oint_{\mathrm{C}} \boldsymbol{B}\cdot d\boldsymbol{l} = \int_{\mathrm{S}} \mathrm{rot}\,\boldsymbol{B}\cdot d\boldsymbol{S} \tag{24.19}$$

すなわち，図 24.10 のように閉曲線 C を考え，それが囲む渦（rot $\boldsymbol{B}$）の総量（(24.19) 右辺）は，閉曲線 C についての $\boldsymbol{B}$ の周回積分（(24.19) 左辺）に一致する．

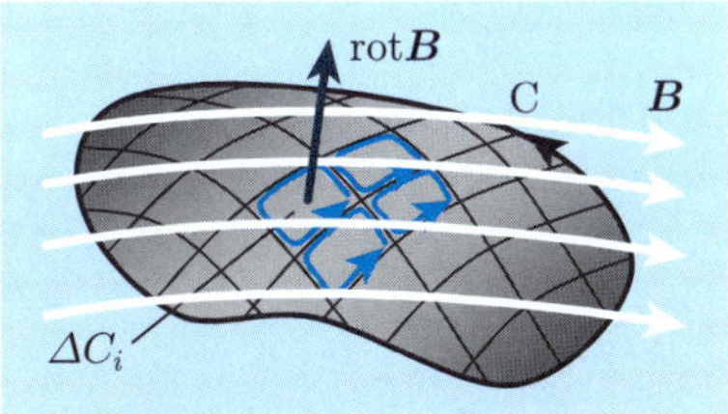

図 24.10 ストークスの定理

これは，およそ以下のように説明される．すなわち，閉曲線 C が作る面 S を図 24.10 のように隙間なく細分化し，まず，それぞれの細胞を囲むループ ΔC_i について，$\boldsymbol{B}$ の周回積分を計算する．そしてそれらを加えると，細胞が隣り合う境界線では，必ず逆方向の線積分が対で現れるので，それらはすべてキャンセルし，結局残るのは，隣り合う細胞のない外周 C についての線積分である．すなわち，

$$\oint_{\mathrm{C}} \boldsymbol{B} \cdot d\boldsymbol{l} = \sum_i \oint_{\Delta C_i} \boldsymbol{B} \cdot d\boldsymbol{l}$$

と書くことができる．さてここで，右辺の ΔC_i を非常に小さくする極限を考えてみると，ベクトル界の回転の定義式 (24.15) から，

$$\lim_{\Delta S_i \to 0} \sum_i \oint_{\Delta C_i} \boldsymbol{B} \cdot d\boldsymbol{l} = \lim_{\Delta S_i \to 0} \sum_i (\mathrm{rot}\, \boldsymbol{B})_n \Delta S_i$$

となる．さらにこの右辺は

$$\lim_{\Delta S_i \to 0} \sum_i (\mathrm{rot}\, \boldsymbol{B})_n \Delta S_i = \int_{\mathrm{S}} \mathrm{rot}\, \boldsymbol{B} \cdot d\boldsymbol{S}$$

のような面積積分になる．すなわち，(24.19) が導かれる．

微分形

アンペールの法則 (24.2) とストークスの定理 (24.19) より，

$$\oint_{\mathrm{C}} \boldsymbol{B} \cdot d\boldsymbol{l} = \int_{\mathrm{S}} \mathrm{rot}\, \boldsymbol{B} \cdot d\boldsymbol{S} = \mu_0 \int_{\mathrm{S}} \boldsymbol{j} \cdot d\boldsymbol{S}$$

が得られる．これより

$$\mathrm{rot}\, \boldsymbol{B} = \mu_0 \boldsymbol{j} \tag{24.20}$$

の関係が成り立つことがわかる．これをアンペールの法則の微分形という．この式は，

磁束線のループ（渦）の原因が電流である

ことを意味している．

第25章
磁 性 体

磁性体というと磁石や鉄などを想像するが，一般の物質でも，磁界をかけるとわずかに磁性を示す．この意味であらゆる物質は磁性体である．この章では，磁性体の基本的な性質を紹介する．また，最後に強磁性体と永久磁石について触れる．

25.1 磁　　化

鉄やニッケルは磁石に引き付けられる．それは，鉄やニッケルに磁石を近づけると，その磁界により鉄やニッケルに磁気的な性質が誘発され，それ自身が一種の磁石になるためである．このように物質に磁気的な性質が現れることを**磁化**という．

磁化の原因

物質は原子でできているが，原子は図25.1のようなモデルでおよそ説明される．すなわち原子核のまわりを電子が回転運動し，電子は電流ループを作っている．第23章で学んだように，小さな電流ループは磁気モーメントとして振る舞い，いわば小さな磁石と考えられる．さらに量子力学によれば，電子自身も，自転の自由度（スピン）に起因する**スピン磁気モーメント**をもつ．

しかし通常は，電子の軌道運動による磁気モーメントも，スピンによる

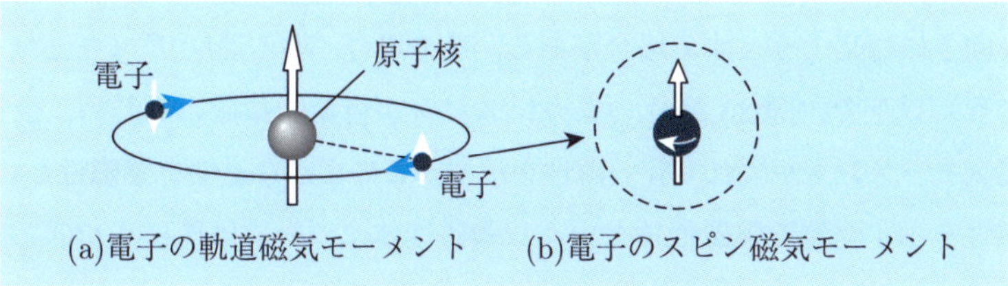

図25.1　原子の古典的モデルと原子の磁気モーメント

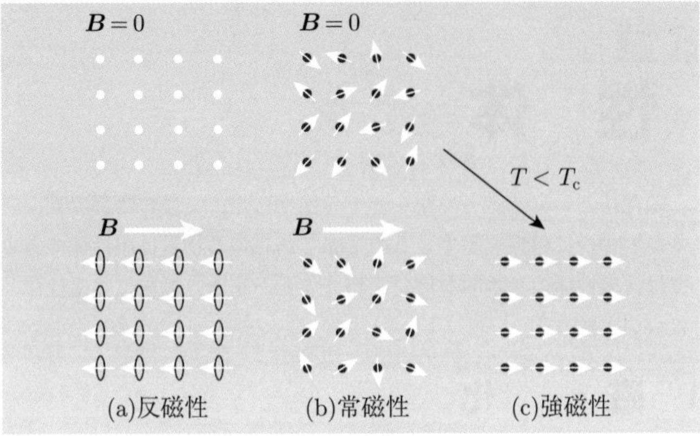

図 25.2 **磁性の種類**

磁気モーメントも互いに打ち消し合って巨視的には現れない．実は多くの物質はこのような状態にあり，これを**非磁性体**と呼ぶ．非磁性体に磁界をかけると，運動している電子にローレンツ力が働き，図 25.2(a) のように，かけた磁界と逆向きの巨視的な磁気モーメントを生じる．これを**反磁性**という．

ところが原子の中には，電子の軌道磁気モーメントやスピン磁気モーメントが相殺せずに生き残り，磁気モーメントをもつものがある．ただしその場合でも，原子の磁気モーメントの向きは熱ゆらぎ（または熱運動）のため図 25.2(b) のように一般にはランダムであり，巨視的な磁気モーメントは現れない．しかし磁界をかけると，各原子の磁気モーメントの向きが，熱ゆらぎに逆らって一部揃うため，磁界の向きに巨視的な磁気モーメントが現れる．このような磁性を**常磁性**といい，常磁性を示す物質を**常磁性体**という．

また，スピン同士には交換相互作用という力が働き，スピン同士を互いに同じ向きに揃えようとする場合がある．その場合，ある温度 T_c（**キュリー点**という）以下で，図 25.2(c) のようにスピンが自発的に揃いはじめ，巨視的な磁気モーメントが現れて強い磁性を示す．このような磁性を**強磁性**といい，強磁性を示す物質を**強磁性体**という．強磁性体については後にやや詳しく説明する．

磁化の定義

磁化には，上で述べたようにいくつかの機構があるが，いずれにしても，磁性体における各原子の磁気モーメントの向きと大きさを $\boldsymbol{m}_i$ とすれば，単位体積あたりの磁気モーメントを次のように定義することができる．

$$\boldsymbol{M} = \lim_{\Delta V \to 0} \frac{1}{\Delta V} \sum_{i \in \Delta V} \boldsymbol{m}_i \tag{25.1}$$

このベクトル $\boldsymbol{M}$ を**磁化**と呼ぶ．このように，「磁化」という言葉は，物質に巨視的な磁気モーメントが現れる“現象”と，物質の単位体積あたりの磁気モーメントという“物理量”の両方に使われる．磁気モーメントの単位は Am^2 であったので，磁化の単位は，$\mathrm{A \cdot m^{-1}}$ である．

磁化と等価な電流

磁化は上述のように単位体積における平均の磁気モーメントであるが，磁気モーメントは等価な微小電流ループに置き換えることができる．そこで，図 25.3(a) のように磁化 $\boldsymbol{M}$ で磁化された磁性体内の磁気モーメントを電流で置き換えることを考えよう．まず磁性体を $\boldsymbol{M}$ に垂直な薄板に分割し，さらに薄板を図 25.3(b) のように微小ブロックに分割すると，各ブロックの磁気モーメント $\boldsymbol{m}$ はブロックの側面を流れる電流ループ I_M に置き換えることができるから，薄板はそのような電流ループが隙間なく並んだものと見な

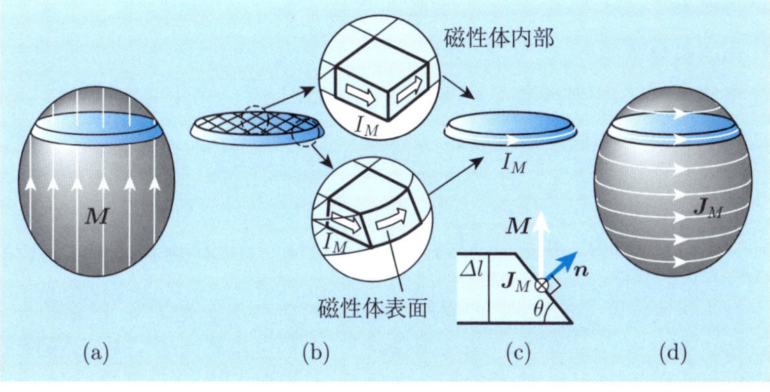

図 25.3　磁化と等価な電流

すことができる．いまブロックの底面積を ΔS，高さを Δl とすれば，微小体積 ΔV に含まれる磁気モーメントは $m = I_M \Delta S$ であるから，(25.1) より $I_M = M\Delta l$ である．ただし，M は磁化 $\boldsymbol{M}$ の大きさである．

ところがこの微小電流 I_M は，隣り合う微小ブロック同士で打ち消し合うので，結局，図 25.3(c) のように磁性薄板の側面のみ残る．ここで磁性体表面外向きの法線ベクトルを $\boldsymbol{n}$，それと $\boldsymbol{M}$ とのなす角度を θ とすると，側面の表面電流 I_M が流れる幅は $\Delta l/\sin\theta$ なので，その電流密度の大きさは $J_M = I_M/(\Delta l/\sin\theta) = M\sin\theta$ になる．ここで電流の向きは，$\boldsymbol{M}$ と $\boldsymbol{n}$ に垂直で右ねじの方向なので，これはベクトル的に

$$\boldsymbol{J}_M = \boldsymbol{M} \times \boldsymbol{n} \tag{25.2}$$

と書くことができる．ここで $\times$ はベクトルの外積である．すなわち磁化 $\boldsymbol{M}$ は，(25.2) で与えられる表面電流 $\boldsymbol{J}_M$ に置き換えることができる (図 25.3(d))．このような磁化に等価な電流を本書では**磁化電流**と呼ぶ．ただし，磁化電流は普通の電流とは異なり，外部に取り出すことはできない．

なお，磁化 $\boldsymbol{M}$ が一様でない場合，磁性体内部に電流密度

$$\boldsymbol{j}_M = \mathrm{rot}\,\boldsymbol{M} \tag{25.3}$$

の磁化電流を考えれば，磁化 $\boldsymbol{M}$ を電流密度 $\boldsymbol{j}_M$ に置き換えることができる．

25.2 磁界の強さ H

磁化電流と真電流

磁束密度 $\boldsymbol{B}$ は，伝導電子による普通の電流によって生じる以外に，上述のように磁化と等価な電流によっても生じる．したがって，アンペールの法則

$$\oint_{\mathrm{C}} \boldsymbol{B}\cdot d\boldsymbol{l} = \mu_0 \int_{\mathrm{S}} \boldsymbol{j}\cdot d\boldsymbol{S} \quad \text{または} \quad \mathrm{rot}\,\boldsymbol{B} = \mu_0 \boldsymbol{j} \tag{25.4}$$

における電流密度 $\boldsymbol{j}$ には，この両方の電流が含まれる．そこで，伝導電子による電流を**真電流**と呼び，その電流密度を $\boldsymbol{j}_{\mathrm{true}}$，磁化と等価な電流密度を $\boldsymbol{j}_M$ とおくと，アンペールの法則は

$$\oint_C \boldsymbol{B}\cdot d\boldsymbol{l} = \mu_0 \int_S (\boldsymbol{j}_{\rm true} + \boldsymbol{j}_M)\cdot d\boldsymbol{S}$$

$$\text{または}\quad \mathrm{rot}\,\boldsymbol{B} = \mu_0(\boldsymbol{j}_{\rm true} + \boldsymbol{j}_M) \tag{25.5}$$

と書くことができる．ここで，(25.3) によって $\boldsymbol{j}_M$ を $\boldsymbol{M}$ に置き換えると，

$$\oint_C (\boldsymbol{B} - \mu_0\boldsymbol{M})\cdot d\boldsymbol{l} = \mu_0 \int_S \boldsymbol{j}_{\rm true}\cdot d\boldsymbol{S}$$

$$\text{または}\quad \mathrm{rot}(\boldsymbol{B} - \mu_0\boldsymbol{M}) = \mu_0\boldsymbol{j}_{\rm true} \tag{25.6}$$

を得る．そこで

$$\boldsymbol{H} = \frac{1}{\mu_0}\boldsymbol{B} - \boldsymbol{M} \tag{25.7}$$

で定義される量を導入すれば，アンペールの法則は次のように表される．

$$\oint_C \boldsymbol{H}\cdot d\boldsymbol{l} = \int_S \boldsymbol{j}_{\rm true}\cdot d\boldsymbol{S} \quad \text{または} \quad \mathrm{rot}\,\boldsymbol{H} = \boldsymbol{j}_{\rm true} \tag{25.8}$$

ここで，(25.7) で定義された $\boldsymbol{H}$ を**磁界の強さ**（または単に**磁界**）と呼ぶ．また，(25.8) を，**磁界 $\boldsymbol{H}$ に関するアンペールの法則**という．(25.8) は，

> 磁界 $\boldsymbol{H}$ がループ状になる原因は真電流のみであり，磁化による電流では渦を作らない

ということを意味している．

なお，以下に示すように，磁束密度 $\boldsymbol{B}$ は，磁界 $\boldsymbol{H}$ を与えたときにできる磁束線の密度と考えることができる．真空中ではこの両者は本質的には同じものであるが，磁性体の中では異なる．

磁界 $\boldsymbol{H}$ の単位は，上式からもわかるように $\mathrm{A\cdot m^{-1}}$ である．

$$[H] = \mathrm{A\cdot m^{-1}} \tag{25.9}$$

磁化率と透磁率

図 25.4 のように，ソレノイドコイルに磁性体を挿入して，そこに発生する磁束密度を求める場合を考える．このような場合，磁性体の磁化による電流

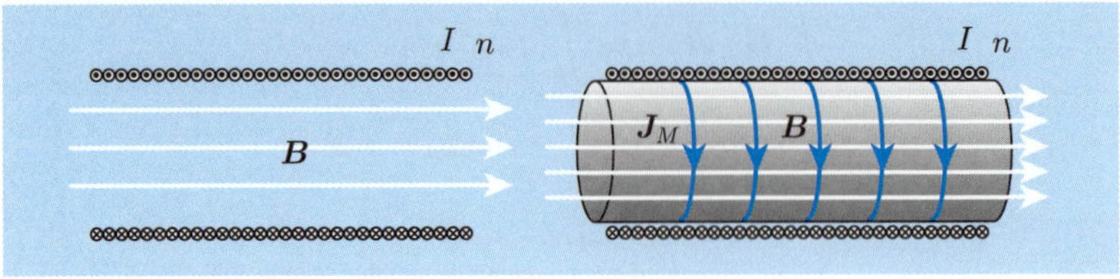

図 25.4　**磁化率**

を考慮すると考えにくいので，コイルが作る磁界，すなわちコイルを流れる真電流が作る磁界 $\boldsymbol{H}$ を考え，それがどのような磁束密度を作るのかを考えると便利である．

それを求めるために，磁界 $\boldsymbol{H}$ に対して磁性体がどのくらい磁化するかという量を定義する．すなわち，磁化 $\boldsymbol{M}$ を

$$\boldsymbol{M} = \chi_{\mathrm{m}} \boldsymbol{H} \tag{25.10}$$

のように書き表す．ここで $\boldsymbol{H}$ が小さいうちは，$\boldsymbol{M}$ は $\boldsymbol{H}$ に比例し，この比例係数 χ_{m} は**磁気感受率**と呼ばれる．**磁化率**あるいは**帯磁率**と呼ばれることもある．本書では磁化率と呼ぶことにする．

磁化率は，表 25.1 に示すように，非常に大きなもの，1 に比べ非常に小さいが正のもの，負のものに大別される．そして非常に小さいが正のものは**常磁性体**，非常に大きいものは**強磁性体**である．磁化率が負ということは，かけた磁界に対して逆向きに磁化が生じるということなので，それは**反磁性体**と呼ばれる．

表 25.1　**主な物質の磁化率（20°C）（理科年表 2010 年度版による）**

物質	磁化率	物質	磁化率
銅	-9.68×10^{-6}	酸素	1.92×10^{-6}
水（0°C）	-9.04×10^{-6}	純鉄	~8000
窒素	-6.75×10^{-9}	パーマロイ	~100000

さて磁化 $\boldsymbol{M}$ が (25.10) によって与えられたので，これを関係式

$$\boldsymbol{B} = \mu_0(\boldsymbol{H} + \boldsymbol{M}) \tag{25.11}$$

に代入すると，

$$\boldsymbol{B} = \mu \boldsymbol{H} \tag{25.12}$$

となる．ただし

$$\mu = \mu_0(1 + \chi_{\mathrm{m}}) \tag{25.13}$$

であり，これを**透磁率**という．この式を見ると，透磁率の大きさに比例して，かけた磁界 $\boldsymbol{H}$ に対する磁束密度 $\boldsymbol{B}$ も増加することがわかる．すなわち透磁率は磁束線の通りやすさを表す量であり，磁束線は一般に透磁率の大きな物質を通ろうとする．また，コイルの芯として透磁率の大きな物質を用いると，大きな磁束密度を得ることができる．

磁気シールド

磁束線が高透磁率の物質を通ろうとする性質から，磁界中に高透磁率の物質を置くと，そこに磁束線が集められる．また，この中に空洞がある場合，図 25.5(a) のように空洞にはあまり磁束線が通らない．すなわち，外部の磁界を遮断することができる．これを**磁気シールド**という．

なお，磁気シールドは反磁性体を用いても実現できる．反磁性体の場合，磁束を排除しようとするので，図 25.5(b) のように磁気シールド効果がある．とくに完全反磁性を示す超伝導体を用いれば，完全に磁束を排除することができる．

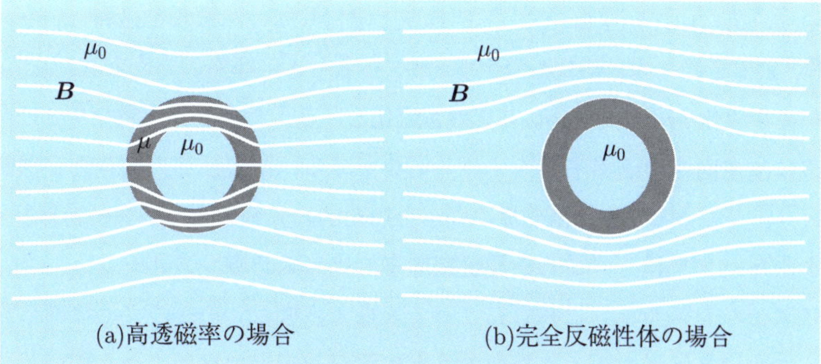

図 25.5　磁気シールド

25.3 強磁性体

磁化曲線

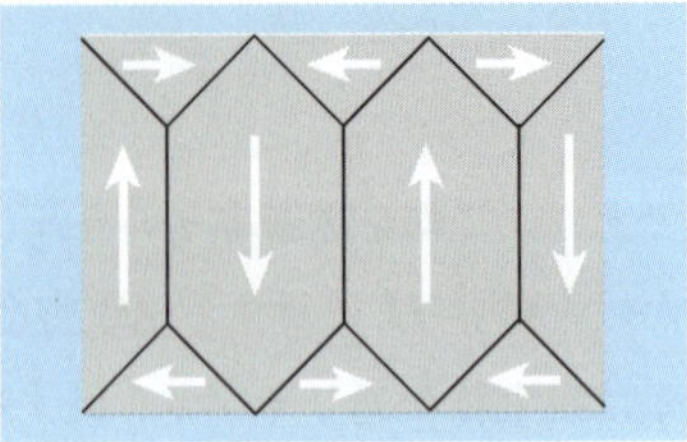
図 25.6 磁区構造

強磁性体は，異なる原子の磁気モーメントの間に，互いに同じ向きに向こうとする交換相互作用が働き，その結果，ある温度 T_c 以下で自発的に巨視的な磁気モーメントが現れたものである．これを**自発磁化**という．ただし自発磁化は一般に**磁区**と呼ばれる領域（ドメイン）を作り，物体全体として各ドメインの磁化は打ち消されている（図 25.6）．しかし外部磁界をかけると，磁区の境界が移動したり磁区の向きが回転したりして，磁界 $\boldsymbol{H}$ の向きに磁化が現れる．この様子を，かけた磁界に対する磁化のグラフで表すと図 25.7 の曲線 a ようになる．これを**処女磁化曲線**という．なお磁区の移動や回転は滑らかでないので，磁化曲線を細かく見ると小さなギザギザがある．これを**バルクハウゼン効果**という．また磁区が全部揃えば，それ以上磁化しない．これを**飽和**という．飽和後，磁界を減らすと磁化も減少するが，戻るときは経路 b をたどり，磁界を 0 にしても磁化 M_r が残る．これを**残留磁化**という．したがって磁化を 0 に戻すためには逆向きの磁界 H_m をかける必要がある．この磁界の大きさを**保磁力**という．したがって，外部磁界の向きを周期的に入れ替えると図の曲線 b と c によるループを描く．これを**履歴曲線**または**ヒステリシスループ**という．

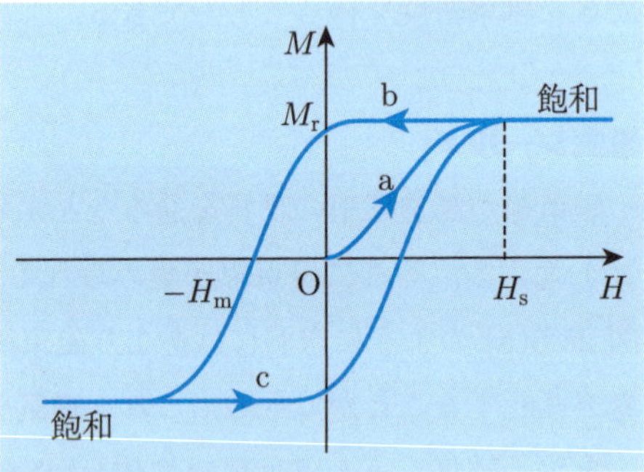

図 25.7 磁化曲線とヒステリシスループ

ヒステリシスループは物質によって異なり，図 25.8(a) のように横に長いループを描き保磁力が大きなものは永久磁石や記録の材料に適している．他方，(b) のように磁化率が大きく保磁力が小さいものは，電磁石やトランスなどの芯（コア）に適している．

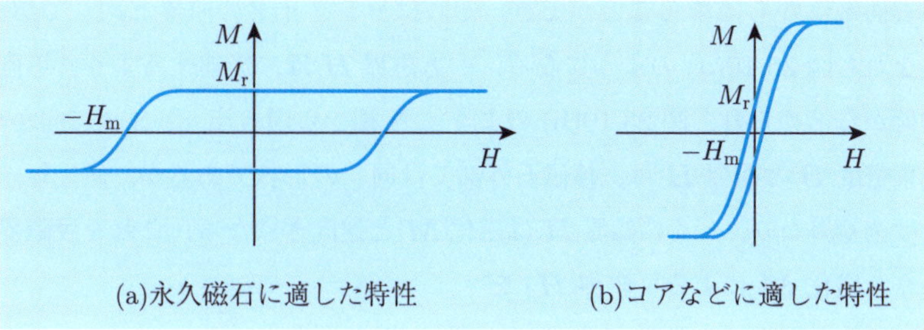

図 25.8 ヒステリシス特性

ヒステリシス損と渦電流損

磁性体を磁化するのに必要な仕事は，

$$W = \mu_0 \int \boldsymbol{H} \cdot d\boldsymbol{M} \qquad (25.14)$$

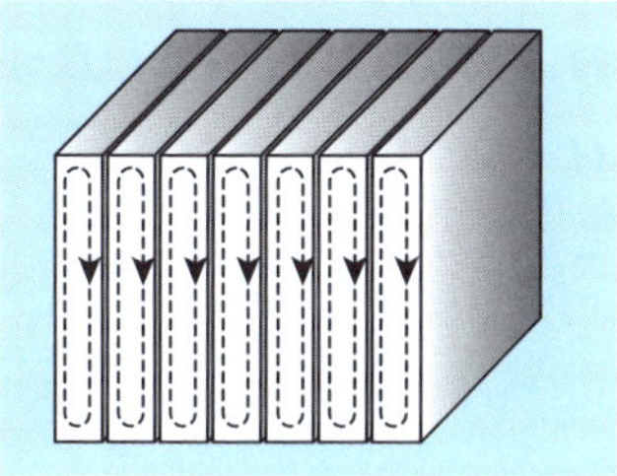

図 25.9

のように与えられ，ヒステリシスループを1周すると，それが囲む面積に相当するエネルギーを消費する（発熱する）．これを**ヒステリシス損**という．したがってトランスなどのコアに用いる場合，図 25.8(b) のように，なるべくヒステリシスループが囲む面積が小さい材料が適している．

ちなみにコアに関連したエネルギー損失に，**渦電流損**というものがある．これは鉄心など電気伝導がある材料を用いた場合，後述の電磁誘導によって，鉄心に渦電流が流れ，その結果発生するジュール熱によるエネルギー損失である．これを防ぐには，図 25.9 のように薄い板を絶縁して重ねればよい．これにより渦電流が発生しにくくなる．渦電流については後で述べる．

25.4 永久磁石

永久磁石による磁界

ここでは，棒磁石を例に，そのまわりの磁界を考えてみる．棒磁石は長さ方向に一様に磁化した磁性体と考えられるが，それの作る磁束密度は，等価な表面電流から求めることができ，それはソレノイドの磁界と同じである．すなわち図25.10(a)のようになる．一方磁界 $\boldsymbol{H}$ は，後述するように等価な磁荷から求められ，図25.10(b)のようにN極から湧き出し，S極に向かう．磁束密度 $\boldsymbol{B}$ と磁界 $\boldsymbol{H}$ は，棒磁石外部では同一の形状であるが，磁性体内部では全く異なり，とくに磁界 $\boldsymbol{H}$ は磁化 $\boldsymbol{M}$ と逆向きになる．これを**反磁界**という．磁化 $\boldsymbol{M}$ による反磁界 $\boldsymbol{H}_{\mathrm{d}}$ を

$$\boldsymbol{H}_{\mathrm{d}} = -N\boldsymbol{M}$$

のように表したとき，係数 N を**反磁界係数**という．反磁界係数は形状によって決まる．

同図(c)には，$\boldsymbol{B} = \mu_0(\boldsymbol{H} + \boldsymbol{M})$ の関係を示す．磁性体の中心では $\boldsymbol{B}$，$\boldsymbol{H}$，$\boldsymbol{M}$ はほぼ平行で，$\boldsymbol{B}$ が大きく $\mu_0\boldsymbol{H}$ が小さい．しかし，一般には $\boldsymbol{B}$，$\boldsymbol{H}$，$\boldsymbol{M}$ は平行ではない．また極の近くでは，$\boldsymbol{B}$ と $\mu_0\boldsymbol{H}$ の大きさはほぼ等しくなる．

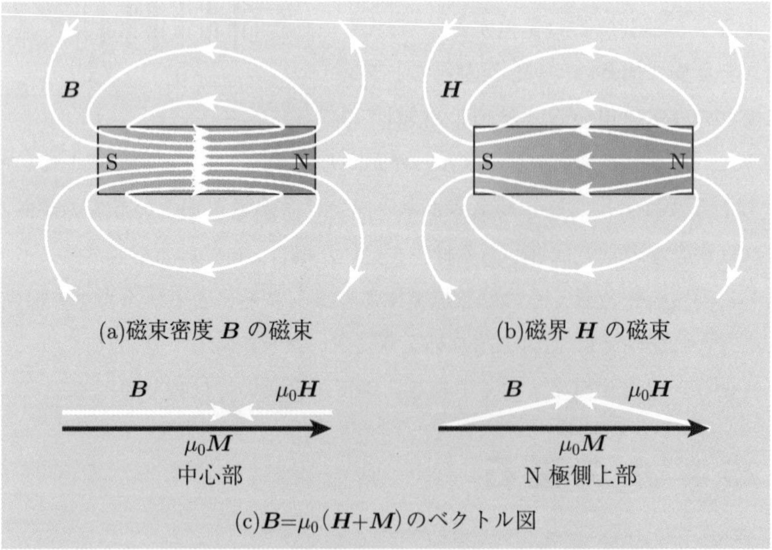

図 25.10 一様に磁化した棒磁石が作る磁界

磁荷

磁束密度 $\boldsymbol{B}$ には湧き出しがなく，次のガウスの法則が成り立つことを述べた．

$$\Phi = \oint_{\mathrm{S}} \boldsymbol{B} \cdot d\boldsymbol{S} = 0 \tag{25.15}$$

さてここに $\boldsymbol{B} = \mu_0(\boldsymbol{H} + \boldsymbol{M})$ を代入すると，

$$\oint_{\mathrm{S}} \boldsymbol{H} \cdot d\boldsymbol{S} = -\oint_{\mathrm{S}} \boldsymbol{M} \cdot d\boldsymbol{S} \tag{25.16}$$

のようになる．この式を，図 25.11 の円柱状の閉曲面 S に適用すると，$\boldsymbol{M}$ は S の中に入るものしかないので，(25.16) の右辺の積分は 0 でない．すなわち端面に磁界 $\boldsymbol{H}$ の『湧き出し』が存在する．これは，誘電体の分極を分極電荷で表現できたように，磁性体においても磁化が作る磁界 $\boldsymbol{H}$ を磁荷で表現することができることを意味する．なお，磁界 $\boldsymbol{H}$ の向きを連ねた曲線を**磁力線**という．磁力線は磁化に等価な磁荷から湧き出す．

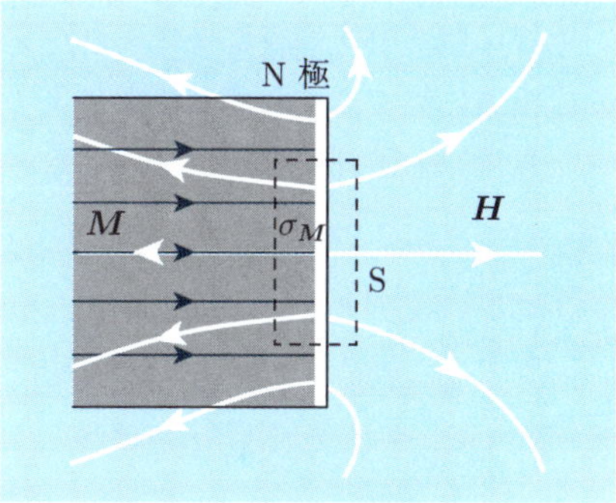

図 25.11 磁界 $\boldsymbol{H}$ の湧き出し

誘電分極と同様に，磁化 $\boldsymbol{M}$ によって表面に現れる磁荷の表面磁荷密度は，

$$\sigma_M = \boldsymbol{M} \cdot \boldsymbol{n} \tag{25.17}$$

で与えられる．

この考え方を使えば，磁化電流から考えるより簡単に磁界の様子を知ることができる．

磁石と磁極

図 25.10(c) を見てもわかるように，磁力線は磁石の端部（正確にはやや内部）に集中する．これを**磁極**と呼ぶ．磁石同士に働く力は，磁極に生じた磁

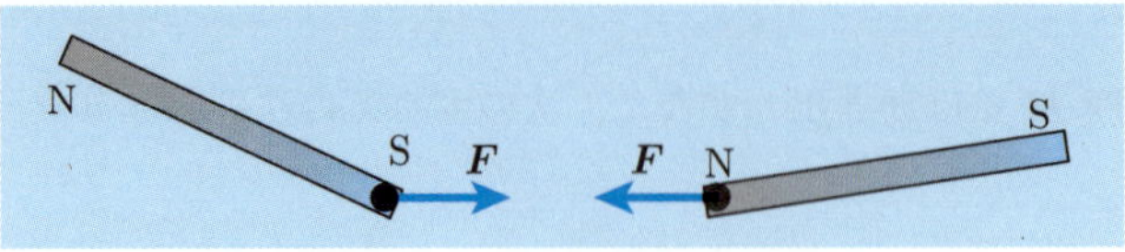

図 25.12 磁極間に働く力

荷同士の相互作用と見ることができる.

磁極間に働く力

磁極は必ずNSの対で存在するので，磁石同士に働く力は，正確には2対の磁極間に働く4つの相互作用によって決まる．しかし非常に長い棒磁石を考えれば，他方の磁極の影響は無視でき，磁極は近似的に磁気単極と見なすことができる．このような状況で磁極間に働く力を調べたところ，磁極にもクーロンの法則と同様の法則が成り立つことが見出された.

すなわち磁極の強さを Q_{m}，NSをそれぞれ正負の符号で表すと，磁極 Q_{m} が距離 r だけ離れた磁極 q_{m} に及ぼす磁力は次式のように与えられる.

$$\boldsymbol{F} = k_{\mathrm{m}} \frac{Q_{\mathrm{m}} q_{\mathrm{m}}}{r^2} \hat{\boldsymbol{r}} \quad (\hat{\boldsymbol{r}} \text{ は } Q_{\mathrm{m}} \text{ から } q_{\mathrm{m}} \text{ に向かう単位ベクトル}) \tag{25.18}$$

ここで k_{m} は単位系によって決まる比例定数で，SI単位系（E–B 対応）では

$$k_{\mathrm{m}} = \frac{\mu_0}{4\pi} \tag{25.19}$$

と書かれる．ここで μ_0 は**真空の透磁率**である.

磁石のNとS

地球も大きな磁石であり，地上には南北方向に地球磁界が存在する．よって棒磁石や方位磁石は南北に向く．ここで北極（North Pole）を向く磁極をN極，南極（South Pole）を向く方をS極という．実はこれが磁石のN極，S極の定義である．この定義によれば地球は，北極がS極，南極がN極の磁石である.

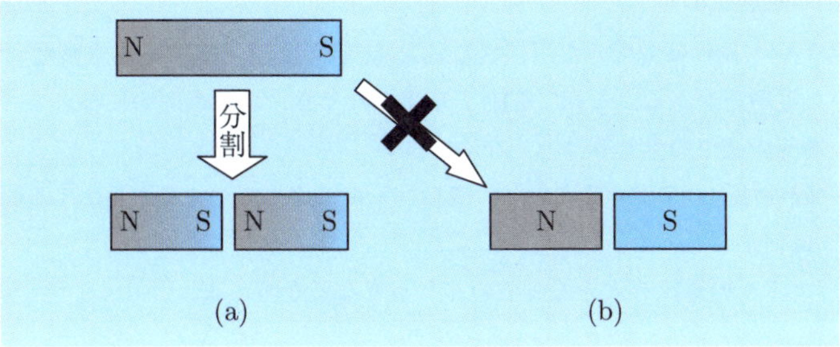

図 25.13 磁石の分割

磁気単極

磁石には必ずN極とS極が対で存在する．また図 25.13 のように棒磁石を半分に切っても，(a) のように切断面が新たな磁極になり，対は必ず保たれる．(b) のようには決してならない．これは磁化のところでも説明したように，磁性体内部は小さい磁石の集合だからである．ところでN極だけとかS極だけの磁石（磁気単極）は存在しないのだろうか．これは電磁気学の根幹に関わる問題であるが，理論的には磁気単極が存在しうることがディラックによって示されている．しかしいまのところ磁気単極は発見されていない．

磁界 H と磁束密度 B

磁界 $\boldsymbol{H}$ と磁束密度 $\boldsymbol{B}$ の関係は，電界 $\boldsymbol{E}$ と電束密度 $\boldsymbol{D}$ の関係とよく似ており，磁界 $\boldsymbol{H}$ を電界 $\boldsymbol{E}$ に対応させて考えることができる．これを $\boldsymbol{E}$–$\boldsymbol{H}$ 対応という．しかし磁気単極が発見されていないので，本質的な磁界はソレノイダルなはずである．そしてこの事実に合うのは磁束密度 $\boldsymbol{B}$ である．磁界 $\boldsymbol{H}$ は，磁気単極がなくてもソレノイダルとは限らない．このような考えから，最近では電界 $\boldsymbol{E}$ と磁束密度 $\boldsymbol{B}$ を対応させて考えるのが主流である．これを $\boldsymbol{E}$–$\boldsymbol{B}$ 対応という．

どちらの立場をとるかによって，式の係数や単位が異なるものがある．本書では $\boldsymbol{E}$–$\boldsymbol{B}$ 対応を採用している．

例題 25.1

磁化率 χ の磁性体でできた円柱状のコアに，下図のように，巻き線密度 n で導線を巻いた電磁石がある．これに電流 I を流したとき，以下の問いに答えよ．ただしコイル端部の磁束の乱れ等は考えなくてよい．

(1) 磁性体をコアにすることで，空心コイルに比べてコイルが発生する磁束密度は何倍になるか．

(2) コイルの電流を大きくしていくとどうなるか考えよ．

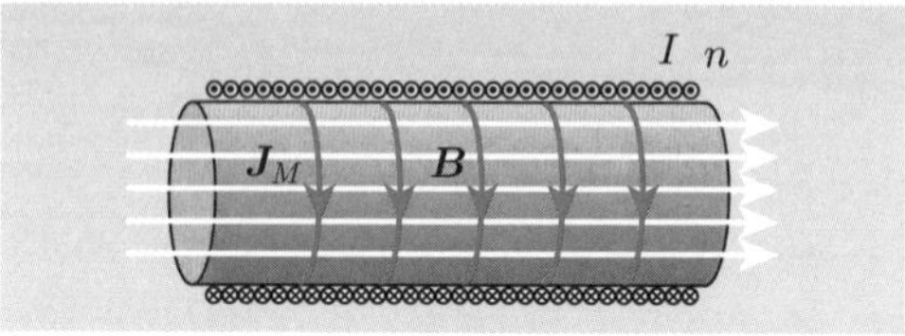

解答 (1) 空芯コイルの場合，コイル内部の磁束密度の大きさは，

$$B_0 = \mu_0 nI$$

である．一方，磁性体をコアにした場合，コイル（コア）内部の磁束密度の大きさは，

$$B = \mu nI$$

ただし，透磁率 μ は磁化率 χ と

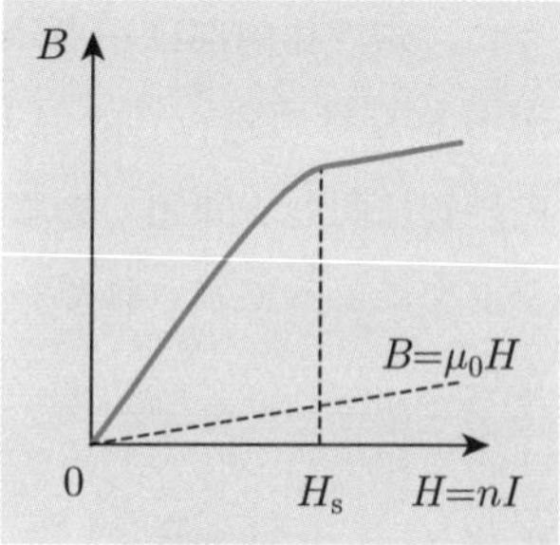

$$\mu = \mu_0(1 + \chi)$$

の関係にあるから，求める倍率は，

$$\frac{B}{B_0} = 1 + \chi$$

(2) 最初のうちは電流にほぼ比例して磁束密度も大きくなるが，磁性体の飽和磁界 H_s に近づくと，右上図のように磁束密度の増加がにぶり，飽和磁化を超えると，その増加率は真空の場合と同じになる．

第26章 電磁誘導

電気釜などでIHという言葉を耳にするが，これはインダクションヒーティング（Induction Heating）と呼ばれる電磁誘導を応用した加熱技術である．この章では，この電磁誘導について学習する．

電磁誘導とは，文字通り電界が磁界によって誘導される現象である．ただしこの現象は，磁界が時間的に変化することによってはじめて生じる．すなわち，この章からは時間的に変化する電界や磁界を取り扱うことになる．

26.1 電磁誘導の法則

エルステッドによって電流が磁気を生じることが示されると，逆に，磁気は電流を生じるという考えが広まり，ファラデーは，図26.1のように木の丸棒に絶縁被覆された2本の導線A, Bを巻き，導線Aに電流を流して磁界を発生させ，そのときに導線Bに生じる電流を検流計で測定した．予想では，導線Aに電流を流すと導線Bにも電流が流れるはずであった．ところが，その結果は予想に反し，

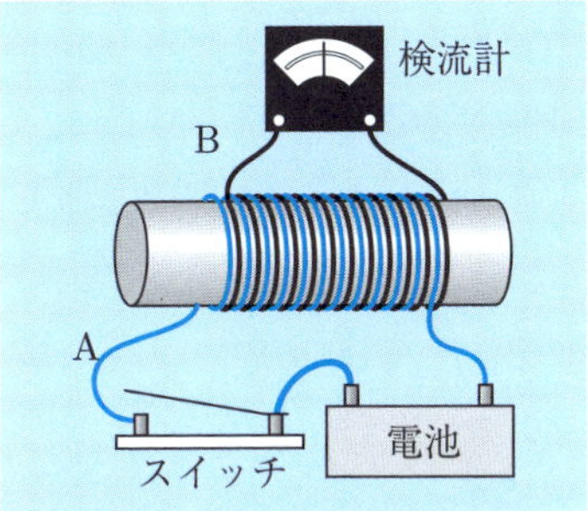

図26.1 ファラデーの実験1

1. 導線Aに定常電流が流れている間は，導線Bに電流は流れなかった．しかし，スイッチを入れる瞬間と切る瞬間だけ，検流計の針がピクッと動き，その向きは入れる瞬間と切る瞬間で逆であることに気がついた．
2. そこで，磁界そのものではなく，その変化に本質があると考え，図26.2(a)のように導線AとBを別々に巻いたコイルA，Bを作り，定常電流を流したコイルAを，コイルBから離したり近づけたりしたところ，コイルAを動かしている間だけ，コイルBに電流が誘導された．
3. さらに，(b)のようにコイルAの代わりに，棒磁石をコイルBに近づけたり離したりしたところ，コイルのときと同様に磁石を動かしている間だけ，コイルBに電流が誘導された．

また2と3の実験においては，誘導される電流の大きさは，コイルや磁石を速く動かせば動かすほど大きくなり，その向きは，コイルを近づけるときと遠ざけるときとで反転した．このような現象を**電磁誘導**という．

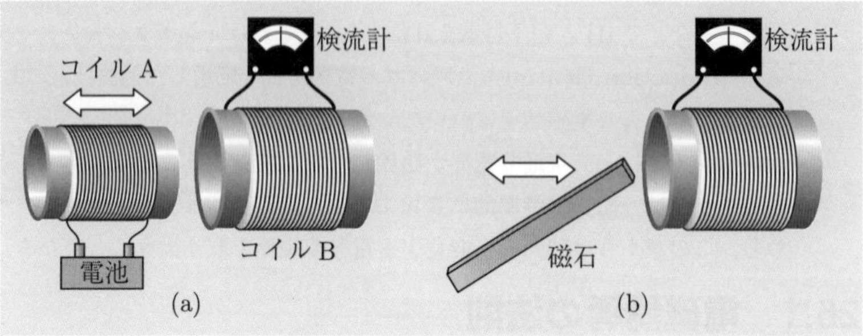

図26.2 ファラデーの実験2

電磁誘導の法則

ノイマンは，この電磁誘導現象を，コイルの中を通過する磁束Φの時間的な変化に着目して定量的に説明した．すなわち，コイルには，磁束Φの時間変化に比例して，次のような誘導起電力が生じると考えた．

$$V = -n\frac{d\Phi}{dt} \tag{26.1}$$

これを**電磁誘導の法則**という．ここで，Φはコイルによって囲まれる磁束，nはコイルの巻き数である．$n\Phi$を**鎖交磁束**という．符号のマイナスは，レンツの法則を反映したものである．

レンツの法則

電磁誘導によりコイルに電流が誘導されると，その電流は新たな磁界を発生する．その際それは，

> コイル内の磁束の変化を打ち消す方向に生じる

これを**レンツの法則**という．たとえば図26.3のようにコイルに磁石のN極を近づけると，コイルには，磁束の侵入を妨げるように磁界が生じる．

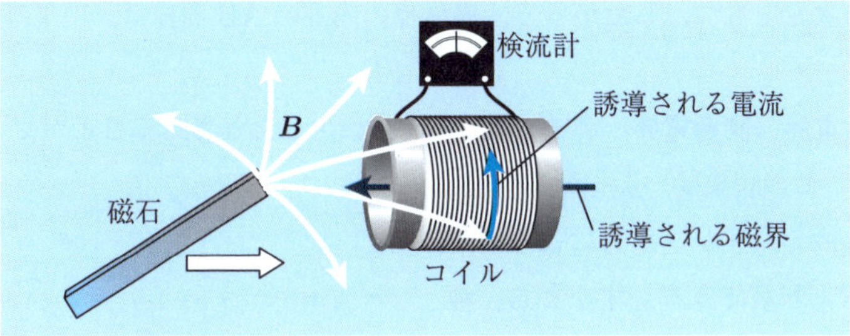

図 26.3 レンツの法則

26.2 誘導電界

図 26.4 のように, 2 本のレールに垂直に一様な磁束密度 $\boldsymbol{B}$ をかけ, レールに接触させせながら導体棒を右に移動させることを考えよう. このとき, A → B → 電圧計 → A によって作られるループに鎖交する磁束 $\varPhi$ は時間的に増加するので, 電磁誘導の法則 (26.1) によりこの回路には誘導起電力が生じる. いまレールの間隔を l, 導体棒の速度を v (一定) とすれば, 時間 $\varDelta t$ の間の磁束増加量は,

$$\varDelta\varPhi = lv\varDelta tB \tag{26.2}$$

である. よって誘導される起電力は, (26.1) より

$$V = -\frac{d\varPhi}{dt} = -lvB \tag{26.3}$$

である. また, この起電力は, レンツの法則によりループに囲まれる磁束 $\varPhi$ の増加を妨げるように, A → B の向きに電流を流そうとする起電力である. ところで (26.3) を見ると, l は導体棒の AB 間の長さであるから, vB は

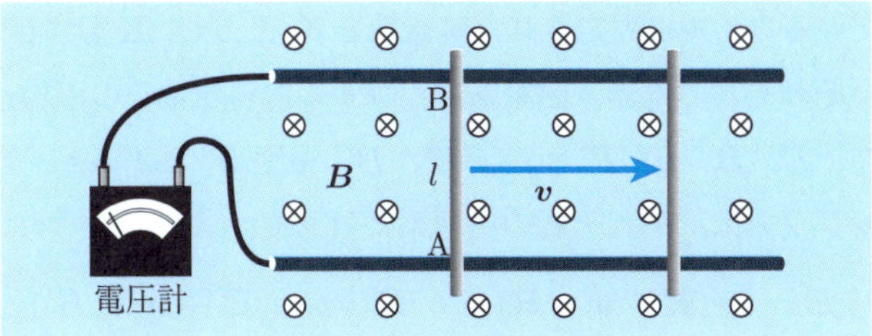

図 26.4 磁束を横切る導線

電界の次元をもつ．したがって，導体棒の内部の AB 間には，

$$E^{\mathrm{i}} = vB$$

という電界（**誘導電界**）が A → B の向きに生じたと考えることができる．

さて，この現象は，導体棒中の自由電子に働くローレンツ力によって解釈することができる．すなわち，導体棒が磁束密度 $\boldsymbol{B}$ 中を速度 $\boldsymbol{v}$ で移動すると，図 26.5 のように，その内部の自由電子（荷電 $-e$）も磁束密度 $\boldsymbol{B}$ 中を平均速度 $\boldsymbol{v}$ で移動する．よって電子は B → A の向きのローレンツ力 (23.24)，すなわち $\boldsymbol{F} = -e\boldsymbol{v} \times \boldsymbol{B}$ を受ける．これは，自由電子に

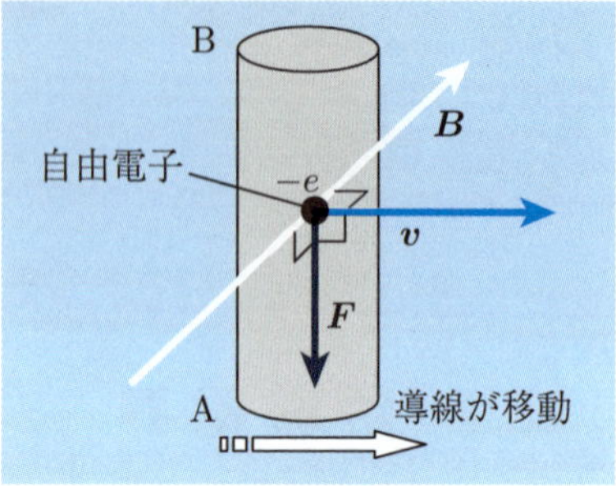

図 26.5 電磁誘導の解釈

$$\boldsymbol{E}^{\mathrm{i}} = \boldsymbol{v} \times \boldsymbol{B} \tag{26.4}$$

という電界が A → B の向きに働いていることを示している．

ところで図 26.3 のようにコイルは静止し，磁石が動いている場合は，電子の平均速度は $\boldsymbol{0}$ であるから自由電子には (23.24) の形のローレンツ力は働かない．しかし，働く力が観測する座標系によって変わることはなく，実際にコイルには同じ誘導起電力が生じる．この理由の説明は本書のレベルを越えるので，ここでは簡単に要点だけを述べておこう．

いま，ローレンツ力として (23.26) を考え，このローレンツ力がすべての慣性座標系に対して不変であるとして，磁石を運動させる場合の電磁誘導を導いてみよう．そこで磁石に固定された座標系を K 系，K 系に対して速度 $\boldsymbol{v}$ で運動しているコイルに固定された座標系を K′ 系とし，K および K′ からみるときの，それぞれの電界，磁束密度，コイルの自由電子の平均速度と電子に働く力を，$\boldsymbol{E}$，$\boldsymbol{B}$，$\boldsymbol{u}$，$\boldsymbol{F}$ および $\boldsymbol{E}'$，$\boldsymbol{B}'$，$\boldsymbol{u}'$，$\boldsymbol{F}'$ とすると，自由電子に働くローレンツ力は，それぞれの座標系に対して，

$$\boldsymbol{F} = -e(\boldsymbol{E} + \boldsymbol{u} \times \boldsymbol{B}), \qquad \boldsymbol{F}' = -e(\boldsymbol{E}' + \boldsymbol{u}' \times \boldsymbol{B}')$$

と表される．ここで，$\boldsymbol{E} = 0$，$\boldsymbol{u} = \boldsymbol{v}$，$\boldsymbol{u}' = \boldsymbol{0}$ であるから，$\boldsymbol{F} = \boldsymbol{F}'$ とおくと，

$$\boldsymbol{E}' = \boldsymbol{v} \times \boldsymbol{B}$$

となる．したがって，コイルに固定された K′ 系ではコイル内の自由電子はこの電界からちょうど K 系におけるローレンツ力と同じ力を受けるのである．

空間に誘導される電界

電磁誘導によって生じるループ C 全体の誘導起電力は，誘導電界 $\boldsymbol{E}^{\mathrm{i}}$ をループ全体について線積分すれば求まる．すなわち次のように与えられる．

$$V = \oint_{\mathrm{C}} \boldsymbol{E}^{\mathrm{i}} \cdot d\boldsymbol{l} \tag{26.5}$$

一方，電磁誘導の法則によれば，これはループ C に鎖交する磁束 Φ の時間変化に等しい．ここで Φ は，ループ C を縁とする面 S について，磁束密度 $\boldsymbol{B}$ を

$$\Phi = \int_{\mathrm{S}} \boldsymbol{B} \cdot \boldsymbol{dS} \tag{26.6}$$

のように面積分すれば求まるので，これと式 (26.5) を式 (26.1) に代入すると，

$$\oint_{\mathrm{C}} \boldsymbol{E}^{\mathrm{i}} \cdot d\boldsymbol{l} = -\int_{\mathrm{S}} \frac{\partial \boldsymbol{B}}{\partial t} \cdot d\boldsymbol{S} \tag{26.7}$$

という誘導電界 $\boldsymbol{E}^{\mathrm{i}}$ と磁束密度 $\boldsymbol{B}$ の時間変化の関係式が導かれる．

ところで実は，ループ C は導線に沿う必要はなく，(26.7) は空間上の任意のループ C について成り立つ．これは，電磁誘導の法則が，空間上の $\boldsymbol{E}^{\mathrm{i}}$ と $\boldsymbol{B}$ についても成立することを意味する．またストークスの定理

$$\oint_{\mathrm{C}} \boldsymbol{E} \cdot d\boldsymbol{l} = \int_{\mathrm{S}} \mathrm{rot}\, \boldsymbol{E} \cdot d\boldsymbol{S} \tag{26.8}$$

を用いると，(26.7) は

$$\mathrm{rot}\, \boldsymbol{E}^{\mathrm{i}} = -\frac{\partial \boldsymbol{B}}{\partial t} \tag{26.9}$$

と書くこともできる．これは**電磁誘導の法則の微分形**である．この式は，

> 磁界の変化によって，空間にループ状の電界が誘導される

ことを意味している．

静電界と誘導電界

上記の説明からわかるように，誘導電界は第 19 章で説明した静電界とは異なる性質をもつ．違いは表 26.1 のようになる．

表 26.1 静電界と誘導電界

	静電界 $\boldsymbol{E}^{\mathrm{s}}$	誘導電界 $\boldsymbol{E}^{\mathrm{i}}$
電気力線の特徴	渦なし（$\mathrm{rot}\,\boldsymbol{E}^{\mathrm{s}} = 0$） 電荷が始点・終点（$\mathrm{div}\,\boldsymbol{E}^{\mathrm{s}} = \rho/\varepsilon_0$）	渦あり（$\mathrm{rot}\,\boldsymbol{E}^{\mathrm{i}} = -\partial \boldsymbol{B}/\partial t$） ソレノイダル（$\mathrm{div}\,\boldsymbol{E}^{\mathrm{i}} = 0$）

しかし誘導電界も正真正銘の電界であり，電荷は，静電界と誘導電界の両方から力を受ける．

ところで，静電界 $\boldsymbol{E}^{\mathrm{s}}$ は第 20 章または上の表でも示したように，渦なし（$\mathrm{rot}\,\boldsymbol{E}^{\mathrm{s}} = \boldsymbol{0}$）でありスカラーポテンシャル ϕ をもつが，それは静電界の線積分の値が積分経路 C に依存しないこと，すなわち周回積分が次のように 0 になることに基づいていた．

$$\oint_{\mathrm{C}} \boldsymbol{E}^{\mathrm{s}} \cdot d\boldsymbol{l} = 0$$

したがって (26.7) における誘導電界 $\boldsymbol{E}^{\mathrm{i}}$ は，一般の電界 $\boldsymbol{E} = \boldsymbol{E}^{\mathrm{s}} + \boldsymbol{E}^{\mathrm{i}}$ に置き換えられる．

$$\oint_{\mathrm{C}} \boldsymbol{E} \cdot d\boldsymbol{l} = -\int_{\mathrm{S}} \frac{\partial \boldsymbol{B}}{\partial t} \cdot d\boldsymbol{S}$$

同様に，それと等価な式 (26.9) の $\boldsymbol{E}^{\mathrm{i}}$ も，$\boldsymbol{E}$ に置き換えることができる．

$$\mathrm{rot}\,\boldsymbol{E} = -\frac{\partial \boldsymbol{B}}{\partial t}$$

渦電流

図 26.6(a) のように，アルミや銅などの導体に磁石を近づけると，電磁誘導によりループ状の誘導電界が生じループ状の電流が流れる．これを**渦電流**という．レンツの法則により，渦電流は磁束の変化を妨げる向きに流れる．たとえば図 (a) の場合，渦電流は左回りに発生し上向きの磁束を生じる．すなわち磁石は反発力を受ける．また，(b) のように磁石を横にずらすと，前方から反発力，後方から引力を受ける．すなわち制動力を受ける．

一方，導体板は，その反作用によりたとえば(b) では磁石に引きずられて動こうとする．そのためアルミ回転筒に回転磁界を与えると，筒はそれに合わせて回りだす．**誘導モータ**はこのような原理で回転する．

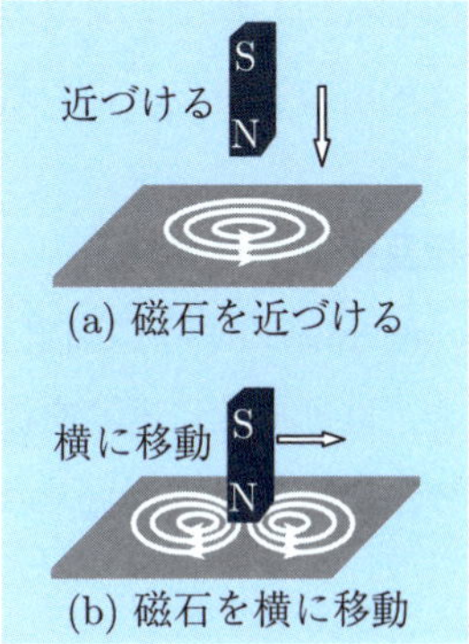

図 26.6　渦電流

さて渦電流は電流であるから，電気抵抗があればジュール熱を発生する．すなわちエネルギーの損失を伴う．これはトランスの鉄心などでは問題になるが，逆にこれを利用したものに，インダクションヒーティング（IH）があり，電気釜や調理用コンロなどが実用化されている．

26.3　インダクタンス

自己インダクタンス

図 26.7 のように 1 巻きコイルに電流 I を流すと，コイルには磁束 Φ が生じるが，重ね合わせの原理より，電流 I を 2 倍にすると磁束 Φ も 2 倍になると考えられる．すなわち，コイルが作る磁束 Φ は電流 I に比例すると考えられる．これは n 巻きコイルの鎖交磁束 $n\Phi$ についても同様であるから，

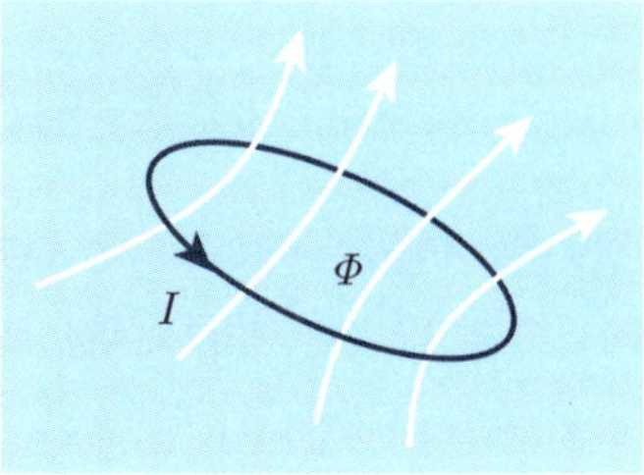

図 26.7　自己インダクタンス

$$n\Phi = LI \tag{26.10}$$

と書くことができる．この比例係数 L をコイルの**自己インダクタンス**という．

自己誘導

(26.10) を電磁誘導の法則 (26.1) に代入すると，

$$V = -L\frac{dI}{dt} \tag{26.11}$$

になる．これはレンツの法則にしたがって，電流の変化を妨げる向きに生じる起電力である．この起電力を**自己誘導起電力**という．

相互インダクタンス

図26.8のように固定された2つのコイル1，2（巻き数n_1，n_2）がある場合，コイル1に電流を流して発生した磁束の一部はコイル2と鎖交する．その鎖交磁束を$n_2\Phi_{21}$とすると，それはコイル1の電流I_1に比例し，

$$n_2\Phi_{21} = M_{21}I_1$$

と書ける．この比例係数M_{21}を，コイル1と2の**相互インダクタンス**という．同様に，コイル2に電流I_2を流したとき，コイル1と鎖交する磁束は

$$n_1\Phi_{12} = M_{12}I_2 \tag{26.12}$$

で与えられる．ここでM_{12}は，コイル2と1の相互インダクタンスである．

よって一般に，コイル1，2の両方にそれぞれ電流I_1，I_2を流したときに，それぞれのコイルに鎖交する磁束$n_1\Phi_1$，$n_2\Phi_2$は，コイル1，2の自己インダクタンスをそれぞれL_1，L_2とすると，一般に次のように書くことができる．

$$n_1\Phi_1 = L_1I_1 + M_{12}I_2, \qquad n_2\Phi_2 = M_{21}I_1 + L_2I_2 \tag{26.13}$$

なお，相互インダクタンスは，コイル1から見ても，コイル2から見ても同じであり，次の**相反定理**が成り立つ．

$$M_{12} = M_{21} \tag{26.14}$$

自己インダクタンスLおよび相互インダクタンスMの単位は同じであるが，それは，(26.10)または(26.12)により，$\mathrm{Wb\cdot A^{-1}}$である．これをとくにH（ヘンリー）という単位で表す．なお，電磁誘導の式(26.1)より，磁束の単位は

$$[\Phi] = \mathrm{Wb} = \mathrm{V\cdot s}$$

と表されるので，インダクタンスの単位は，

$$[L] = [M] = \mathrm{H} = \mathrm{Wb{\cdot}A^{-1}} = \Omega{\cdot}\mathrm{s}$$

と表すことができる．

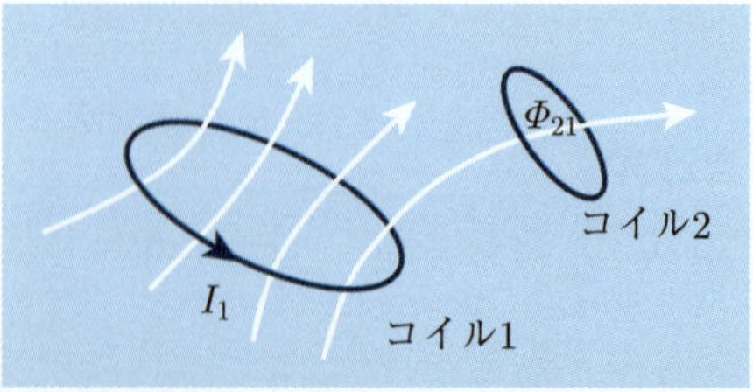

図26.8 相互インダクタンス

相互誘導

上の関係式を電磁誘導の法則に代入して，コイル 1，2 に誘導される起電力を求めると，以下のようになる．ただし M は相互インダクタンスである．

$$\begin{aligned} V_1 &= -n_1\frac{d\Phi_1}{dt} = -L_1\frac{dI_1}{dt} - M\frac{dI_2}{dt} \\ V_2 &= -n_2\frac{d\Phi_2}{dt} = -M\frac{dI_1}{dt} - L_2\frac{dI_2}{dt} \end{aligned} \tag{26.15}$$

26.4 磁気エネルギー

コイルに蓄えられる磁気エネルギー

コイルに電流を流そうとすると，レンツの法則により逆起電力 $V = -L(dI/dt)$ を受けるので，電流を I とすると，単位時間あたり IV の仕事を必要とする．したがって，ある時間 T の間に電流が 0 から I まで増加するのに必要な仕事は，

$$W = \int_0^T I\left(L\frac{dI}{dt}\right)dt = L\int_0^I IdI = \frac{1}{2}LI^2 \tag{26.16}$$

である．コイルに電気抵抗がなければ，これがエネルギーとしてコイルに蓄えられる．すなわち，自己インダクタンス L のコイルに電流 I が流れている状態では，磁気エネルギー

$$U = \frac{1}{2}LI^2 \tag{26.17}$$

がコイルに蓄えられる．

空間に蓄えられる磁気エネルギー

図 26.9 のように断面積 S，巻き線密度 n の無限に長いソレノイドに電流 I を流したときに，長さ l の部分に蓄えられる磁気エネルギーを考えてみる．ソレノイド内の磁束密度は $B = \mu_0 nI$ で一定であるから，長さ l の部分の鎖交磁束は $\Phi = nlSB$ である．よって自己インダクタンス L は，

$$L = \frac{\Phi}{I} = \frac{nlSB}{I} \tag{26.18}$$

である．これを (26.17) に代入して，$B = \mu_0 nI$ および $B = \mu_0 H$ に注意すれば

$$U = \frac{1}{2}nlSBI = \frac{1}{2}\mu_0 n^2 I^2 Sl = \frac{1}{2}\mu_0 H^2 Sl \tag{26.19}$$

になる．この式を見ると，Sl はいま考えているソレノイド内の体積であり，またソレノイド内の磁界は一様であるから，ソレノイド内には単位体積あたり，

$$u = \frac{1}{2}\mu_0 H^2 \tag{26.20}$$

のエネルギーが蓄積されていると考えることができる．この式は，一般に成り立つことを示すことができる．

もう 1 つの例として，図 26.10 のような，幅 d の間隙をもつ，断面積 S，中心の長さ l のドーナツ状の磁性体（透磁率 μ）にコイルを巻いた電磁石（巻き数 N）について，コイルに電流 I を流したときに蓄えられる磁気エネルギーを考えてみよう．

まず磁性体内および間隙の磁界 H_{in} および H_{out} を求める．いま磁性体内部の磁束を Φ とおき，磁性体側面からの磁束の漏れがないと仮定すると，磁

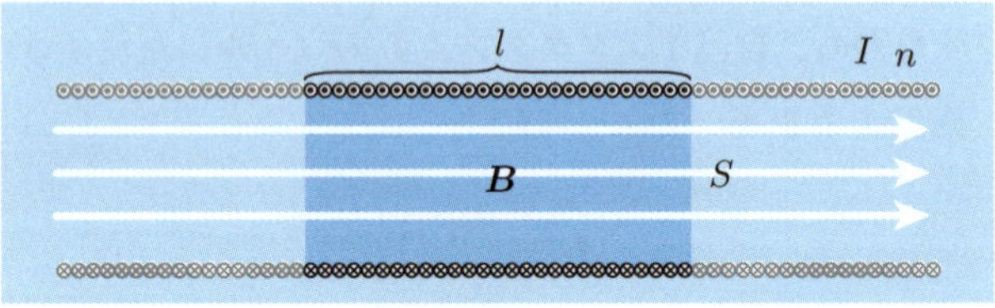

図 26.9 コイルに蓄えられるエネルギー

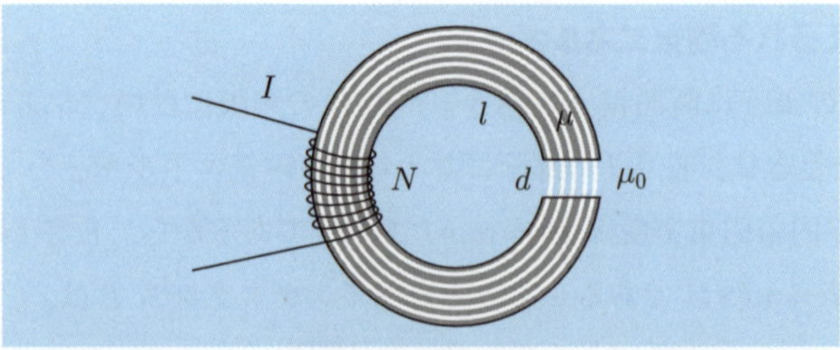

図 26.10 電磁石に蓄えられるエネルギー

性体内および間隙の磁束密度はほぼ $B_{\rm in} = B_{\rm out} = \Phi/S$ と考えてよいから，

$$H_{\rm in} = \frac{\Phi}{\mu S}, \qquad H_{\rm out} = \frac{\Phi}{\mu_0 S} = \frac{\mu}{\mu_0} H_{\rm in} \tag{26.21}$$

である．よって磁気エネルギーは

$$\text{磁性体内：} \quad U_{\rm in} = \frac{1}{2}\mu {H_{\rm in}}^2 Sl = \frac{\Phi^2 l}{2\mu S} \tag{26.22}$$

$$\text{間隙：} \quad U_{\rm out} = \frac{1}{2}\mu_0 {H_{\rm out}}^2 Sd = \frac{\Phi^2 d}{2\mu_0 S} = \frac{\mu d}{\mu_0 l} U_{\rm in} \tag{26.23}$$

のように求まる．ここで強磁性体では $\mu \gg \mu_0$ であるから，$U_{\rm out} \gg U_{\rm in}$ である．したがって，電磁石の磁気エネルギーは，磁性体内部ではなく，ほとんどが間隙に蓄えられることがわかる．

磁極間に働く力

図 26.10 の磁極には引力が働く．それをエネルギー的な考察から求めてみよう．いま，磁束 Φ を一定のまま磁極を Δx だけ広げたときの，磁気エネルギーの変化を考えてみると，(26.23) より

$$\Delta U = \frac{\Phi^2(d+\Delta x)}{2\mu_0 S} - \frac{\Phi^2 d}{2\mu_0 S} = \frac{\Phi^2 \Delta x}{2\mu_0 S} \tag{26.24}$$

である．したがって，働く力は

$$F = -\frac{dU}{dx} = -\frac{\Phi^2}{2\mu_0 S} = -\frac{B^2}{2\mu_0} S = -\frac{1}{2}\mu_0 H^2 S \tag{26.25}$$

となる．符号のマイナスは引力であることを意味する．よって磁極には単位面積あたり

$$\boxed{f = \frac{B^2}{2\mu_0} = \frac{1}{2}\mu_0 H^2} \tag{26.26}$$

の引力が働くことがわかる．これを**磁界についてのマクスウェルの応力**という．すなわち磁束管の断面には単位断面積あたり (26.26) で与えられる張力が働いていると考えることができる．

例題 26.1

図のように縦横の長さが a, b で巻き数 1 の矩形コイルを一様な磁束密度 $\boldsymbol{B}$ に垂直な軸のまわりに角速度 ω で回転させた.

(1) コイルに誘導される起電力を求めよ.

(2) コイルに加えるべきトルクを求めよ.

(3) 電圧計のかわりに抵抗 R を接続した. 角速度 ω で回転させるためのトルクを求めよ. ただしコイルの電気抵抗は考えなくてよい.

解答 (1) 時刻 $t=0$ においてコイルの法線と磁界が平行であるとし, 図の z 軸に対して右ねじの向きにコイルを回転する場合を考える.

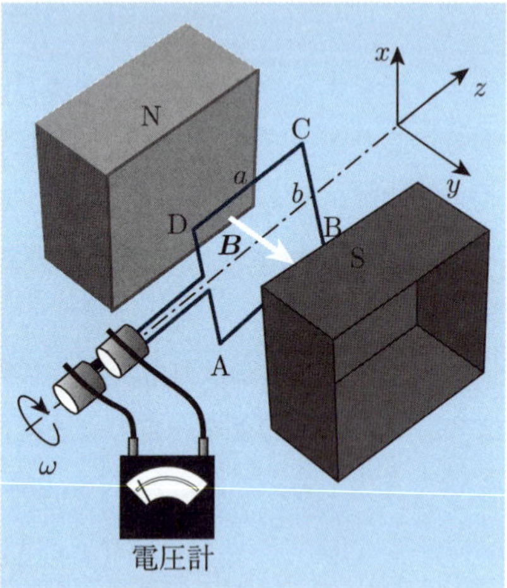

この場合, 時刻 t においてコイルと鎖交する磁束は,

$$\Phi = Bab\cos\omega t$$

であるから, 誘導される起電力は,

$$V = -\frac{d\Phi}{dt} = Bab\omega\sin\omega t$$

である.

(2) コイルに流れる電流は無視できるので, コイルは磁界から力を受けない. すなわちトルクは 0 である.

(3) 電圧計のかわりに抵抗 R を接続すると, 電流

$$I = \frac{Bab\omega}{R}\sin\omega t$$

が流れる. したがって, コイルの辺 AB および CD には x 方向の力

$$F = IaB = \frac{B^2a^2b\omega}{R}\sin\omega t$$

が回転を妨げる向きに働く. よってトルクは

$$N = Fb\sin\omega t = \frac{B^2a^2b^2\omega}{R}\sin^2\omega t$$

となる.

第 27 章
マクスウェルの方程式

マクスウェルの方程式は，力学におけるニュートンの運動方程式に相当する電磁界の基礎方程式であり，いままで学んだガウスの法則，アンペールの法則，ファラデーの電磁誘導の法則を美しくまとめたものである．ただしアンペールの法則については，変位電流という電流を仮定し，拡張を行う必要がある．この章では，まずマクスウェルが行ったアンペールの法則の拡張を説明し，それらをマクスウェルの方程式として整理する．またそれから電磁波が導かれることを示す．電磁波は，周知の通り今日の通信技術を支えている．

27.1　アンペールの法則の拡張

電磁誘導は，磁界の変化によって電界が誘導される現象であった．そこでマクスウェルは，逆に電界の変化によって磁界が誘導されるに違いないと考えた．しかしアンペールの法則

$$\oint_{\mathrm{C}} \boldsymbol{H} \cdot d\boldsymbol{l} = \int_{\mathrm{S}} \boldsymbol{j} \cdot d\boldsymbol{S} \tag{27.1}$$

によれば，磁界の源は電流だけであり，電界の変化に起因する項はない．そこでマクスウェルは，ここに電界の変化の項を追加することを考えた．

電荷保存則

アンペールの法則 (27.1) の右辺，すなわち電流密度の面積分において，面 S の選び方は，ループ C を縁とする面であれば任意なので，図 27.1 のように異なる 2 つの面 S_1，S_2 を考えると，どちらについても (27.1) が成り立つ．すなわち，

$$\oint_{\mathrm{C}} \boldsymbol{H} \cdot d\boldsymbol{l} = \int_{\mathrm{S}_1} \boldsymbol{j} \cdot d\boldsymbol{S} = \int_{\mathrm{S}_2} \boldsymbol{j} \cdot d\boldsymbol{S} \tag{27.2}$$

が成り立つ．ところで，S_1 と S_2 は 1 つの閉曲面を形成するので，その閉曲面 $\mathrm{S}_1 + \mathrm{S}_2$ についての面積分を考え，閉曲面から出る向きを正の向きとすると

$$\oint_{\mathrm{S}_1+\mathrm{S}_2} \boldsymbol{j} \cdot d\boldsymbol{S} = \int_{\mathrm{S}_1} \boldsymbol{j} \cdot d\boldsymbol{S} - \int_{\mathrm{S}_2} \boldsymbol{j} \cdot d\boldsymbol{S} \tag{27.3}$$

であるが，(27.2) より，この値は 0 になる．

ところが電荷保存則によれば，閉曲面 $S_1 + S_2$ によって囲まれる電気量を Q とすれば，閉曲面から単位時間あたり流れ出す電気量は，単位時間あたりの閉曲面内の電荷の減少量に等しいはずである．すなわち

$$\oint_{S_1+S_2} \boldsymbol{j} \cdot d\boldsymbol{S} = -\frac{dQ}{dt} \tag{27.4}$$

が成り立つ．したがって，アンペールの法則 (27.1) が電荷保存則 (27.4) と矛盾しないのは，閉曲面内部にある電荷 Q の時間変化がない場合（電荷の出入りが等しい場合）だけである．

ところでガウスの法則によれば，電束密度 $\boldsymbol{D}$ を閉曲面 $S_1 + S_2$ について面積分したものは，それによって囲まれる電気量に等しいので，Q は

$$Q = \oint_{S_1+S_2} \boldsymbol{D} \cdot d\boldsymbol{S} \tag{27.5}$$

と書くことができる．したがってこれを電荷保存則 (27.4) に代入すれば，

$$\oint_{S_1+S_2} \boldsymbol{j} \cdot d\boldsymbol{S} = -\frac{d}{dt}\oint_{S_1+S_2} \boldsymbol{D} \cdot d\boldsymbol{S} = -\oint_{S_1+S_2} \frac{\partial \boldsymbol{D}}{\partial t} \cdot d\boldsymbol{S} \tag{27.6}$$

という式を得る．すなわち，

$$\oint_{S_1+S_2} \left(\boldsymbol{j} + \frac{\partial \boldsymbol{D}}{\partial t}\right) \cdot d\boldsymbol{S} = 0 \tag{27.7}$$

が成り立つ．これは電荷保存則の別表現である．

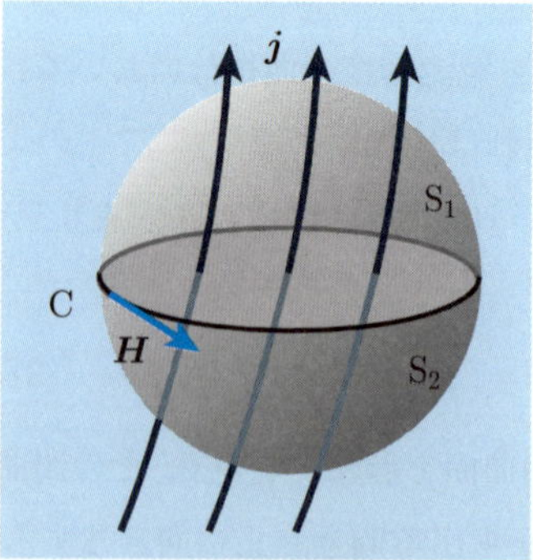

図 27.1 定常電流

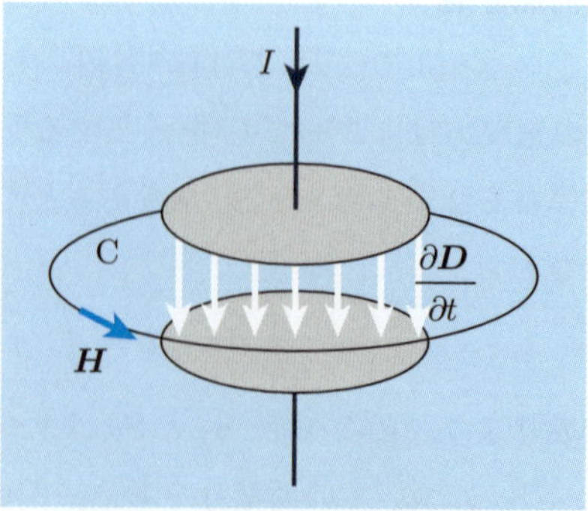

図 27.2 変位電流

変位電流

以上の考察から，アンペールの法則を

$$\oint_{\mathrm{C}} \boldsymbol{H} \cdot d\boldsymbol{l} = \int_{\mathrm{S}} \left(\boldsymbol{j} + \frac{\partial \boldsymbol{D}}{\partial t} \right) \cdot d\boldsymbol{S} \tag{27.8}$$

のように書き換えると，この式は電荷保存則を満たすことがわかる．この式は，電流密度 $\boldsymbol{j}$ 以外に電束密度 $\boldsymbol{D}$ の時間変化 $\partial \boldsymbol{D}/\partial t$ も図 27.2 のように磁界を誘導することを示しており，マクスウェルは $\partial \boldsymbol{D}/\partial t$ を**変位電流**と名づけた．(27.8) を**拡張されたアンペールの法則**または**マクスウェル–アンペールの法則**という．

27.2　マクスウェルの方程式

いままで，電界や磁界について様々な法則を述べてきたが，それらをまとめると以下のようになる．

① 電荷の相互作用であるクーロンの法則と等価なガウスの法則

$$\oint_{\mathrm{S}} \boldsymbol{D} \cdot d\boldsymbol{S} = \int_{V} \rho dV \tag{27.9}$$

② 磁気単極が存在しないことを示す，磁束密度に関するガウスの法則

$$\oint_{\mathrm{S}} \boldsymbol{B} \cdot d\boldsymbol{S} = 0 \tag{27.10}$$

③ 磁界の時間変化が電界を誘導するファラデーの電磁誘導の法則

$$\oint_{\mathrm{C}} \boldsymbol{E} \cdot d\boldsymbol{l} = -\int_{\mathrm{S}} \frac{\partial \boldsymbol{B}}{\partial t} \cdot d\boldsymbol{S} \tag{27.11}$$

④ ビオ–サバールの法則と等価なアンペールの法則を，電界の時間変化が磁界を誘導するように拡張したマクスウェル–アンペールの法則

$$\oint_{\mathrm{C}} \boldsymbol{H} \cdot d\boldsymbol{l} = \int_{\mathrm{S}} \left(\boldsymbol{j} + \frac{\partial \boldsymbol{D}}{\partial t} \right) \cdot d\boldsymbol{S} \tag{27.12}$$

これら 4 つの方程式は，電磁界の基礎方程式であり，**マクスウェルの方程式**

と呼ばれている．ただし，$\boldsymbol{D}$，$\boldsymbol{E}$，$\boldsymbol{B}$，$\boldsymbol{H}$ はそれぞれ電束密度，電界，磁束密度，磁界であり，それらは物質の特性を表す誘電率 ε と透磁率 μ によって次のように関連付けられている．

$$\boldsymbol{D} = \varepsilon \boldsymbol{E} \tag{27.13}$$

$$\boldsymbol{B} = \mu \boldsymbol{H} \tag{27.14}$$

また，電気伝導がある場合は，電流 $\boldsymbol{j}$ と電界 $\boldsymbol{E}$ は電気伝導度 σ によって次式のように結ばれる．

$$\boldsymbol{j} = \sigma \boldsymbol{E} \tag{27.15}$$

なお，電荷保存則

$$\oint_{\mathrm{S}} \boldsymbol{j} \cdot d\boldsymbol{S} = -\frac{d}{dt} \int_V \rho dV \tag{27.16}$$

はマクスウェル–アンペールの法則に含まれている．

マクスウェルの方程式の微分形

上記のマクスウェルの方程式は積分によって表現されているが，それを微分形に直すと次のようになる．

① 電束密度に関するガウスの法則：

$$\mathrm{div}\, \boldsymbol{D} = \rho \tag{27.17}$$

② 磁束密度に関するガウスの法則：

$$\mathrm{div}\, \boldsymbol{B} = 0 \tag{27.18}$$

③ ファラデーの電磁誘導の法則：

$$\mathrm{rot}\, \boldsymbol{E} = -\frac{\partial \boldsymbol{B}}{\partial t} \tag{27.19}$$

④ 拡張されたアンペールの法則 (マクスウェル–アンペールの法則)：

$$\mathrm{rot}\, \boldsymbol{H} = \boldsymbol{j} + \frac{\partial \boldsymbol{D}}{\partial t} \tag{27.20}$$

これを**マクスウェルの方程式の微分形**という．なお，通常この微分形をマクスウェルの方程式という．

なお，電荷保存則は微分形では

$$\mathrm{div}\,\boldsymbol{j} = -\frac{\partial \rho}{\partial t} \tag{27.21}$$

のように表されるが，これはマクスウェル–アンペールの法則に含まれている．

27.3 電 磁 波

マクスウェルの方程式の大きな成果の1つに，電磁波の存在の予言があり，その予言はヘルツの実験によって確かめられた．この節では，実際にマクスウェルの方程式から平面波が導かれることを示す．

真空中のマクスウェルの方程式

真空中では，誘電率は $\varepsilon = \varepsilon_0$，透磁率は $\mu = \mu_0$ なので，

$$\boldsymbol{D} = \varepsilon_0 \boldsymbol{E} \tag{27.22}$$

$$\boldsymbol{B} = \mu_0 \boldsymbol{H} \tag{27.23}$$

である．また，電荷密度 $\rho = 0$，電流密度 $\boldsymbol{j} = \boldsymbol{0}$ であるので，マクスウェルの方程式は

$$\mathrm{div}\,\boldsymbol{E} = 0 \tag{27.24}$$

$$\mathrm{div}\,\boldsymbol{B} = 0 \tag{27.25}$$

$$\mathrm{rot}\,\boldsymbol{E} = -\frac{\partial \boldsymbol{B}}{\partial t} \tag{27.26}$$

$$\mathrm{rot}\,\boldsymbol{B} = \frac{1}{c^2}\frac{\partial \boldsymbol{E}}{\partial t} \quad \text{ただし} \quad c = \frac{1}{\sqrt{\varepsilon_0 \mu_0}} \tag{27.27}$$

になる．

平面波

$\boldsymbol{E}$ も $\boldsymbol{B}$ も xy 面内で一定，すなわち x，y での偏微分がゼロという条件を満たす解を考えてみよう．この場合，マクスウェルの方程式は

$$\frac{\partial E_z}{\partial z} = 0, \qquad \frac{\partial B_z}{\partial z} = 0 \tag{27.28}$$

$$\left(-\frac{\partial E_y}{\partial z}\right) = -\frac{\partial B_x}{\partial t}, \quad \left(\frac{\partial E_x}{\partial z}\right) = -\frac{\partial B_y}{\partial t}, \quad 0 = -\frac{\partial B_z}{\partial t} \tag{27.29}$$

$$\left(-\frac{\partial B_y}{\partial z}\right) = \frac{1}{c^2}\frac{\partial E_x}{\partial t}, \quad \left(\frac{\partial B_x}{\partial z}\right) = \frac{1}{c^2}\frac{\partial E_y}{\partial t}, \quad 0 = \frac{\partial E_z}{\partial t} \tag{27.30}$$

となる．そこでまず，(27.29) の第 2 式と (27.30) の第 1 式の組み合わせると

$$\frac{\partial^2 E_x}{\partial z^2} = \frac{1}{c^2}\frac{\partial^2 E_x}{\partial t^2} \tag{27.31}$$

を得る．この微分方程式は**波動方程式**と呼ばれ，解は一般に

$$E_x(z,t) = f(z-ct) + g(z+ct) \tag{27.32}$$

と書ける．実際この式を (27.31) に代入すると，それを満たしていることがわかる．ここで f は速度 c で z 方向に進む波動，g は $-z$ 方向に進む波動を表す．また (27.32) を (27.29) の第 2 式に代入すると

$$B_y(z,t) = \frac{1}{c}(f(z-ct) - g(z+ct)) \tag{27.33}$$

を得る．すなわちこれは，E_x と B_y とが対となって伝播することを表している．このように電界と磁界が対となって伝播するので，この波を**電磁波**という．

同様に，(27.29) の第 1 式と (27.30) の第 2 式より E_y と B_x の対も得られ，一般にはその両者が合成されたものになる．

いま $E_y = B_x = 0$ の場合を考え，また最も単純な波として $f(\zeta) = E_0 \sin(k\zeta)$，$g(\zeta) = 0$ のような正弦波を考えると，(27.32) および (27.33) は

$$E_x(z,t) = E_0 \sin(kz - \omega t) \tag{27.34}$$

$$B_y(z,t) = \frac{E_0}{c}\sin(kz - \omega t) \tag{27.35}$$

となる．

一方，(27.28) および (27.29)，(27.30) の第 3 式より，E_z，B_z は z 依存性も時間依存性もない定数である．したがって，初期条件として $E_z = B_z = 0$ とすれば，常に $E_z = B_z = 0$ である．これは，この電磁波が**横波**であることを意味している．以上の結果を図示すると図 27.3 のようになる．

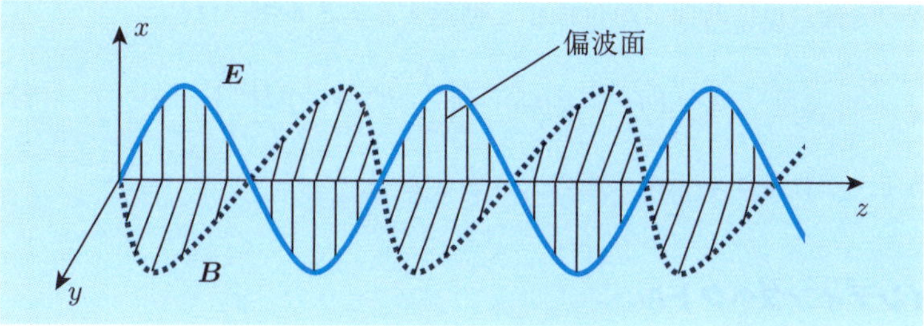

図 27.3　電磁波（直線偏波）

電磁波の伝播速度

(27.27) および上述の説明のように電磁波の伝播速度は，

$$c = \frac{1}{\sqrt{\varepsilon_0 \mu_0}} \tag{27.36}$$

で与えられるが，真空の誘電率は，第 18 章で示したように

$$\varepsilon_0 = \frac{10^7}{4\pi c^2} \fallingdotseq 8.85 \times 10^{-12}\,\mathrm{C}^2 \cdot \mathrm{N}^{-1} \cdot \mathrm{m}^{-2} \tag{27.37}$$

であり，また $\mu_0 = 4\pi \times 10^{-7}\,\mathrm{N} \cdot \mathrm{A}^{-2}$ であるから，電磁波の伝播速度は，

$$c = 2.9979 \times 10^8\,\mathrm{m} \cdot \mathrm{s}^{-1} \tag{27.38}$$

となる．これは当時測定されていた光の速度に近かったので，マクスウェルは，これを根拠に，光は電磁波であるに違いないと考えた．現在では，光が電磁波の一種であることは良く知られている．

27.4　電磁波のエネルギー

電磁波の存在は，電界や磁界が空間自身の性質であり，空間は物理的な存在であること（媒達説）を裏付けている．この場合，電磁波のエネルギーは空間そのものに存在し，第 23 章および第 26 章で述べたように，電界 $\boldsymbol{E}$ および磁界 $\boldsymbol{H}$ の空間には単位体積あたりそれぞれ

$$u_E = \frac{1}{2}\varepsilon E^2, \qquad u_H = \frac{1}{2}\mu H^2 \tag{27.39}$$

の電気および磁気エネルギーが存在する．したがって，速度 c で伝播する電

磁波の場合，単位時間に単位面積を通過するエネルギーは，

$$u = (u_E + u_H)c = \left(\frac{1}{2}\varepsilon E^2 + \frac{1}{2}\mu H^2\right)c \tag{27.40}$$

である．これはエネルギー流の大きさを表す．

ポインティングベクトル

上のエネルギー流に，平面波解

$$\begin{aligned} E_x(z,t) &= f(z-ct) \\ B_y(z,t) &= \frac{1}{c}f(z-ct) \end{aligned} \tag{27.41}$$

を代入してみると，$B = \mu H$ に注意すれば，

$$u = \left(\frac{1}{2}\varepsilon E^2 + \frac{1}{2}\mu H^2\right)c = \varepsilon c f(z-ct)^2 = E_x H_y \tag{27.42}$$

と書くことができる．これは電磁波の z 方向のエネルギーの流れを表す．式(27.42) の右辺はまた，

$$\boldsymbol{S} = \boldsymbol{E} \times \boldsymbol{H} \tag{27.43}$$

で表されるベクトルの z 成分と考えることができる．実際このベクトル $\boldsymbol{S}$ は，単位時間に単位面積を通過する電磁波のエネルギーを表し，**ポインティングベクトル**と呼ばれる．

第IV部演習問題

第 18 章　電荷と静電界

［1］ **（一様な平面電荷による電界）** 無限に広い平面に，一様な面電荷密度 σ で電荷が分布している．この電荷分布のまわりの電界を求めよ．

［2］ **（荷電粒子の運動）** y 軸方向の強さ E $[\mathrm{N \cdot C^{-1}}]$ の一様な電界のもとで，質量 m [kg]，電荷 q [C] の荷電粒子を，x 軸方向に速さ v_0 $[\mathrm{m \cdot s^{-1}}]$ で発射した．重力は無視できるとして，発射 t [s] 後の荷電粒子の速さおよび偏向角（x 軸からの角度）を求めよ．

第 19 章　静電界の性質

［3］ **（ガウスの法則）** [1] の問題を，ガウスの法則を用いて解け．

［4］ **（div の計算）** 次の電界の発散を計算せよ．

(1) $\boldsymbol{E} = (ky, kx, 0)$（ただし k は定数である．）

(2) $E = k/r^2$（ただし k は定数，電界の向きは半径方向，r（$\neq 0$）は原点からの距離である．）

第 20 章　電位

［5］ **（一様な平面電荷による電位）** 無限に広い平面に，一様な面電荷密度 σ で電荷が分布している．この電荷分布のまわりの電位を求めよ．ただし，電位の基準は平面上の 1 点とする．

［6］ **（電位と電界）** 上で求めた電位の勾配から電界を求めよ．

第 21 章　導体

［7］ **（静電遮蔽）** 内部に大きな空洞を 1 つもつ孤立導体がある．この導体内の空洞について，空洞内に電荷が存在しなければ空洞内の静電界は，導体外部の電界と関係なく常に 0 であることを示せ．また，空洞内部に電荷 q が存在する場合は，空洞内面および導体表面にはどのような電荷が現れるか説明せよ．

［8］ **（同心球コンデンサ）** 図のような同心球コンデンサがある．内部導体球の半径を a 外部導体球殻の内径を b とするとき，

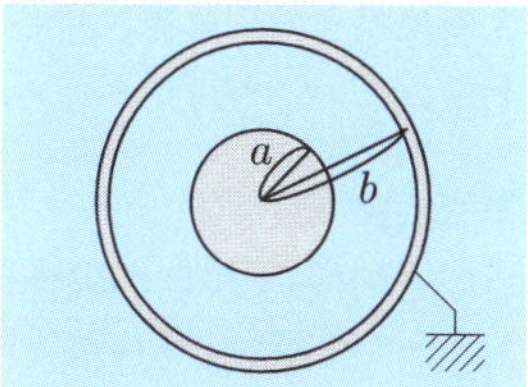

(1) このコンデンサの電気容量を求めよ．

(2) このコンデンサに電圧 V をかけたときに蓄えられる静電エネルギーを求めよ．

［9］ **（鏡像法）** 無限に広い平面状の導体表面から a だけ離れた位置に点電荷 q を置いたとき，導体表面に誘導される電荷の電荷密度を求めよ．

第 22 章　誘電体

[10] **(同心球コンデンサの容量)** 図のように，同心球コンデンサ（内部導体球の半径 a，外部導体球殻の内径 b）の半径 a から c までを誘電率 ε の一様な誘電体で満たした．このコンデンサの静電容量を求めよ．

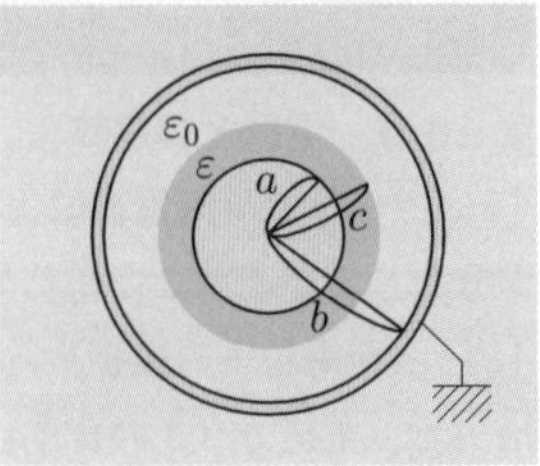

[11] **(分極電荷)** 問題 [10] において，誘電体の表面（半径 c の球面）に現れる分極電荷の電荷密度を求めよ．

第 23 章　電流と磁界

[12] **(矩形電流と直線電流との相互作用)** 図のように，一辺 a の正方形 ABCD に沿って電流 I が流れている．この電流が，辺 AB から距離 a だけ離れ，AB に平行で正方形と同一平面内にある直線電流 I に及ぼす力を求めよ．

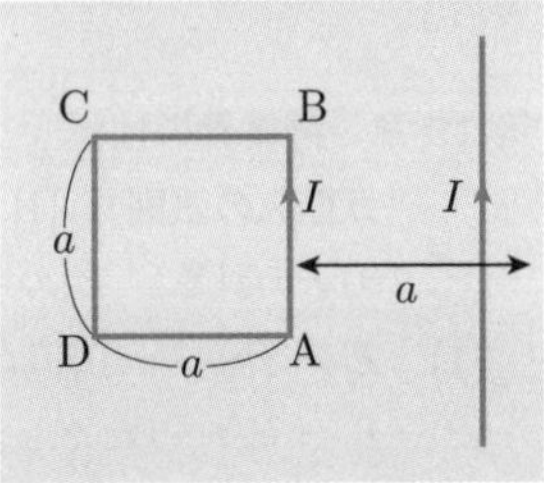

[13] **(円電流による磁束密度)** 半径 a の円電流 I が，円の中心 O から円に垂直に z だけ離れた点に作る磁束密度を求めよ．また，中心 O における磁束密度はどうなるか．

第 24 章　アンペールの法則

[14] **(トロイダルコイルが作る磁束密度)** ソレノイドコイルを円形に曲げて両端を合わせたようなドーナツ形のコイルをトロイダルコイルという（右図）．いま，ドーナツ形の断面の半径を a，断面の中心を連ねてできる円の半径を b，全巻き数を N として，このコイルに電流 I を流した時にトロイド内外に発生する磁束密度を求めよ．

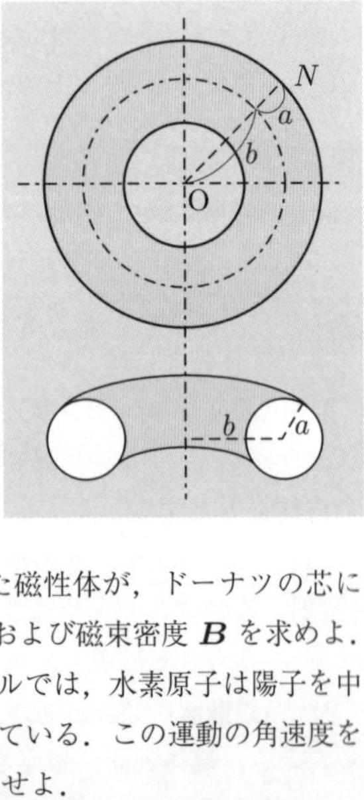

[15] **(直線電流のまわりの磁束密度と渦)** 直線電流のまわりの磁束線は同心円状であるが，渦が存在するのは中心だけであることを説明せよ．

第 25 章　磁性体

[16] **(ドーナツ状の磁性体)** 円形のドーナツ形をした磁性体が，ドーナツの芯に沿って一様に磁化している．この磁性体内部の磁界 $\boldsymbol{H}$ および磁束密度 $\boldsymbol{B}$ を求めよ．

[17] **(電子の軌道磁気モーメント)** ボーアの原子モデルでは，水素原子は陽子を中心に質量 m，電荷 $-e$ の電子が半径 a の等速円運動をしている．この運動の角速度を ω として，電子の軌道運動による磁気モーメントを計算せよ．

第 26 章　電磁誘導

[18]（**トロイダルコイルの自己インダクタンス**） 図のような矩形断面をもつトロイダルコイルの自己インダクタンスを求めよ．なお，トロイドの内径を a，外径を b，高さを h とし，全巻き数を N とする．また，トロイド内部の透磁率を μ_0 とする．

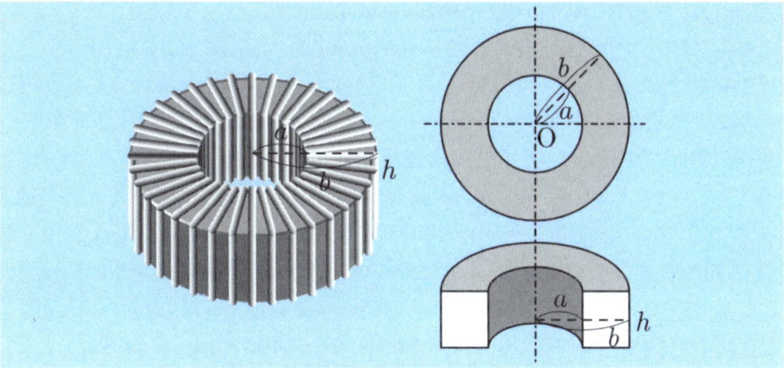

[19]（**トロイダルコイルによる電磁誘導**） 問題 [18] のトロイダルコイルに，図のような矩形のリングを取り付けた．トロイダルコイルに電流 $I(t) = I_0 \sin \omega t$ の電流を流したとき，このリングに生じる誘導起電力を求めよ．

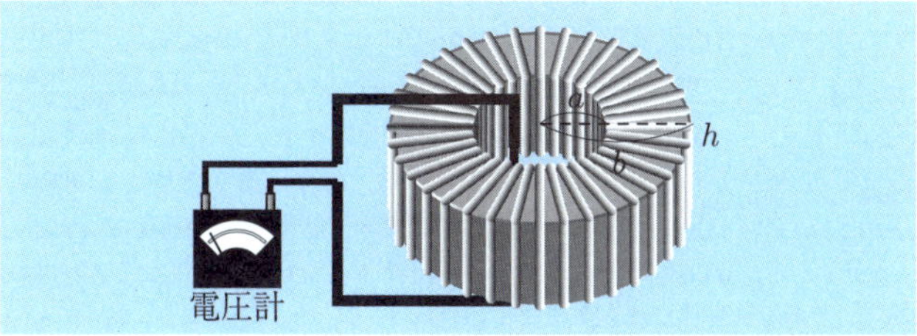

第 27 章　マクスウェルの方程式

[20]（**変位電流**） コンデンサに電流 $I(t)$ が流れている．このとき極板間に流れる全変位電流を求めよ．

[21]（**真空のインピーダンス**） 電界 E [$\mathrm{V \cdot m^{-1}}$] を磁界 H [$\mathrm{A \cdot m^{-1}}$] で割った量 $Z = E/H$ はインピーダンスの次元 [Ω] をもつが，平面波について

$$Z = \sqrt{\frac{\mu}{\varepsilon}}$$

であることを示せ．ただし，μ，ε はそれぞれ媒質の透磁率および誘電率である．また，真空の場合の Z は Ω 何か（これを**真空のインピーダンス**という）．

演習問題解答

第I部

[1] (1.1) より，$x = r\cos\theta = 3.0 \times \cos\frac{\pi}{6} = 2.6$, $y = r\sin\theta = 3.0 \times \sin\frac{\pi}{6} = 1.5$

[2] (1) $A = |\boldsymbol{A}| = \sqrt{3^2 + 6^2 + 2^2} = \sqrt{49} = 7$

(2) $2\boldsymbol{A} + 3\boldsymbol{B} = (6-6)\boldsymbol{i} + (-12+15)\boldsymbol{j} + (4-12)\boldsymbol{k} = 3\boldsymbol{j} - 8\boldsymbol{k}$

(3) $-2\boldsymbol{A} + \frac{1}{2}\boldsymbol{B} = (-6-1)\boldsymbol{i} + \left(12 + \frac{5}{2}\right)\boldsymbol{j} + (-4-2)\boldsymbol{k} = -7\boldsymbol{i} + \frac{29}{2}\boldsymbol{j} - 6\boldsymbol{k}$

[3] 50 m の高さを通過するまでの時間を t_1，50 m の高さから頂上に到達する時間を t_2 とすると，$t_1 + t_2 = 120\,\mathrm{s}$ である．一方，頂上での速度は 0 であるから，$0 = at_1 - at_2 = a(t_1 - t_2)$．これらより $t_1 = t_2 = 60\,\mathrm{s}$．エレベータの 50 m までの上昇運動は加速度 a の等加速度運動である．したがって，$50 = \frac{1}{2}a{t_1}^2 = \frac{a}{2} \times 3600 = 1800a$ $\left(\therefore a = \frac{50\,[\mathrm{m}]}{1800\,[\mathrm{s}^2]} = 0.028\,\mathrm{m \cdot s^{-2}}\right)$

[4] 腕にかかる鞄の重さを F（N）とし，鞄について運動の第 2 法則を適用する．

(1) $5.0 \times 0.040 = F - 5.0 \times 9.80$（$\therefore F = 49 + 0.2 = 49.2\,\mathrm{N}$）

(2) $5.0 \times (-0.040) = F - 5.0 \times 9.80$（$\therefore F = 49 - 0.2 = 48.8\,\mathrm{N}$）

[5] 飛び出したときのゴルフボールの運動量は，ボールに加えられたクラブヘッドによる力積 I に等しい．(1) $I = 0.046 \times 40 = 1.84\,\mathrm{kg \cdot m \cdot s^{-1}}$ (2) $F = \frac{I}{\Delta t} = \frac{1.84}{0.65} \times 10^3 = 2.8 \times 10^3\,\mathrm{kg \cdot m \cdot s^{-2}} = 2.8 \times 10^3\,\mathrm{N}$

[6] 月の周りを回るアポロの等速円運動について，軌道半径：$r = 1.85 \times 10^6\,\mathrm{m}$，周期：$T = 119 \times 60 = 7.14 \times 10^3\,\mathrm{s}$，角速度：$\omega = \frac{2\pi}{T} = \frac{6.28}{7.14 \times 10^3} = 8.80 \times 10^{-4}\,\mathrm{s^{-1}}$ となる．
(1) アポロの等速円運動の向心力と，月がアポロに及ぼす万有引力が等しいとおけばよい．したがって，アポロと月の質量を，それぞれ m, M とすると，$mr\omega^2 = \frac{GmM}{r^2}$（$G = 6.67 \times 10^{-11}\,\mathrm{m \cdot kg^{-1} \cdot s^{-2}}$　万有引力定数）．これより，$M = \frac{r^3\omega^2}{G} = \frac{(1.85 \times 10^6)^3 (8.80 \times 10^{-4})^2}{6.67 \times 10^{-11}} = 7.35 \times 10^{22}\,\mathrm{kg}$．　(2) アポロの軌道速度 v は，$v = r\omega = 1.63 \times 10^3\,\mathrm{m \cdot s^{-1}}$．

[7] 斜面に沿って x 軸をとり，上る方向を正にとると，物体に働く合力の x 方向の成分 F_x は，$F_x = -mg\sin\theta - \mu' mg\cos\theta$ である．したがって，物体の加速度 a_x および速度 v_x は，$a_x = -g\sin\theta - \mu' g\cos\theta$, $v_x = v_0 - (\sin\theta + \mu'\cos\theta)gt$ となる．t は物体が滑り始めてからの時間である．物体が静止するまでの時間 t_1 は，$v_x = 0$ より，$t_1 = \frac{v_0}{g\sin\theta + \mu' g\cos\theta}$ であるから，静止するまでに上った距離 l は $l = \int_0^{t_1} v_x dt = \frac{v_0^2}{2(g\sin\theta + \mu' g\cos\theta)}$．

[8] 斜面上に物体を投げる点を原点にとり，斜面に沿って上る方向を正に x 軸を，斜面に垂直上向きに y 軸をとる．x, y 方向の運動方程式は，$m\frac{d^2x}{dt^2} = -mg\sin\theta$, $m\frac{d^2y}{dt^2} = -mg\cos\theta$，その解は $x = -\frac{1}{2}(g\sin\theta)t^2 + (v_0\cos\alpha)t$, $y = -\frac{1}{2}(g\cos\theta)t^2 + (v_0\sin\alpha)t$ となる．落下時間 t_1 は，$y = 0$ から $t_1 = \frac{2v_0\sin\alpha}{g\cos\theta}$ である．これを x の式に代入すると落下点まで距離 l は，$l = \frac{2v_0^2\sin\alpha\cos(\alpha+\theta)}{g\cos^2\theta} = \frac{v_0^2}{g\cos^2\theta}[\sin(2\alpha+\theta) - \sin\theta]$．これより，$l$ が最大にになるのは，$\sin(2\alpha+\theta) = 1$ のとき，すなわち，$\alpha = \frac{\pi}{4} - \frac{\theta}{2}$．

[9] 単振り子のひもの長さを l，重力加速度の大きさを g，周期を T とすると，$T = 2\pi\sqrt{\frac{l}{g}}$．

(1) これより，ひもの長さ l は $l = \left(\frac{T}{2\pi}\right)^2 g = \left(\frac{2.50}{2\pi}\right)^2 \times 9.80 = 1.55\,\mathrm{m}$．

(2) したがって，月面上での単振り子の周期 T は $T = 2\pi\sqrt{\frac{1.55}{0.17 \times 9.80}} = 6.06\,\mathrm{s}$．

[10] (1) つり合いの位置（原点）では，おもりに働く重力 mg とばねの復元力 $-k\Delta l$ とがつり合っている．すなわち，$mg - k\Delta l = 0$ $\left(\therefore \Delta l = \frac{mg}{k}\right)$．　(2) (1) の結果から，位置 x にある

おもりに働く力（重力とばねの復元力）は $-k(\Delta l + x) + mg = -kx$．したがって，おもりの運動方程式は $m\frac{d^2x}{dt^2} = -kx \equiv -\omega^2 x \left(\omega = \sqrt{\frac{k}{m}}\right)$ となり，一般解は $x = A\sin(\omega t + \phi)$（ただし，$A$，$\phi$ は任意定数）である．これに初期条件，$t = 0$ で $x = a$，$v = 0$ を適用すると，$A\sin\phi = a$，$A\omega\cos\phi = 0$ すなわち $\phi = \frac{\pi}{2}$，$A = a$ が求まる．よって，求める解は $x = a\cos\omega t = a\cos\sqrt{\frac{k}{m}}t$ と得られる．これは，振幅 a，角振動数 $\omega = \sqrt{\frac{k}{m}}$ の単振動である．

[11] ブロックに働く運動方向の力 F は，12.0 N の水平力と摩擦力 f である．f の大きさは $f = \mu' mg = 0.15 \times 6.0 \times 9.80 = 8.82\,\mathrm{N}$ であるが，変位と逆向きに作用するので，

(1) ブロックに働く変位方向の合力は，$F + f = 12.0 - 8.82 = 3.18\,\mathrm{N}$ となる．この合力が働いてブロックが 3.0 m 運動する間に，ブロックになされた仕事は $W = 3.18 \times 3.0 = 9.50\,\mathrm{J}$ であり，この仕事がブロックの運動エネルギーになる．したがって，$W = \frac{1}{2}mv^2$ より，$v^2 = \frac{2W}{m} = \frac{19.0}{6.0}\,\mathrm{m^2 \cdot s^{-2}}$．求めるブロックの速さは $v = 1.78\,\mathrm{m \cdot s^{-1}}$．

(2) この間に摩擦熱として失われたエネルギー W' は，摩擦力 f のした仕事に等しい．したがって，$W' = 8.82 \times 3.0 = 26.5\,\mathrm{J}$．

[12] 毎秒失われる水の位置エネルギーは $65 \times 10^3 \times 9.80 \times 83 = 5.28 \times 10^7\,\mathrm{W}$．これが電力に変換される効率は $\frac{4.6\times10^7}{5.28\times10^7} = 87\%$．

[13] (1) $AB|\sin\theta| = AB\cos\theta$ $(\therefore \theta = 45^\circ)$ (2) 証明すべき式の両辺の 3 つの成分同士が互いに等しいことを導けばよい．まず x 成分が両辺で等しいことを導く．$[\boldsymbol{A} \times (\boldsymbol{B} \times \boldsymbol{C})]_x = A_y(\boldsymbol{B} \times \boldsymbol{C})_z - A_z(\boldsymbol{B} \times \boldsymbol{C})_y = A_y(B_xC_y - B_yC_x) - A_z(B_zC_x - B_xC_z) = (\boldsymbol{A} \cdot \boldsymbol{C})B_x - (\boldsymbol{A} \cdot \boldsymbol{B})C_x$．この式の添字を $x \to y \to z$ のように循環置換すると，両辺の y 成分，z 成分についても等しいことが示される． (3) (2) の公式の両辺に，$\boldsymbol{A} = \boldsymbol{B} = \boldsymbol{e}$，$\boldsymbol{C} = \boldsymbol{A}$ を代入すると，$\boldsymbol{e} \times (\boldsymbol{e} \times \boldsymbol{A}) = \boldsymbol{e}(\boldsymbol{e} \cdot \boldsymbol{A}) - \boldsymbol{A}(\boldsymbol{e} \cdot \boldsymbol{e})$．ここで，$\boldsymbol{e} \cdot \boldsymbol{e} = 1$ であるから $A = \boldsymbol{e}(\boldsymbol{e} \cdot \boldsymbol{A}) - \boldsymbol{e} \times (\boldsymbol{e} \times \boldsymbol{A})$．

[14] 糸が P 点の釘に触れる直前の，小球の P 点に関する角運動量 L_0 は $L_0 = \left(\frac{l}{3}\right)m(l\omega_0) = \frac{1}{3}ml^2\omega_0$ である．また，糸が釘に触れた直後の小球の P 点に関する角運動量 L は，P のまわりの円運動の角速度を ω とすると，$L = m\left(\frac{l}{3}\right)^2\omega = \frac{1}{9}ml^2\omega$ である．角運動量 L_0 と L とが等しいことにより，ω は $\omega = 3\omega_0$ と求められる．

[15] (7.2) から，質点 A，B に働く重力の合力は，その質量中心 $\boldsymbol{r}_{\mathrm{G}'} = \frac{m_1\boldsymbol{r}_1 + m_2\boldsymbol{r}_2}{m_1 + m_2}$ に働く鉛直下向きの力 $(m_1 + m_2)g$ である．したがって，A，B，C の 3 個の質点の重心 $\boldsymbol{r}_{\mathrm{G}}$ を求めるには，$\boldsymbol{r}_{\mathrm{G}'}$ に置かれた質量 $m_1 + m_2$ の質点 D と質点 C の質量中心を求めればよい．すなわち，A，B，C の質量中心 $\boldsymbol{r}_{\mathrm{G}}$ は $\boldsymbol{r}_{\mathrm{G}} = \frac{(m_1+m_2)\boldsymbol{r}_{\mathrm{G}'} + m_3\boldsymbol{r}_3}{(m_1+m_2)+m_3} = \frac{m_1\boldsymbol{r}_1 + m_2\boldsymbol{r}_2 + m_3\boldsymbol{r}_3}{m_1+m_2+m_3}$ であって，A，B，C に働く重力の合力は，$\boldsymbol{r}_{\mathrm{G}}$ に働く鉛直下向きの力 $(m_1 + m_2 + m_3)g$ である．

[16] ばねに沿って A から B の向きに x 軸をとり，A，B の位置座標を x_1，x_2 とする．ばねの自然長を l とすると，ばねの伸びは $x = x_2 - x_1 - l$ である．このばねの復元力は A，B に対してそれぞれ逆向きに働くから，A，B の運動方程式は $m_1\frac{d^2x_1}{dt^2} = k(x_2 - x_1 - l) = kx$，$m_2\frac{d^2x_2}{dt^2} = -k(x_2 - x_1 - l) = -kx$ となる．ここで，第 1 式に m_1 を，第 2 式に m_2 を掛けて，辺々の差をとると，ばねの伸びに対する運動方程式が，$\mu\frac{d^2x}{dt^2} = -kx$ ただし $\mu = \frac{m_1m_2}{m_1+m_2}$ と得られる．よって求めるばねの振動の周期は，$T = 2\pi\sqrt{\frac{\mu}{k}} = 2\pi\sqrt{\frac{m_1m_2}{k(m_1+m_2)}}$．

[17] 衝突の前後でクラブヘッドとボールの運動量の和は保存されるから，飛び出すボールの速さを v とすると，$200 \times 55 = 200 \times 40 + 46v$．よって $v = 65.2\,\mathrm{m \cdot s^{-1}}$．

[18] いま，はしごの長さを l (m)，はしごと地面のなす角度を θ，はしごの重量を W (N)，消防士の体重を M (N)，地面がはしごにおよぼす垂直抗力を N (N)，摩擦力を f (N)，はしごの上端が

壁から受ける反作用力を P (N) とし，はしごの下端を原点 O にとり，壁に向かう向きに x 軸，鉛直上向きに y 軸をとる．(1) まず，平衡条件 (8.5) を適用すると，$\sum F_x = f - P = 0$，$\sum F_y = N - W - M = 0$．第 2 式から $N = W + M = 1300\,\mathrm{N}$．平衡条件 (8.6) を原点 O に対して適用すると $Pl\sin\frac{\pi}{3} - W\frac{l}{2}\cos\frac{\pi}{3} - M\frac{4l}{15}\cos\frac{\pi}{3} = 0$ (①) これより，$P = 270\,\mathrm{N}$．(2) 消防士がはしごを 9 m 登ったとき，①は $Pl\sin\frac{\pi}{3} - W\frac{l}{2}\cos\frac{\pi}{3} - M\frac{9l}{15}\cos\frac{\pi}{3} = 0$ となる．これより壁からの反作用力 P は，$P = 421\,\mathrm{N}$ であるから，はしごの下端に働く摩擦力 f は $f = P = 421\,\mathrm{N}$．したがって，はしごと地面の間の静止摩擦係数 μ は $\mu = \frac{f}{N} = 0.32$．

[19] (1) 円板を多数の細い円環に分割して考える（図左）．中心軸から距離 r と $r + dr$ の間の円環の面積 dS は，$dS = 2\pi r dr$ である．したがって，円板の面積密度を σ とすると円環の質量 dM は $dM = \sigma dS = 2\pi\sigma r dr$ であり，中心軸のまわりの円環の慣性モーメント dI_z は $dI_z = r^2 dM = 2\pi\sigma r^3 dr$．よって，中心軸のまわりの円板の慣性モーメント I_z は，$I_z = \int_0^a 2\pi\sigma r^3 dr = \frac{\pi}{2}\sigma a^4 = \frac{M}{2}a^2$． (2) 図右のように円板の面内に x 軸と y 軸をとり，それぞれの軸のまわりの慣性モーメントを I_x，I_yとして，直交軸の定理 (8.16) に代入すると，$I_x + I_y = I_z = \frac{M}{2}a^2$．ここで，対称性から I_x と I_y は等しいので，$I_x = I_y = \frac{1}{2}I_z = \frac{M}{4}a^2$．

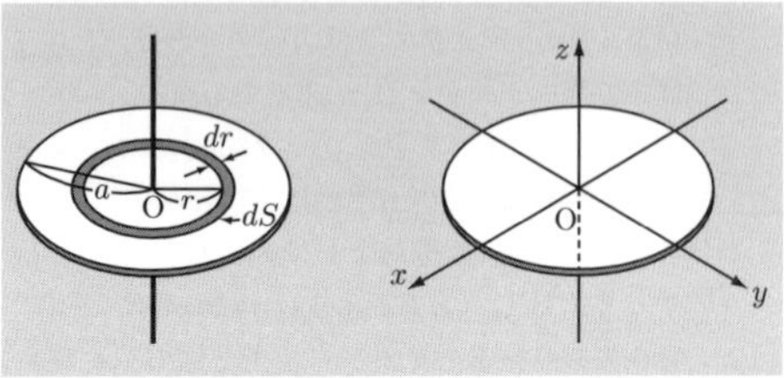

[20] 球の質量中心の速度を v，加速度を α，球の中心のまわりの回転の角速度を ω，角加速度を β とすると，球の並進運動および回転運動の運動方程式は，$M\alpha = M\frac{dv}{dt} = -\mu Mg$，$I\beta = I\frac{d\omega}{dt} = a\mu Mg$ である．これらの運動方程式は，初期条件 $t = 0$ で $v = V_0$，$\omega = 0$ の下で解くと $v = V_0 - \mu gt$，$\omega = \left(\frac{a\mu Mg}{I}\right)t$ が得られる．球が滑らなくなる条件は $v = a\omega$ である．これに上の運動方程式の解を代入すると，$V_0 = \left(1 + \frac{5}{2}\right)\mu gt$．これより，転がり始めるまでの時間 t は，$t = \frac{2}{7}\frac{V_0}{\mu g}$．

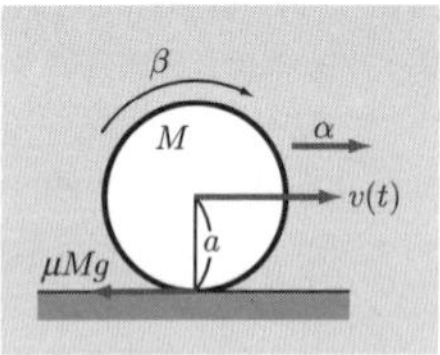

[21] (1) エレベータと共に運動する座標系で見ると，振り子のおもりにはひもの張力と，鉛直下方に働く重力 mg と慣性力 $m\alpha$ である．これは地上で振らせるときの重力加速度の大きさ g が，見かけ上 $g + \alpha$ になったことになる．したがって，振り子の周期 T は，$T = 2\pi\sqrt{\frac{l}{g+\alpha}}$．
(2) おもりには鉛直下方に重力 mg と水平後方に慣性力 $-m\alpha$ が働いており，平衡位置では，これらの力の合力 $m\sqrt{g^2 + \alpha^2}$ がひもの張力とつり合っている．したがって，平衡位置にあるときのひもの鉛直方向からの傾きの角度 θ_0 は $\theta_0 = \tan^{-1}\frac{\alpha}{g}$ である．これを，地上での単振り子と比べると，θ_0 の方向が地上における鉛直方向に対応しており，その場合の見かけの重力加速度の大きさは $\sqrt{g^2 + \alpha^2}$ である．したがって，この単振り子の周期 T は $T = 2\pi\sqrt{\frac{l}{\sqrt{g^2+\alpha^2}}}$．

[22] 地上の緯度 φ の地点において，質量 m の小物体に働く見かけ上の重力 mg は，地球の中心に向かう真の重力 mg_0 と地球の回転軸に垂直な遠心力 $f = m\omega^2 R\cos\varphi$ との合力である．したがって，$mg = m\sqrt{g_0^2 + (R\cos\varphi)^2\omega^4 - 2g_0 R\omega^2\cos\varphi}$ となる．ここで，g_0 は大体 $9.8\,\mathrm{m\cdot s^{-2}}$ 程度の値であるのに対して，$R\omega^2$ は $0.03\,\mathrm{m\cdot s^{-2}}$ 程度の小さな値になる．そこで，平方根号の中の第 2 項を無視すると，$mg = m\sqrt{g_0^2 - 2g_0(R\cos\varphi)\omega^2} \approx mg_0\left(1 - \frac{R\omega^2}{g_0}\cos\varphi\right)$．よって，緯度 φ の地点での見かけの重力加速度 g は $g = g_0 - R\omega^2\cos^2\varphi$．

第 II 部

[1] 波の伝播速度を v とすると，時刻 t における波形は，時刻 $t = 0$ における波形 $y = f(x)$ をそのまま x 方向に vt だけずらしたものになる．したがって，$y(x,\,t) = \frac{6}{2(x-vt)^2+3} = \frac{6}{2(x-3.3t)^2+3}$.

[2] x の正の方向に沿って，変位が負から正に変わるところが疎，正から負に変わるところが密になる．したがって，疎になる位置：$x = n\lambda$ の周辺，密になる位置：$x = \left(n+\frac{1}{2}\right)\lambda$ の周辺.

[3] (1) 振幅：$a = 3\,\mathrm{cm}$，波長：$\lambda = 2.0\,\mathrm{cm}$，波数：$k = 3.14\,\mathrm{cm}^{-1}$，周期：$1.0\,\mathrm{s}$，角振動数：$\omega = 6.28\,\mathrm{s}^{-1}$，速度：$v = 2.0\,\mathrm{cm\cdot s^{-1}}$，進行方向：$+x$ 方向

(2) 振幅：$a = 5\,\mathrm{cm}$，波長：$\lambda = 3.0\,\mathrm{cm}$，波数：$k = 2.1\,\mathrm{cm}^{-1}$，周期：$6.0\,\mathrm{s}$，角振動数：$\omega = 1.04\,\mathrm{s}^{-1}$，速度：$v = 0.5\,\mathrm{cm\cdot s^{-1}}$，進行方向：$-x$ 方向

[4] (1) 海岸から遠ざかるほど海は深くなり，波の速さも速くなる．いま，図左のように，ある時刻 t において 1 つの波面 a を考えよう．この波面上に 2 点 A と B をとると，A の方が B よりも沖にあるため，それだけ波の速さは速い（$v_{\mathrm{A}} > v_{\mathrm{B}}$）．時刻 t に波面 a 上から発生した素元波は，波面 a 上の各点を波源とした球面波として進むが，沖にいくほど球面波の広がる速さは速い．そのため，時間 Δt 後のそれらの素元波の球面の包絡面，すなわち，時刻 $t+\Delta t$ における波面 b は，波面 a に比べて，少し海岸線と平行な方向に近づく．このようにして，海の波は進むにつれてその波面が海岸線に平行になっていく． (2) 上空にいくほど音速が大きくなるので，波面は地上の音源を中心とした球面にはならないで，図右のように上に伸びた形になる．したがって，地上から出た音は直進しないで下方に曲がる．

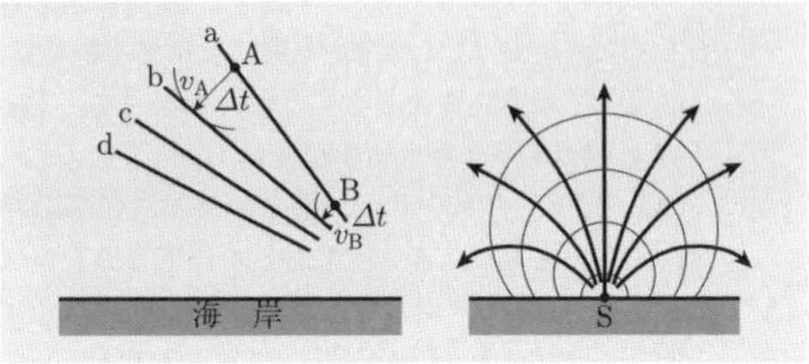

[5] 水深 8 m の海の波の速さを v_1，浅瀬の波の速さを v_2，浅瀬の水深を h_2 m とすると，屈折の法則 (11.4) より $\frac{\sin 60^\circ}{\sin 30^\circ} = \frac{v_1}{v_2} = \sqrt{\frac{8}{h_2}}$ の関係がある．これより浅瀬の水深 h_2 は $h_2 = \left(\frac{\sin 30^\circ}{\sin 60^\circ}\right)^2 \times 8 = \frac{8}{3} = 2.67\,\mathrm{m}$.

[6] 窓を開けているときの音圧を p とすると，音圧レベル L は $L = 20\log_{10}\frac{p}{p_0}$ と表される．ただし，p_0 は基準の音圧である．窓を閉めると音圧が $\frac{p}{2}$ になったので，音圧レベル L' は $L' = 20\log_{10}\frac{\frac{p}{2}}{p_0} = 20\log_{10}\frac{p}{p_0} - 20\log_{10}2 = L - 6$ となり，6 db だけ下がる．

[7] 音の強さは I は，単位時間に単位面積を流れる音波のエネルギーであって，単位は $\mathrm{W\cdot m^{-2}}$ である．スピーカーから等方的に毎秒 10 W の音が出ている場合，途中での音波のエネルギーの吸収がなければ，そのスピーカーから半径 10 m の球面を単位時間あたりに流れる音の全エネルギーは 10 W である．したがって，スピーカーから 10 m 離れた点での音の強さ I は $I = \frac{10\,\mathrm{W}}{4\times 3.14\times(10\mathrm{m})^2} = 8.0\times 10^{-3}\,\mathrm{W\cdot m^{-2}}$.

[8] 列車の速さを $v\,\mathrm{m\cdot s^{-1}}$，汽笛の振動数を f_0 Hz とする．列車が駅に接近するときに駅長が聞く汽笛の振動数 f_1 は，(12.7) より $f_1 = \frac{c}{c-v}f_0 = \frac{343}{343-40}\times 500 = 566\,\mathrm{Hz}$．列車が駅から遠ざかるときに駅長が聞く汽笛の振動数 f_2 は，(12.8) より $f_2 = \frac{c}{c+v}f_0 = \frac{343}{343+40}\times 500 = 448\,\mathrm{Hz}$.

[9] (1) 波動性 (2) 波動性 (3) 粒子性 (4) 波動性 (5) 粒子性 (6) 粒子性 (7) 波動性

[10] (1) 水滴のような光の波長に比べて非常に大きい粒子では，光は散乱されるより吸収される方が多い．したがって，雨雲が黒いのは日光が反射されないためである． (2) 高い振動数の大

部分の光はろ過されてしまうため，太陽は赤く見える． (3) 見ているのは，遠い山と観察者との間の空気によって散乱された青い光である．もちろん山の後ろに太陽があれば，散乱されない赤い光が太陽の方向から眼に届くため．夕焼けの赤い空がみえる． (4) 月光の場合，反射光が余りにも弱いため，網膜中の色を識別する錐体細胞を活性化させることができないからである．

第III部

[1] (14.1) において $T_C = T_F$ とおく．$T_C = T_F = -40.0°$

[2] 36° におけるメートル原器の長さ l は，(14.8) より，$l = 1.0000 \times (1 + 8.9 \times 10^{-6} \times 36) = 1.000032\,\mathrm{m}$.

[3] 水の比熱は $4186\,\mathrm{J \cdot kg^{-1} \cdot K^{-1}}$，氷の融解熱は $3.33 \times 10^5\,\mathrm{J \cdot kg^{-1}}$ である．18°C の水 0.600 kg が 0°C まで冷える際に放出する熱量は，45200 J．この熱が 0°C の氷 x kg を融解して 0°C の水に変えるとすると，$x = \frac{4.52 \times 10^5}{3.33 \times 10^5} = 0.136\,\mathrm{kg}$ となる．したがって，氷はまだ 114 g 残っており最終的な温度は 0°C である．

[4] いま，M kg の水を考え，重力のなした仕事のために水温が ΔT°C だけ上昇したとすると，$M \times 9.8 \times 97 = M \times 4200 \times \Delta T$ ($\Delta T = 0.23\,\mathrm{K}$).

[5] この場合, 100°C の水 1 g をすべて気化するために加えられた熱量 Q は $Q = (1 \times 10^{-3})(2.26 \times 10^6) = 2260\,\mathrm{J}$. 大気圧は $1.013 \times 10^5\,\mathrm{N \cdot m^{-2}}$ であるから，この系が外にする仕事 W は $W = (1.013 \times 10^5)\{(1671 - 1) \times 10^{-6}\} = 169\,\mathrm{J}$. したがって，内部エネルギーの変化は $\Delta U = Q - W = 2091\,\mathrm{J}$. これからわかるように，水に伝達された熱の 93%が内部エネルギーの増加に使われ，外部への仕事に使われるのは 7%にすぎない.

[6] 気体のはじめの体積を V_0 とすると, この等温膨張過程で気体が外部にする仕事 W は (15.4) から, $W = 5R \times (127 + 273) \times \int_{V_0}^{4V_0} \frac{1}{V} dV = 5R \times 400 \times \log \frac{4V_0}{V_0} = 5 \times 8.13 \times 400 \times \log 4 = 2.3 \times 10^4\,\mathrm{J}$.

[7] (1) (16.16) より，全内部エネルギー U は，$U = 2N_A \times \frac{1}{2} m \langle v^2 \rangle = 2 \times \frac{3}{2} RT = 3 \times 8.31 \times 293 = 7.30 \times 10^3\,\mathrm{J}$. (2) (16.14) から，1 分子あたりの平均並進運動エネルギー ε は $\varepsilon = \frac{3}{2} k_B T = \frac{3}{2} \times (1.38 \times 10^{-23}) \times 293 = 6.07 \times 10^{-21}\,\mathrm{J}$.

(3) (16.14) より, ヘリウム分子の 2 乗平均速度 $\sqrt{\langle v^2 \rangle}$ は, $\sqrt{\langle v^2 \rangle} = \sqrt{\frac{3k_B T}{m}} = \sqrt{\frac{3RT}{M}} = \sqrt{\frac{3 \times 8.31 \times 293}{4 \times 10^{-3}}} = 1.35 \times 10^3\,\mathrm{m \cdot s^{-1}}$.

[8] (16.11) に $p = 1.2 \times 10^5\,\mathrm{N \cdot m^{-2}}$, $V = 4.0\,\mathrm{m^3}$ を代入すると，$(1.2 \times 10^5\,\mathrm{N \cdot m^{-2}}) \times (4.0\,\mathrm{m^3}) = \frac{2}{3} \times n \times (6.02 \times 10^{23})(3.6 \times 10^{-22}\,\mathrm{J})$. これより，$n = 3.32 \times 10^3\,\mathrm{mol}$.

[9] (1) もしクラウジウスの原理が成り立たないとすると，熱機関が低温熱源に与えた熱を高温熱源に移し，他に変化を残さないことができる．つまり，熱機関が高温熱源から受け取った熱をすべて仕事に変えることができる．これはトムソンの原理に反する．よってクラウジウスの原理が成り立つ． (2) もしトムソンの原理が成り立たないとすると，低温の物体から熱を取ってそれをすべて仕事に変えることができる．この仕事を用いて発生させた熱を高温の物体に与えれば，低温の物体から高温の物体に熱を移動するだけで，他に変化を残さないことができることになる．これはクラウジウスの原理に反する．よってトムソンの原理は正しい．

[10] もし，摩擦を伴う現象が可逆過程であると仮定すると，摩擦によって発生した熱を取り出し，これを仕事に変えて，しかも他に何も変化を残さないようなサイクルが存在することになる．これはトムソンの原理に反する．したがって，摩擦現象を可逆過程と仮定したのは間違いである．

[11] エントロピーの微分の定義 (17.20) を用いると，熱力学の第 1 法則は $TdS = dU + pdV$

となるが，定積過程であるから $dV = 0$，したがって $TdS = dU = C_V dT$ となる．これより $dS = \frac{dU}{T} = C_V \frac{dT}{T}$．よって求めるエントロピーの差は $S_{\mathrm{B}} - S_{\mathrm{A}} = C_V \int_{T_{\mathrm{A}}}^{T_{\mathrm{B}}} \frac{dT}{T} = C_V \log\left(\frac{T_{\mathrm{B}}}{T_{\mathrm{A}}}\right)$.

第IV部

[1]　図のように電荷密度 σ の平面から距離 h の点 P について考える．点 P から平面に下ろした垂線の足を原点 O とし，点 O を中心とする半径 r，微小幅 dr のリング上の電荷が点 P に作る電界 $d\boldsymbol{E}$ を考えると，対称性から，電界のうち，面に平行な成分 $dE\sin\theta$ は 360° 均等に現れるので，互いに打ち消し合い，合成すると 0 になる．したがって，面に垂直な電界成分 $dE\cos\theta$ のみが残る．リングの面積は $2\pi r dr$ と書けるので，そこにある電気量は，$dQ = 2\pi\sigma r dr$ である．したがって，リングが作る電界は，面に垂直であり，その大きさは $dE = \frac{1}{4\pi\varepsilon_0}\frac{2\pi\sigma r dr}{(\sqrt{r^2+h^2})^2}\cos\theta = \frac{1}{4\pi\varepsilon_0}\frac{2\pi\sigma r dr}{(\sqrt{r^2+a^2})^2}\frac{h}{\sqrt{r^2+h^2}}$ である．無限平板が点 P に作る電界は，これを $r = 0$ から ∞ まで積分して $E = \frac{h\sigma}{2\varepsilon_0}\int_0^\infty \frac{r dr}{(r^2+h^2)^{3/2}} = \frac{h\sigma}{2\varepsilon_0}\int_0^{\pi/2}\frac{\sin\theta d\theta}{h} = \frac{\sigma}{2\varepsilon_0}$ のように得られる．ただし，$r = h\tan\theta$ と置換積分し，$dr = \frac{h d\theta}{\cos^2\theta}$，$\tan^2\theta + 1 = \frac{1}{\cos^2\theta}$ であることを用いた．この結果より，この電界は面からの距離に関係なく一定であることが分かる（面の裏は，電界の向きが反対になる）．

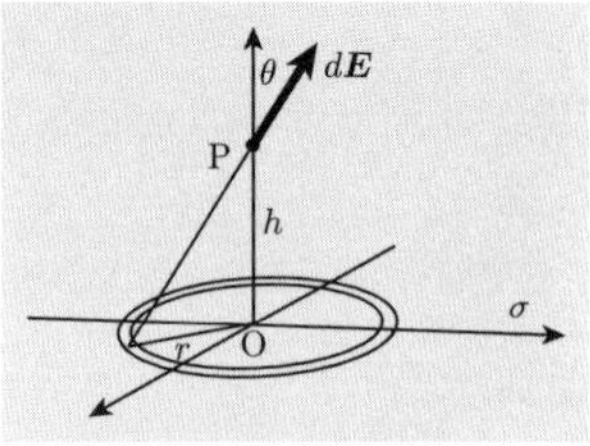

[2]　荷電粒子に働く力は，y 軸方向に qE であるから，運動方程式は $m\frac{dv_x}{dt} = 0$（x 方向），$m\frac{dv_y}{dt} = qE$（y 方向）である．ただし v_x，v_y はそれぞれ荷電粒子の速度の x，y 成分である．第 1 式より $v_x =$ 一定 であることがわかり，初期条件より $v_x = v_0$ である．また，第 2 式より，$v_y = \left(\frac{qE}{m}\right)t$ を得る．よって，求める速さ v および偏向角 θ は，$v = v_0\sqrt{1 + \left(\frac{qE}{mv_0}\right)^2 t^2}$ $[\mathrm{m\cdot s^{-1}}]$，$\tan\theta = \frac{qE}{mv_0}t$ で与えられる．

[3]　系は，電荷分布の平面に対して面対称であり，また面に垂直な任意の軸に対して軸対称（回転対称）とみなせるので，電界は面に垂直で，かつ面から同じ距離の電界の大きさは等しい．したがってガウスの法則を適用する閉曲面として，図のような直円柱の表面を考え，その上下の底面を，電荷分布に平行で，平面の両側に等距離になるようにとると，① 円柱の上下底面を横切る電気力線の本数は，円柱の底面積を S，その場所での電界の大きさを E とすると，それぞれ円柱の外側に向けて SE，② 円柱の側面を横切る電気力線の本数は 0，である．すなわち，この円柱の内側から外側に向かう電気力線の本数は $\Phi = SE + SE + 0 = 2SE$ である．一方，この円柱の内部にある全電気量は，$Q = \sigma S$ である．よってガウスの法則より，$2SE = \frac{\sigma S}{\varepsilon_0}$，すなわち，$E = \frac{\sigma}{2\varepsilon_0}$ を得る．これは，第 IV 部の演習問題［1］で求めた結果に一致する．

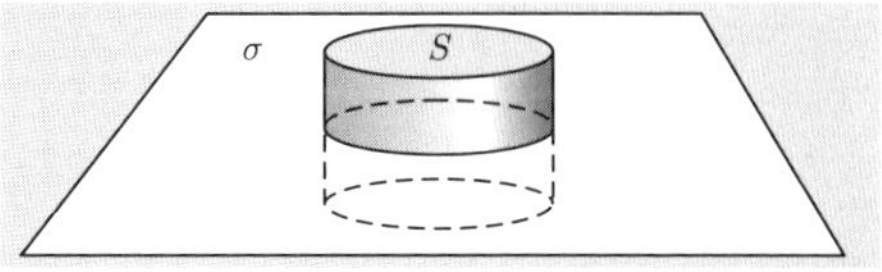

[4]　(1)　$\operatorname{div}\boldsymbol{E} = 0$　(2)　$\operatorname{div}\boldsymbol{E} = 0$ $(r \neq 0)$（ヒント：$r = \sqrt{x^2+y^2+z^2}$ である）．

[5]　第 IV 部の演習問題［1］より，電界は面に垂直でその大きさは面からの距離に関係なく $E = \frac{\sigma}{2\varepsilon_0}$ である．したがって，電位はそれを線積分することにより求めることができる．ただし，電位 0

の基準点を決める必要があるので，xy 平面の原点をその基準点にする．さて電界が xy 平面に垂直なことから，xy 平面に平行な面内の電位は等電位である．したがって xy 平面から距離 z だけ離れた点の電位 ϕ は $\phi = -\frac{\sigma}{2\varepsilon_0}z$ になる．

[6] $z > 0$ の領域を考えると，$\boldsymbol{E} = -\,\mathrm{grad}\,\phi = \frac{\sigma}{2\varepsilon_0}\boldsymbol{k}$（ただし $\boldsymbol{k}$ は z 方向を向いた単位ベクトル）を得る．すなわち，面に垂直でその大きさは $E = \frac{\sigma}{2\varepsilon_0}$ である．$z < 0$ についても同様であり，結局第 IV 部の演習問題 [1] の結果に一致する．

[7] 空洞表面は導体表面であるから，導体外部の静電界に関係なく，平衡状態においては等電位面である．そしてその場合，空洞表面の異なる 2 点が 1 本の電気力線で結ばれることはない．なぜなら，電気力線の両端の電位は必ず異なるからである．したがって，電気力線があるとすれば，それは空洞内で生成あるいは消滅するしかない．しかし，生成・消滅は電荷がないところでは起こらないので，これは空洞内に電荷がないという条件に反する．したがって，電荷のない空洞内部に静電界は存在し得ない．図左のように空洞を囲むような閉曲面 S を導体内部に考えると，導体内部は電界が 0 なので，S を横切る電気力線はない．したがって，ガウスの法則により閉曲面 S の内部に含まれる電荷の総量は 0 である．よって，空洞内に電荷 q が存在する場合，閉曲面 S 内部のどこかに電気量 $-q$ も存在することになるが，導体中には電荷は存在できないので，電荷は空洞表面に分布するしかない．すなわち，空洞表面に電気量 $-q$ の電荷が分布する．また，電荷保存の法則により，導体のどこかに電気量 q が現れることになるが，それは導体の外側の表面しかない．したがって，図右のような感じになる．

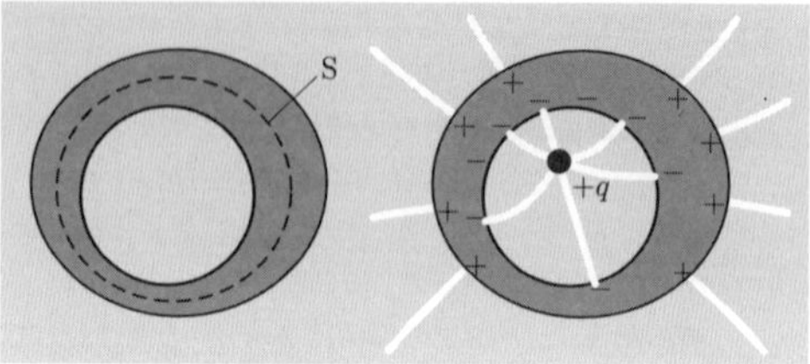

[8] (1) 電荷 Q を与えた場合，電極間には大きさ $E = \frac{1}{4\pi\varepsilon_0}\frac{Q}{r^2}$ で半径方向の電界が生じる．したがって，極板間の電位差 V は，それを半径方向に a から b まで積分すれば求めることができ，$V = \frac{1}{4\pi\varepsilon_0}Q\left(\frac{1}{a} - \frac{1}{b}\right)$ を得る．よって，このコンデンサの電気容量は $C = \frac{Q}{V} = 4\pi\varepsilon_0\frac{ab}{b-a}$ である．　(2) 静電エネルギーを U とすると，$U = \frac{1}{2}CV^2 = 2\pi\varepsilon_0\frac{ab}{b-a}V^2$

[9] p.227 で説明したように，導体平面は図 21.7 のような 1 つの鏡像電荷 $-q$ に置き換えることができる．したがって，点電荷 q の位置を P とすると，導体表面上で垂線の足 H から距離 r の位置 R における電界の大きさは，$\angle\mathrm{HPR} = \theta$ とおくと，$E = -\frac{1}{4\pi\varepsilon_0}\frac{q}{a^2+r^2}\cos\theta + \frac{1}{4\pi\varepsilon_0}\frac{-q}{a^2+r^2}\cos\theta = -\frac{1}{4\pi\varepsilon_0}\frac{2q}{a^2+r^2}\cos\theta$ のように与えられる．向きは導体表面に垂直である．したがって，クーロンの定理より，表面電荷密度は $\sigma = \varepsilon_0 E = -\frac{1}{4\pi}\frac{2q}{a^2+r^2}\cos\theta = -\frac{1}{4\pi}\frac{2qa}{\sqrt{(a^2+r^2)^3}}$ である．なお，実際これを導体の全表面について積分すると $-q$ が得られる．また，この電荷分布が電荷 q に及ぼす引力を計算すると $F = \frac{1}{4\pi\varepsilon_0}\frac{q^2}{(2a)^2}$ になる．これは，鏡像電荷 $-q$ から受けるクーロン力に他ならない．

[10] 電荷 Q を与えた場合，電極間には大きさは $D = \frac{1}{4\pi}\frac{Q}{r^2}$ で半径方向の電束密度が生じ，半径 a から c までの電界は $\frac{D}{\varepsilon}$，c から b までの電界は $\frac{D}{\varepsilon_0}$ である．したがって，極板間の電位差は $V = \frac{1}{4\pi\varepsilon}Q\left(\frac{1}{a} - \frac{1}{c}\right) + \frac{1}{4\pi\varepsilon_0}Q\left(\frac{1}{c} - \frac{1}{b}\right)$ である．よって，このコンデンサの電気容量は $C = \frac{Q}{V} = \frac{4\pi}{\frac{1}{\varepsilon}\left(\frac{1}{a}-\frac{1}{c}\right)+\frac{1}{\varepsilon_0}\left(\frac{1}{c}-\frac{1}{b}\right)}$ である．

[11] 分極 $\boldsymbol{P}$ は半径方向を向き，その大きさは $P = \varepsilon_0\chi E = (\varepsilon - \varepsilon_0)E$ である．ここで E は誘電体内部の電界である．したがって，表面における分極電荷密度は，$\sigma = P = (\varepsilon - \varepsilon_0)\frac{1}{4\pi\varepsilon}\frac{Q}{c^2}$．なお，

この問題の場合，誘電体内部にも分極電荷が現れ，それは $\rho = -\operatorname{div}\boldsymbol{P}$ により計算される．

[12] 正方形状の電流が直線電流に及ぼす力と，直線電流が正方形状の電流に及ぼす力は，作用・反作用の関係にあるが，この問題の場合，後者の方が求めやすい．直線電流が辺 AB に及ぼす力は $F_{\mathrm{AB}} = \frac{\mu_0}{2\pi}\frac{I}{a}Ia = \frac{\mu_0 I^2}{2\pi}$（引力），直線電流が辺 CD に及ぼす力は $F_{\mathrm{CD}} = \frac{\mu_0}{2\pi}\frac{I}{2a}Ia = \frac{\mu_0 I^2}{4\pi}$（斥力）であり，辺 BC と CD に働く力は，互いに大きさは等しく逆向きなので，打ち消しあう．したがって，求める合力は，$F = \frac{\mu_0 I^2}{4\pi}$（引力）である．

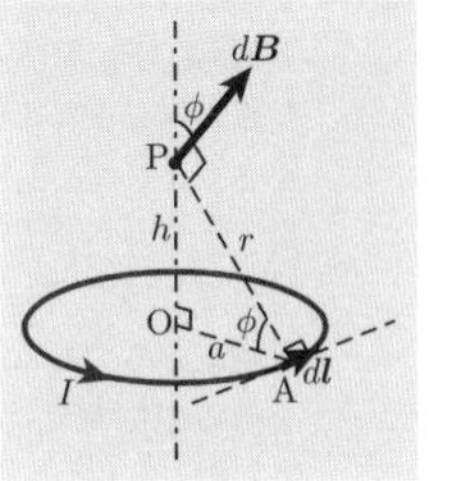

[13] 図のように円電流上の電流素片 $I\boldsymbol{dl}$ を考え，それが点 P に作る磁束密度 $\boldsymbol{dB}$ を考える．まず，点 P は $\boldsymbol{dl}$ に対して直角方向にあり，また，$\boldsymbol{dl}$ と点 P との距離 r は，中心 O から点 P までの距離を h とすれば，$r = \sqrt{a^2+h^2}$ である．したがって，電流素片 $I\boldsymbol{dl}$ が点 P に作る磁束密度の大きさは，$dB = \frac{\mu_0}{4\pi}\frac{Idl}{a^2+h^2}$ である．向きは，$\boldsymbol{dl}$ および r 方向に垂直で $\boldsymbol{dl}$ に対して右ねじの向きである．次にこれを円電流に沿って積分すると，$\boldsymbol{dB}$ のうち対称軸に垂直な方向の成分は，互いに打ち消し合ってしまい，残るのは対称軸方向の成分 $dB\cos\phi$ のみである．ここで角度 ϕ は中心軸と $\boldsymbol{dB}$ とのなす角であり，それは $\angle\mathrm{OAP}$ に等しいので，$dB\cos\phi = \frac{\mu_0}{4\pi}\frac{Idl}{a^2+h^2}\frac{a}{\sqrt{a^2+h^2}} = \frac{\mu_0 I}{4\pi}\frac{a}{(a^2+h^2)^{3/2}}dl$ である．ところでこの式で，dl にかかる因子は定数であるから，円電流に沿っての dl の積分は簡単にできて，求める磁束密度の大きさは，$B = \frac{\mu_0 I}{4\pi}\frac{a}{(a^2+h^2)^{3/2}}\int_{\mathrm{C}} dl = \frac{\mu_0 I}{2}\frac{a^2}{(a^2+h^2)^{3/2}}$ になる．特に中心 O における磁束密度は，$h=0$ とおけば，$B = \frac{\mu_0 I}{2a}$ を得る．この磁束密度は，電流に対して右ねじの向きである．

[14] アンペールの法則を用いる．コイルの回転対称軸を中心に半径 r の円形の閉じた経路 C をコイル内部にとると，このループ C を縁とする面 S を貫く電流は NI である．一方，対象性よりこの経路上の磁束密度の向きは経路に沿っている．またその大きさは一定である．それを B とおくと，この経路に沿った磁束密度の線積分の値は $2\pi r^2 B$ である．したがって，アンペールの法則より，$2\pi r^2 B = \mu_0 NI$ であるので，$B = \frac{\mu_0 NI}{2\pi r^2}$ を得る．一方，経路 C をコイルの外部にとると，それを貫く電流はないから，外部の磁束密度は 0 である．

[15] ある点における渦の量は (24.14) で表される．ここでアンペールの法則により微小閉曲線 ΔC についての循環 $\Delta\Gamma$ は，ΔC が電流を取り囲むときのみ 0 でなく，それ以外 0 であるから，渦は中心以外 0 である．なお，中心では $\Delta S \to 0$ の極限で無限大に発散する．これは電流に太さがなく電流密度が無限大としたためである．

[16] 対称性から，磁界 $\boldsymbol{H}$ はリングに沿って生じるはずであるから，リングに沿ってアンペールの法則を適用する．しかし囲む真電流はないので $\boldsymbol{H}=0$ である．一方，磁束密度 $\boldsymbol{B}$ は，磁化による電流も考慮されるので 0 にならない．$\boldsymbol{B} = \mu_0(\boldsymbol{H}+\boldsymbol{M})$ の関係から，磁性体内部で $\boldsymbol{B} = \mu_0\boldsymbol{M}$ である．

[17] 電子の軌道運動を円電流と見なすと，電子は単位時間あたり $\frac{\omega}{2\pi}$ 回通過するので，電流は $I = -\frac{\omega e}{2\pi}$ である．また，軌道の面積は $S = \pi a^2$ である．よって，磁気モーメントは $m = IS = -\frac{1}{2}\omega e a^2$ である．マイナスは，磁気モーメントの向きが，電子の回転に対する右ねじの方向と逆であることを表している．

[18] まずコイルに電流 I を流したときにコイルと鎖交する磁束 Φ を求めるために，アンペールの法則を用いる．対称性から磁界はトロイドに沿った円周方向を向き，同一円周上では大きさは等しいから，それを H とおき半径 r の円周についてアンペールの法則を適用すると，$2\pi rH = NI$ であるから $H = \frac{NI}{2\pi r}$ である．よってコイル内の磁束は，$B = \mu H$ を考えて $\Phi = \int_a^b Bhdr = \frac{\mu NIh}{2\pi}\ln\frac{b}{a}$

となる．したがって，鎖交磁束は $N\Phi$ であり，インダクタンスは $L=\frac{N\Phi}{I}=\frac{\mu N^2 h}{2\pi}\ln\frac{b}{a}$.

[19] トロイダルコイルの外部に磁束はないので，コイル内部の磁束を Φ とすると，リングと差交する磁束も Φ である．すなわち [18] の結果を利用して $\Phi=\frac{\mu NIh}{2\pi}\ln\frac{b}{a}=\frac{\mu NI_0h}{2\pi}\ln\frac{b}{a}\sin\omega t$ である．誘導起電力は $V=-\frac{d\Phi}{dt}$ であるので，$V=-\frac{\mu NI_0h}{2\pi}\ln\frac{b}{a}\omega\cos\omega t$. リングの位置の磁界は常に 0 にも関わらずリングには起電力が生じる．

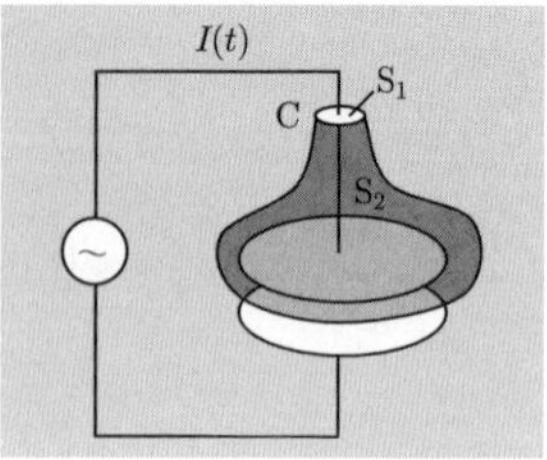

[20] 図のように電流を囲むループ C を考え，そこを縁とする曲面 S_1, S_2 を考える．ただし S_2 はコンデンサの一方の極板のみを覆うように取られる．ここでループ C を十分小さくすれば，S_1 を通る電流は I のみで，変位電流は無視できるから，$\int_{S_1}\left(\boldsymbol{j}+\frac{\partial\boldsymbol{D}}{\partial t}\right)\cdot d\boldsymbol{S}=\int_{S_1}\boldsymbol{j}\cdot d\boldsymbol{S}=I$ である．一方，S_2 を通る電流はないので，流れるのは変位電流のみであるが，ループ C を十分小さくすれば S_1 を通る変位電流は無視できるので，すべての変位電流は S_2 を通る．$\int_{S_2}\left(\boldsymbol{j}+\frac{\partial\boldsymbol{D}}{\partial t}\right)\cdot d\boldsymbol{S}=\int_{S_2}\frac{\partial\boldsymbol{D}}{\partial t}\cdot d\boldsymbol{S}=$ (コンデンサから流れる全変位電流)．ここでマクスウェル–アンペールの法則により，これらはともにループ C に沿った磁界の周回積分 $\int_C\boldsymbol{H}\cdot d\boldsymbol{l}$ に等しい．よって，コンデンサから流れる全変位電流は I である．

[21] Z の定義式に平面波解 $E_x(z,t)=f(z-ct)$, $B_y(z,t)=\frac{1}{c}f(z-ct)$ を代入してみると，$B=\mu H$ に注意すれば，$Z=\frac{E}{H}=\mu c=\sqrt{\frac{\mu}{\varepsilon}}$ である．真空の Z は，$Z=\sqrt{\frac{\mu_0}{\varepsilon_0}}=4\pi c\times 10^{-7}=376.7\,\Omega$.

索　　引

さ 行

た　行

な　行

は 行

ま 行

や 行

著者略歴

永田一清（ながた かずきよ）

1962年　大阪大学大学院理学研究科修士課程修了
1972年　理学博士（大阪大学）
現　在　東京工業大学名誉教授，神奈川大学名誉教授

主要著書
電磁気学（朝倉書店，1981）　静電気（培風館，1987）
基礎物理学 上，下（学術図書，1987，共著）
基礎物理学演習 I，II（サイエンス社，1991，1993，編）
物性物理学（裳華房，2009）

佐野元昭（さの もとあき）

1988年　東京工業大学大学院理工学研究科博士課程修了
　　　　理学博士（東京工業大学）
現　在　桐蔭横浜大学工学部准教授

主要著書
基礎物理学演習 I，II（サイエンス社，1991，1993，共著）
電磁気学を理解する（昭晃堂，1996，共著）
電磁気学を学ぶためのベクトル解析（コロナ社，1996，共著）
Windows ですぐにできる C 言語グラフィックス（昭晃堂，2009，共著）

ライブラリ新・基礎物理学＝0
新・基礎 物理学

2010年12月25日 ©　　初 版 発 行

著 者　永 田 一 清　　発行者　木 下 敏 孝
　　　　佐 野 元 昭　　印刷者　小宮山恒敏

発行所　株式会社　サイエンス社
〒151-0051　東京都渋谷区千駄ヶ谷1丁目3番25号
営 業　☎(03)5474-8500(代)　振替 00170-7-2387
編 集　☎(03)5474-8600(代)
FAX　☎(03)5474-8900

印刷・製本　小宮山印刷工業（株）
≪検印省略≫

ISBN 978-4-7819-1267-7

PRINTED IN JAPAN

サイエンス社のホームページのご案内
http://www.saiensu.co.jp
ご意見・ご要望は
rikei@saiensu.co.jp　まで．